全国区块链技术应用精选案例专辑

（第一辑）

“科创中国”数字经济区域科技服务团
全国区块链社会组织联席会议　指导

上海区块链技术协会
上海长三角区块链产业促进中心　编

上海科学技术出版社

图书在版编目（CIP）数据

全国区块链技术应用精选案例专辑. 第一辑 / 上海区块链技术协会，上海长三角区块链产业促进中心编. -- 上海 : 上海科学技术出版社，2023.4
ISBN 978-7-5478-6112-7

Ⅰ. ①全… Ⅱ. ①上… ②上… Ⅲ. ①区块链技术—案例—中国 Ⅳ. ①TP311.135.9

中国国家版本馆CIP数据核字(2023)第048418号

全国区块链技术应用精选案例专辑（第一辑）

上海区块链技术协会
上海长三角区块链产业促进中心 编

上海世纪出版（集团）有限公司
上 海 科 学 技 术 出 版 社 出版、发行
（上海市闵行区号景路159弄A座9F-10F）
邮政编码 201101 www.sstp.cn
上海光扬印务有限公司印刷
开本 889×1194 1/16 印张 17.75
字数 400 千字
2023年4月第1版 2023年4月第1次印刷
ISBN 978-7-5478-6112-7/TN・37
定价：150.00元

内容提要

本书为区块链精选案例集，主要分为区块链基础平台和应用服务场景两大类，应用服务场景包括城市管理及公共服务、金融科技、能源专项、数据安全与数据共享和元宇宙应用探索等。本书具有专业、前瞻、深度的特点，每个入选的案例都是经过科学且严格的评分标准筛选出来的最具代表的区块链项目，并对其项目方案进行了深度解析，展现了项目的实际落地情况、应用前景、商业模式和技术创新水平。

本书可供区块链相关专业院校师生、科研机构和工程技术中心人员，政府部门，区块链研发、应用、服务企事业单位，产业和领域从业人员，投资者和金融机构，相关科技爱好者等参考。

《全国区块链技术应用精选案例专辑（第一辑）》

科技指导机构

“科创中国”数字经济区域科技服务团

业务指导机构

全国区块链社会组织联席会议

编委会顾问

褚君浩（中国科学院院士）

执行主编

上海区块链技术协会

联合主编

上海长三角区块链产业促进中心

支持单位

上海金桥信息股份有限公司

杭州宇链科技有限公司

安徽高山科技有限公司

上海零数科技有限公司

云赛智联股份有限公司

佰业绿色科技（青岛）有限公司

浙江智加信息科技有限公司

入选企业

上海欧冶金融信息服务股份有限公司
上海金桥信息股份有限公司
海尔数字科技（上海）有限公司
上海万向区块链股份公司
杭州趣链科技有限公司
云赛智联股份有限公司
海通证券股份有限公司
上海零数科技有限公司
北京众享比特科技有限公司
浙江数秦科技有限公司
兴唐通信科技有限公司
上海旺链信息科技有限公司
上海边界智能科技有限公司
上海摩联信息技术有限公司
江苏荣泽信息科技股份有限公司
安徽高山科技有限公司
西安纸贵互联网科技有限公司
杭州米链科技有限公司
杭州宇链科技有限公司
厦门云评众联科技有限公司
佰业绿色科技（青岛）有限公司
浙江智加信息科技有限公司
江苏众享金联科技有限公司
观源（上海）科技有限公司
灵境人民艺术（海南）有限公司
灵境数字（北京）科技有限公司
北京尚榕网络科技有限公司
上海中沿科技发展有限公司

前 言

环视全球，各国对区块链技术及应用价值的认知不断深化。2019 年以来，区块链作为我国重要的国家战略，呈现出加速发展的态势。2021 年，工业和信息化部、中央网络安全和信息化委员会办公室联合发布《关于加快推动区块链技术应用和产业发展的指导意见》，明确提出要在民生、政务、经济等领域广泛应用区块链技术，到 2025 年区块链产业综合实力要达到世界先进水平。2021 年，国家 18 个部委联合印发了《关于组织申报区块链创新应用试点的通知》，随后公布了国家区块链创新应用试点入选名单。党的二十大报告指出：加快发展数字经济，促进数字经济和实体经济深度融合，打造具有国际竞争力的数字产业集群。当前，区块链与云计算、大数据、物联网、人工智能和 5G 等高新技术共同构成的现代科技集群，已经成为数字经济发展的驱动引擎。

为满足区块链知识亟须普及、区块链应用亟须廓清的社会需求，收集和展示区块链技术和经济社会融合发展的典型经验，发挥案例的研究借鉴和示范引领作用，在上海市科学技术协会指导下，上海区块链技术协会自 2021 年起，每年组织编写《全国区块链技术应用精选案例专辑》。回顾 2021 年，案例专辑从来自上海、浙江、北京、陕西、江苏、辽宁、湖南、福建、四川、深圳和宁夏等 11 个省市的 86 家区块链企业提交的 112 份案例中，评选出了 32 个最具应用研究和示范价值的案例。对入选案例企业的回访表明，71% 的参与企业认为案例专辑有助于品牌宣传，52% 的参与企业收到了来自政府的合作意向，65% 的参与企业收到了来自市场的合作意向。

2022 年，案例征集活动克服了新冠肺炎疫情造成的各种困难，历时三个月共收到 98 个案例，包括上海、杭州和北京等 9 个省市的企业参与，其中 42% 的企业参加过 2021 年的案例评选，随着区块链技术的发展推陈出新，其中上海和杭州的企业申报参评项目较多。本次案例主要有区块链基础平台和应用服务场景两大类，应用服务场景包括：城市管理及公共服务、金融科技、能源专项、数据安全与数据共享和元宇宙应用探索等部分。其中，涉及区块链服务平台的案例占比最大，高达 23%；应用服务场景中城市管理及公共服务的案例占比较大，约占 17%；以金融科技和元宇宙应用探索作为应用场景的案例占比分别为 15% 和 12%。来自全国政产研融用领域的专家评审团通过链上评选，从技术实力、应用效果、团队资源及发展潜力等维度遴选出了 29 个优秀应用案例，最终由编委会编撰成为精选案例专辑。

本专辑旨在供各类读者了解区块链技术的最新发展和应用前景，以及如何在不同领域中发挥区块链技术降本增效、存证溯源和打破信息孤岛等作用。同时，本专辑也从政策导向、创新驱动的角度给出了“Web3 必将发生在中国”的进军号角，尝试为所有对区块链技术感兴趣的专业人士和爱好者提供参考，以便其更好地洞悉区块链技术在产业中的实际应用。区块链技术作为数字经济发展的核心驱动力之一，在数字经济的八大支柱技术（5G、区块链、AI、安全、物联网 IOT、云计算、边缘计算、大数据）中具有举足轻重的地位。尤其与大数据、云计算、人工智能等技术的深度融合，将为社会带来翻天覆地的变化和影响。数字经济的推动不仅体现在数量上，更从质量层面带来了根本性的提升和变革。数字经济的发展依托于三大机制：技术保障机制（为数字经济提供技术支持和保障）、经济激励与惩罚机制（为数字经济提供经济激励及奖惩支持和保障），以及社会组织治理机制（为数字经济相关组织治理提供支持和保障）。这三个机制相互促进、共同作用，共同构建了数字经济的基础、生态和体系。“科创中国”数字经济科技服务团在本专辑的编写中发挥了重要作用，为编写工作提供了专业技术支持、案例筛选和后续项目推广宣传等方面的帮助，为区块链技术应用的推广和发展做出了积极贡献。随着区块链技术的持续创新和迅猛发展，各类应用场景将会涌现出越来越多的新成果，我们亦将根据实际需求，适时精心遴选和编撰后续各辑。让我们共同与时俱进，开拓创新，勠力奋进，赓续华章！

在此我代表上海区块链技术协会、上海长三角区块链产业促进中心及“科创中国”数字经济科技服务团，感谢所有参与案例收集、整理和编撰的区块链企业、专家和工作人员，是他们的辛勤努力和卓越成果，让我们得以一窥区块链技术在中国的广泛应用和创新发展。同时，我对支持本专辑工作的指导单位和上海科学技术出版社表示诚挚的感谢，他们的大力支持和鼎力协助为本专辑的编纂和出版提供了宝贵的资源。除此之外，我还要感谢全国各地的区块链爱好者和关注者，正是他们的关注和支持，让我们坚定了编纂这一专辑的信念，为推动区块链技术在中国的发展和普及贡献一份力量。

最后，衷心祝愿《全国区块链技术应用精选案例专辑（第一辑）》能为广大读者带来启示和价值，希望这本专辑能成为连接区块链行业与其他行业的桥梁，为构建一个更加繁荣、安全、可持续的数字未来贡献力量。让我们携手共创未来，共同推动区块链技术在中国乃至全球的蓬勃发展！

中国科协委员
全国区块链社会组织联席会议轮值主席
上海区块链技术协会会长
上海长三角区块链产业促进中心理事长
王奕

2023 年 3 月

目 录

区块链基础平台

BLOCKCHAIN BASIC PLATFORMS

众享链网

1 概述

众享链网是国内首个分布式共治的产业级联盟链体系，以 ChainSQL 主子链技术为核心，主链是由国内各行业龙头共同打造的低门槛、高性能、多兼容的数字基础设施，为超级节点伙伴提供一站式接入服务。超级节点共同提供硬件搭建的主链，接受所有超级节点进行“哈希存证”和非常重要的“文件存证”。众享团队，是一支专业从事区块链技术创新、应用推广和生态建设的队伍。核心团队成员此前均来自互联网安全领域，以丰富的学识及多年的实战经验，助推产业数字化发展，繁荣数据治理新生态。首批创始超级节点来自国内核心行业 16 家头部组织，众享链网坚持自主研发，秉承开源开放、共建共享的理念，共同构建低门槛、高性能、多兼容的数字基础设施，让更多行业企业都可以共享区块链新基建的红利。

2 项目方案介绍

2.1 需求分析

众享链网的各方，以智能合约和共识算法共同治理和维护整个生态，共享行业优势、共用技术创新、共建解决方案，促进众享链网生态的持续丰富和发展。

2.2 目标设定

众享链网是一个由全球各地的 40 个不同行业、不同属性、利益非相关的超级节点组成的去中心化区块链基础设施，是国内首个将超级节点部署在公网上、支持异构网络接入的多节点区块链服务网络（图 1）。

2.3 建设内容

2.3.1 开源兼容的底层技术

1）ChainSQL

ChainSQL 是由北京众享比特科技公司自主研发的区块链框架（图 2），为国产自主可控的全球首个基于区块链的数据库应用平台，是国内最先获得国家密码管理局颁发的商用密码产品型号证书的区块链软件产品，并于 2017 年加入了政府采购名录。

获得众多行业证书与奖项，同时与众多产、学、研机构建立广泛深入的合作；已在银行、政府、司法、工业互联网、高校、文旅、公益、智慧城市等多个领域成功落地应用，具备强大的技术先进性、产品成熟性和行业认可度，形成了一批具体方案和应用落地，为将来更广泛的商用开拓了道路。

ChainSQL 3.0 版本通过多链的方式，解决了区块链在数据冗余、数据安全以及业务复杂性三个方面所带来的相关问题（图 3）；在多链的设计中，把链分为主链与子

图 1 众享链网 Web3.0 生态版图

共识可插拔

- 自主研发PoP（Proof of Peers）共识算法
- 可插拔式兼容多种共识算法，可通过配置文件配置要使用的共识算法

分布式身份认证

- 支持分布式DID身份标识的签发、管理及验证
- 支持应用区块链的规模化接入以及可定制化身份证明

分片

- 通过分片机制解决共识效率问题，包括交易分片和网络分片

多链

- 主链-子链 设计

准入集成CA

- 支持生成用户证书，交易通过CA证书进行验签

国产化适配

- 自身国产化改造：国密算法替换、国产数据库适配
- 国产环境适配：与统信UOS操作系统、中标麒麟操作系统、华为鲲鹏处理器、龙芯3A3000、3B3000、3A4000、3B4000处理器适配

图 2 ChainSQL 技术特点

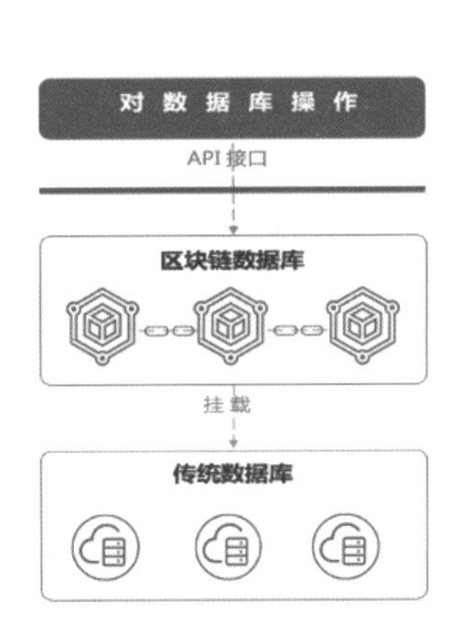

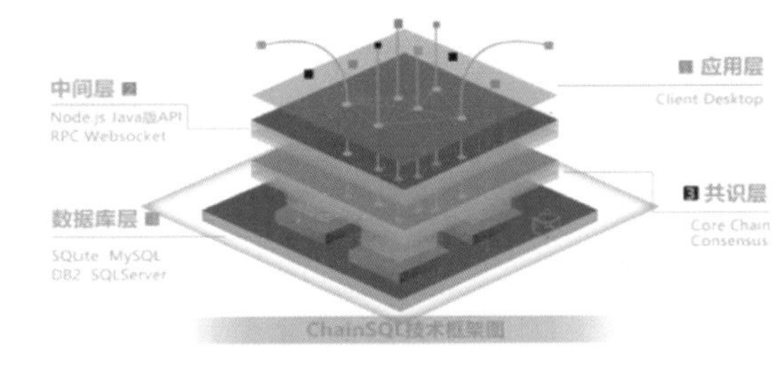

图 3 ChainSQL 架构解析

链。主链是具有子链结构的区块链，主链不做大量的数据同步，负责账号初始化，保证链的安全性，保存联盟链治理的相关信息数据。子链是指在主链上派生出来的、具有独立功能的区块链，主要负责业务实现。

2）WisChain

WisChain 区块链应用平台旨在持续兼容国际领先的开源区块链网络架构，实现可视化的建链、用链、上链及治链的数字基础设施，是连接区块链应用与各类区块链底层技术之间的桥梁。

WisChain 连接了多异构的区块链网络，而无须考虑各自的编程语言、设计风格、适用场景等问题，实现了不同企业区块链网络的快速搭建、可视化维护、多链连接及动态扩展的全栈式服务（图 4）。

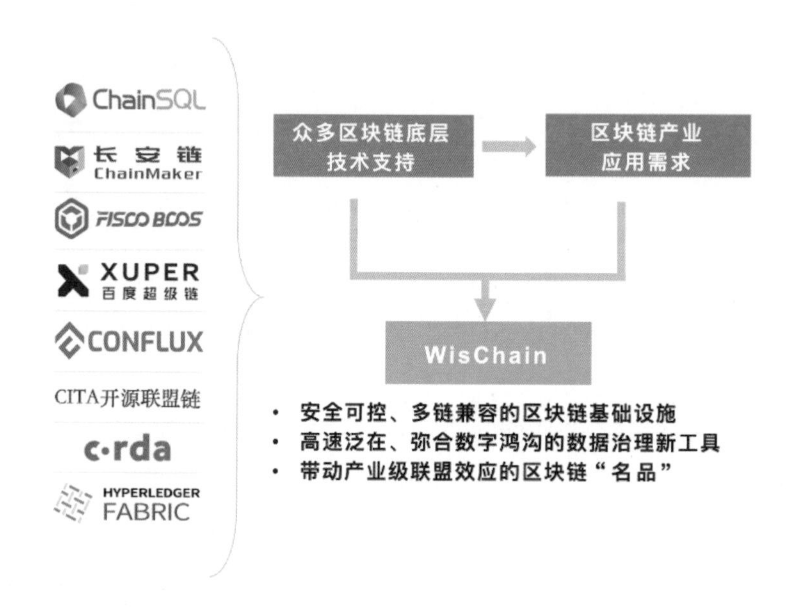

图 4　WisChain 特点

2.3.2　自组织协作平台：全球首个企业联盟级 DAO

众享链网通过使用 VoneDAO 平台打造全球首个企业联盟级 DAO（图 5）。基于 VoneDAO 模块化功能，各超级节点可以发布商业合作需求、认领任务、确认合作，促进商机撮合与运营，实现全流程智能合约自动化。

图 5　众享链网 VoneDAO 应用

在区块链的世界里，代码即法律。任何事件一旦上链，通过智能合约代码一经投票验证便会被高效执行，在这个过程中，免除了传统行业、企业中繁杂的决策过程以及执行路径，同时也是每个节点自主拥有投票权、决策权的另一层验证，致使个人、组织乃至企业都提高了过程效率。

众享链网是全球第一个企业级 DAO，零级扁平化治理，不设有多层级的类似“副理事”等角色。众享链网生态发展治理主要由共识决策委员会、DAO 仲裁委员会、技术委员会三部分组成，分别对应众享链网的生态发展、权利结构、技术治理三大层面，同时三大委员会的所有决策过程均采取链上投票的形式执行，投票一经通过便会在众享链网上具有“技术法律效率”，由智能合约自动触发执行指令，管理透明公开，体现高效且强制的执行能力。

（1）共识决策委员会：由全体超级节点委员组成，是众享链网提案的最终决定层，所有委员均可以发起提案，经过投票后实施；新加入成为超级节点也由共识决策委员会投票决定。

（2）DAO 仲裁委员会：超级节点委员针对矛盾事件自由报名成立仲裁委员会，系统随机选举一定数量的委员参与某一次事件的仲裁。

（3）技术委员会：由众享链网开源社区选举技术委员组成，专注于处理众享链网区块链底层技术问题和升级迭代。

（4）秘书处：仅负责收集提案、组织开会和委员会日常事务。秘书长由各超级节点委员轮席。

在传统的中心化公司制度和垄断企业的影响下，可以看到在任何领域内能做出一定成绩前，创业公司的境遇变得越来越难。即使国家实行《反垄断法》，取得的成效并不尽如人意，市场仍然由大型公司把持。直到 DAO 的出现，一种简单的分布式协作方式开始出现。在公开平台上，有能力有意愿的个人可以根据自己的情况，自由地选择接受任务，实现真正的自由职业。众享链网希望可以在区块链世界中打造一个人人平等、权益合理分配、共同治理的 DAO。

2.3.3 数字典藏链

众享链网聚焦数字文创产品应用，推出国内首个专注于数字文创产品的区块链综合服务平台——众享数字典藏链，支持数字藏品的分布式存储，以数字文创产品跨链传递为应用目标，以多元异构区块链生态互通互用为技术目标，提供高质量、低成本、多套餐、快响应的服务，满足多样化需求，为数字文创价值赋能，助推数字文创产业标准的建立（图 6）。

2.3.4 众享链网 Beta 链

为了众享链网更加可持续的健康发展，开放接纳更多的“弱关系”，众享链网计划专门免费推出一根 Beta 链，主要面向小团体创业者、高校师生，用于接纳年轻人，接受创新的想法，接纳世界的多样性。通过提供免费技术支援应用开发项目、免费提供学习资源，帮助更多有梦想的年轻人实现梦想。

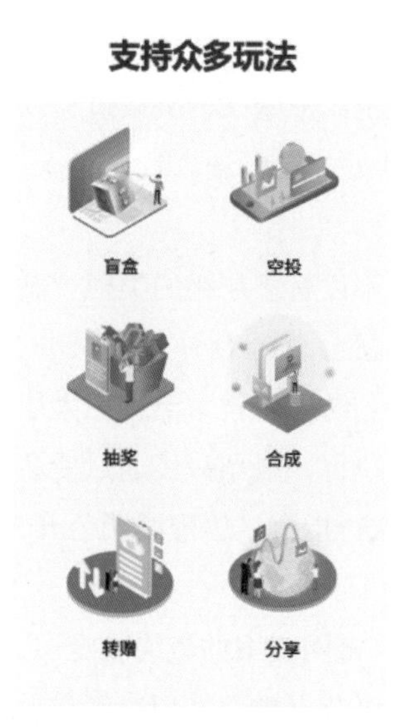

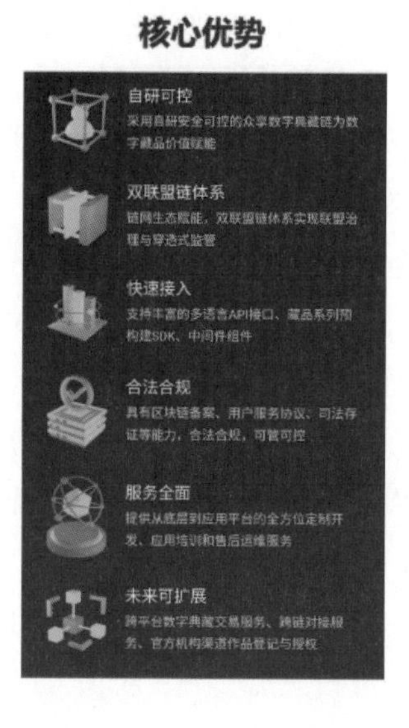

图 6　数字典藏链特点

2.3.5　企业级服务

众享链网以“企业服务企业”为出发点，正式启动超级节点“企业间服务”(图 7)。目前包含 6 项服务内容——电子签章、电子数据存证、数字管理、社会化用工、法务智库、电信业务运营商，均为企业间刚需功能。

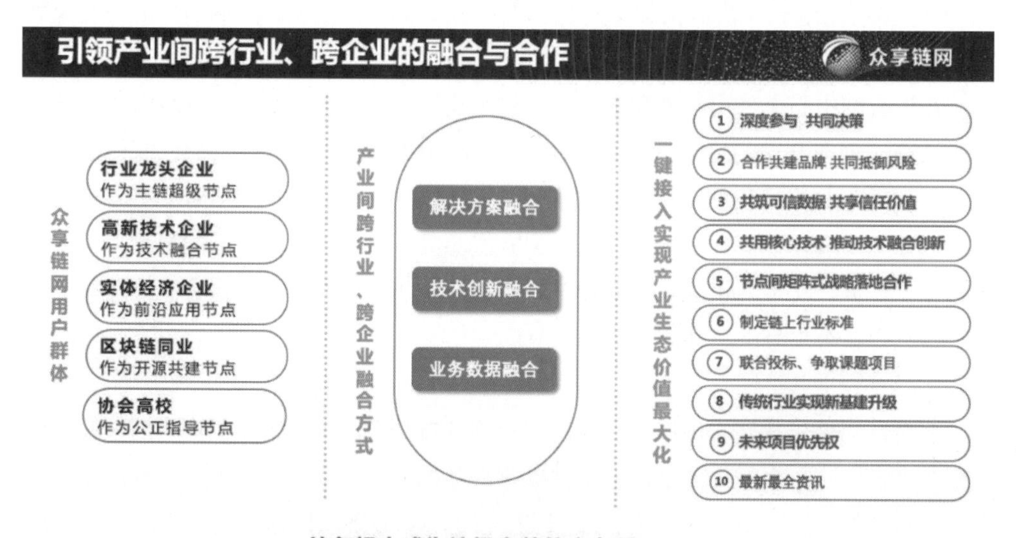

图 7　三大融合

众享链网超级节点成员启动超级节点“企业间服务”，是对区块链多方协同新模式的有益探索，将助力合作伙伴从“单项单打”走向“协同生态”，通过“互联互通”走向“协同共赢”。促进产业区块链创新升级，实现行业企业间合作共赢，与时代发展脉搏形成价值共振。

2.3.6　异构跨链：“国内联盟链门户”跨链平台

为了提升各链间的互操作性与可扩展性，实现各链间的价值互通，账本间资产转移交换、数据互认，打破群链割据与价值孤岛效应，旺链科技、大有云钞、安可区块链、湖南智慧政务区块链和众享比特 5 家区块链共建节点联合发起了跨链平台的搭建计划，确定共同搭建“国内联盟链门户”跨链平台，规划建设三根链（第一根链，中继链；第二根链，承接“数字资产大集市”；第三根链，提供分布式存储），推动众享链网超级节点间业务深度融合。

2.4 技术特点

1）众享链网主链

众享链网超级节点委员表示，结合自身业务，将重要的内容上传到众享链网主链，共促链网主链生成有效区块（图 8）。经过一年多的发展，众享链网 Layer1 超级节点即将发展到 40 家，去中心化程度目前已达到国内领先水平。

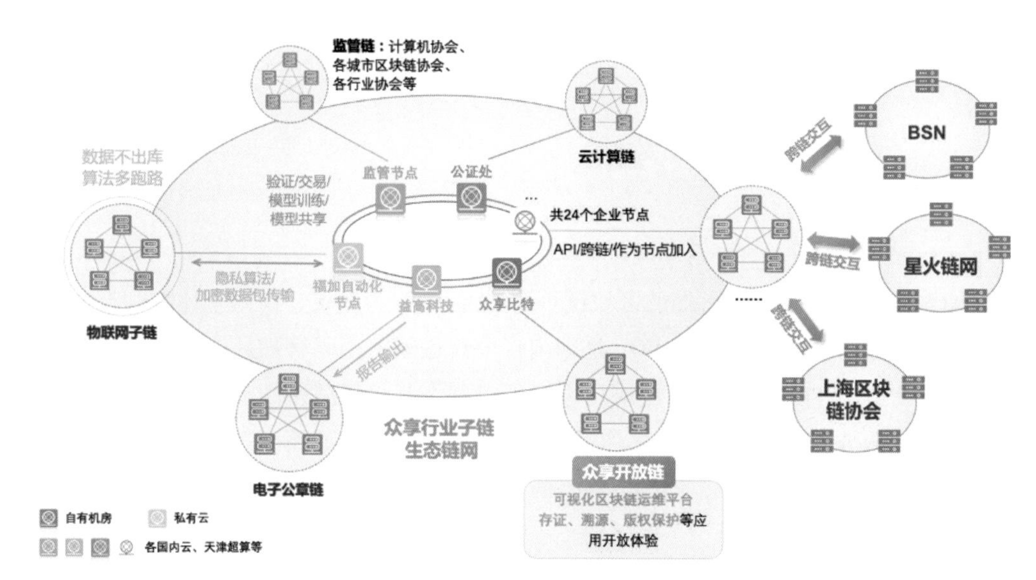

图 8 主子链架构

2）功能子链

（1）基于 ChainSQL 技术底层，重构新子链，实现应用再开发。

（2）提供一站式接入服务，已有技术链可便捷接入众享链网成为子链。

（3）基于众享链网底层架构，私有链可以升级成为联盟链。

（4）支持任意多家超级节点间快速搭建子链。

（5）将有价值信息哈希上传到主链，利用主链形成应用。

2.5 应用亮点：7 层架构

在众享链网内，区块链不再仅仅是单一链条，7 层的系统架构形成了一个真正的集成系统（图 9）。众享链网以国产自主可控的区块链平台 ChainSQL 为地基，以多场景落地应用为支柱，以开源生态为窗口，支持多种高新技术融合发展，整合产学研用各方力量，建筑区块链产业新地标。

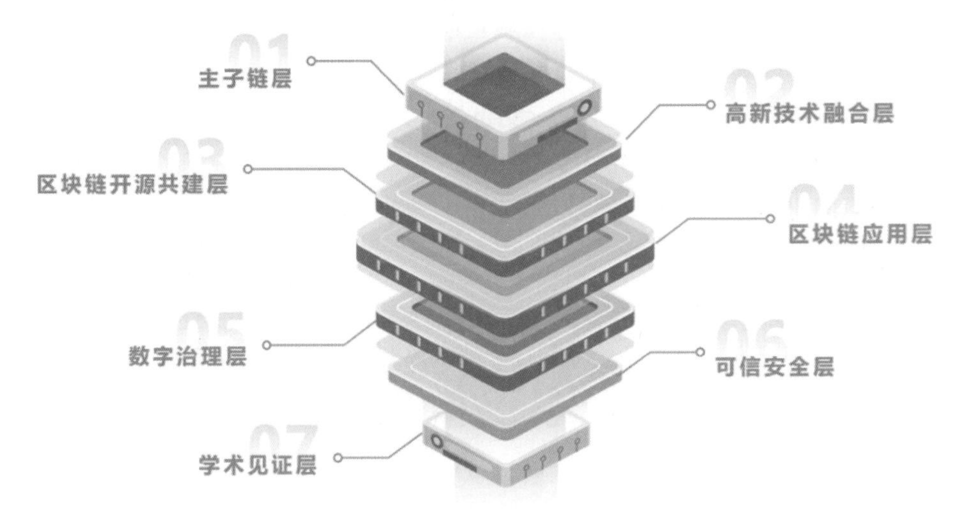

图 9　7 层架构

3　应用前景分析

3.1　战略愿景

众享链网以国产自主可控的区块链平台 ChainSQL 为底层，由众享比特和行业伙伴共同维护主子链架构。ChainSQL 是国内首个获得国家密码管理局许可的区块链软件产品，是国产自主可控区块链底层平台的旗舰产品；现已完成与龙芯 CPU、华为 TaiShan200 服务器、麒麟 / 统信操作系统、人大金仓 / 达梦数据库等产品的兼容性认证。截至 2021 年 10 月，基于 ChainSQL 的技术创新，共获得发明专利授权 14 项，软件著作权 10 项（图 10）。

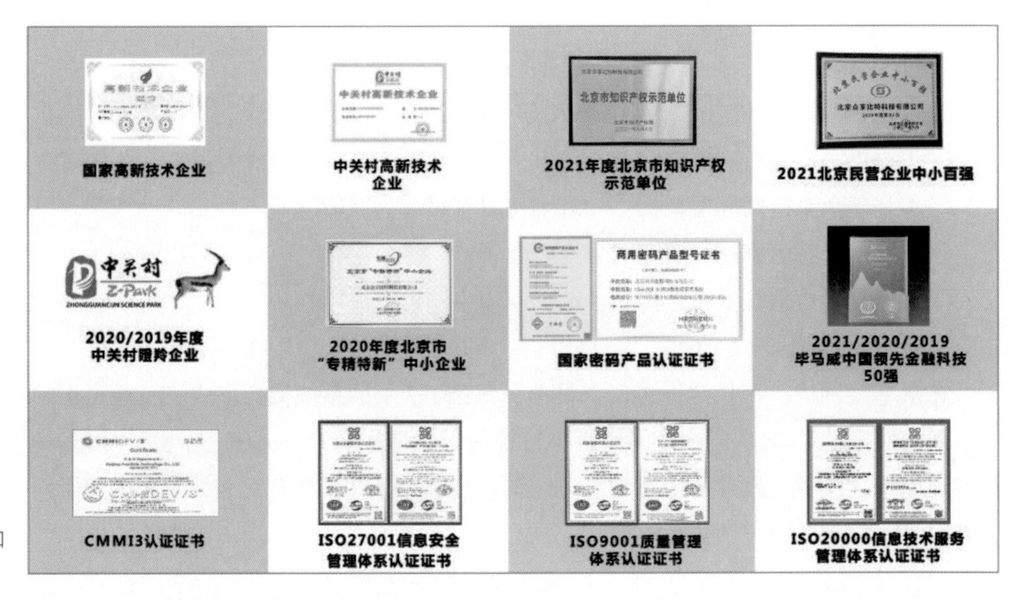

图 10　公司重大知识产权和荣誉

3.2 用户规模

3.2.1 主链上的 4 条子链

1）上海益高科技——电子签章链

上海益高科技基于众享链网区块链底层技术开发了电子签章链——电子签约云平台“握手签”。目前“握手签”已经正式上线运行，开始承接企业间电子签约业务。从签约发起到签约完成，整个合同签约过程中的每一步操作与信息全程上链，无法篡改，存证可信（图 11），并支持多家同时签约，解决过去多主体盖章难协调的痛点。

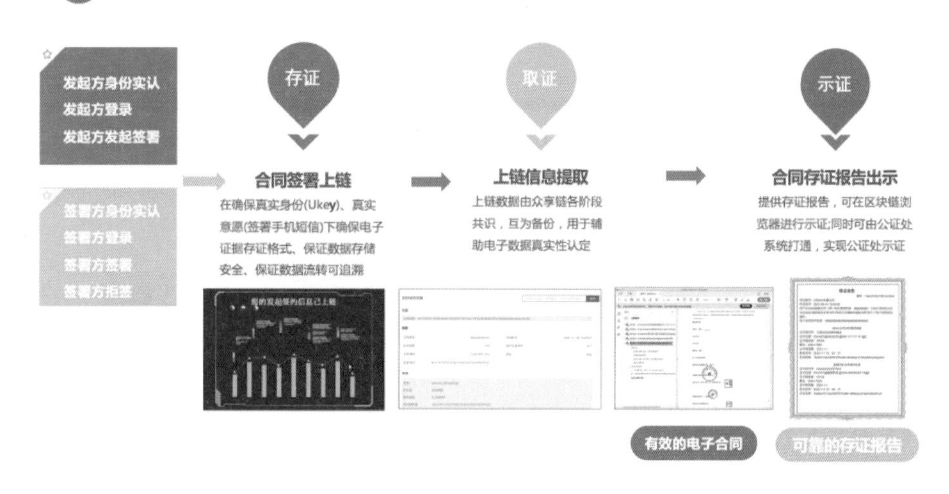

图 11 “握手签”业务

2）北京众享比特——众享开放链

众享比特是众享链网的底层技术提供方，基于众享链网，众享比特搭建了国内首个免费开放给所有对区块链技术感兴趣的人使用的区块链——众享开放链。众享开放链主要提供“存证服务”“溯源服务”和“可视化调用区块链”等功能模块，让所有人都可以免费用到区块链（图 12）。

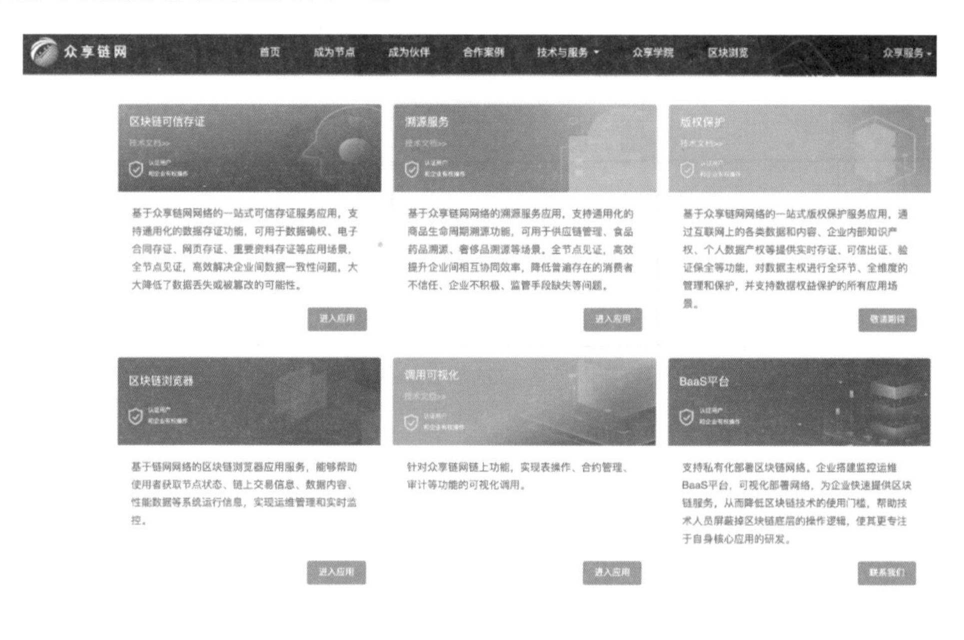

图 12 众享开放链服务

3）上海治云智能科技——可视化仓单链

上海治云智能科技基于众享链网区块链底层技术开发了可视化仓单链，搭建治云E仓单平台（图13），目前治云E仓单平台正在逐步投入使用中。

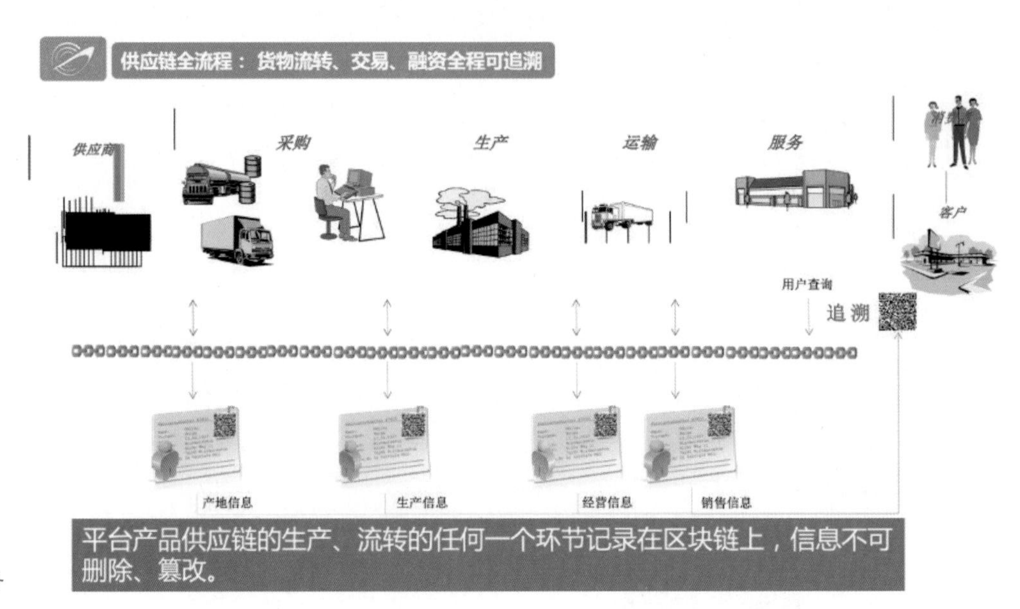

图13 治云仓业务

（1）治云E仓单平台是治云智能与众享链区块链平台共享技术创新的产物。

（2）通过治云E仓单平台对现货NFT化，形成仓单资产，通过区块链节点数据共识监督，无法篡改。

（3）通过治云仓数字孪生监控，确保仓库货物全程可以追溯。

4）摩点科技——数字藏品摩点链

摩点科技是中国国内首个文创众筹平台，在国内文创领域已经深耕7年。摩点秉持科技赋能文化创意的核心理念，基于众享链网区块链底层技术开发了摩点链，致力于构建新一代的文创数字化生态。目前基于摩点链开发的摩点数字藏品功能已上线摩点众筹平台，拥有高可用性，支持高并发（图14）。

3.2.2 提供Web2.0升级为Web3.0的整体解决方案——南京大学区块链实验室NJUBlockchain.com优化

南京大学区块链研究院主办的NJUBlockchain.com，是一个鼓励大家推荐和共享区块链文献的开源社区，目前是一个Web1.0的网站+微信群的方式。通过众享链网开源社区Web3.0整体解决方案，一站式升级为Web3.0社区。

众享链网对项目功能优化点如下：

（1）使用众享DID dapp扫描NJUBlockchain登录页面的二维码实现DID身份登录功能。

（2）每一位开源社区成员通过众享DID拥有自己的文献开源社区的积分钱包。

（3）区块链文献社区采用贡献文献奖励积分，参加论坛活动使用积分的逻辑，全部通过智能合约实现。

图 14　摩点区块浏览器截图

（4）社区内活动将通过 DAO 治理投票选举结果决定，并通过智能合约发放积分奖励。

（5）众享 DID 应用于社区线下讨论会的身份验证，并可提供发放纪念 NFT 等数字藏品功能。

众享链网给项目带来特性如下：

（1）可信数据：可验证凭证以 did 文件的形式存证在众享链网的南大子链上，每位参与南大 NJUBlockchain.com 用户的数据都可以进行原文验证，证实未被篡改。

（2）隐私保护：众享 DID 支持用户只向凭证验证方出示部分身份数据，也支持凭证验证方对用户的部分身份数据进行验证，从而更简单地实现对用户的隐私保护效果。

（3）场景式落地：由于联盟链的本质和中心化管理方式，不同场景之间不需要进行连通，可根据不同场景进行定制化开发。

3.2.3　众享链网主链在 VoneDAO 发行积分通证

众享链网是国内首个分布式共治的产业级联盟链体系，使用超级节点旺链科技的 VoneDAO 进行联盟治理（图 15）。众享链网在 VoneDAO 内发行治理 TokenZXC-D，先在 VoneDAO 内基于旺链底层链发行治理通证 ZXC-D1，进行超级节点的空投奖励、治理投票、任务奖励。VoneDAO 的登录功能将使用众享 DID，实现众享 DID 可以接收从 VoneDAO 钱包打过来的 ZXC-D，并能及时查询余额功能。

3.3　推广前景

众享链网作为国内最接近公链的联盟链体系，在适应中国体系监管的同时，做到了联盟链与公链系统功能的同步映射。随着异构网络节点的不断接入，众享链网区块

图 15　众享链网 VoneDAO 特点

链服务网络各超级节点间完全拥有自主权，实现了真正的开源开放、共建共享。同时，在去中心化存储、DID、Web3.0 硬件基础设施、DAO 等底层技术不断趋于完善的稳健发展趋势下，众享链网将成为 Web3.0 时代构建价值互联网的重要底座基石，助力推动开启下一代互联网新纪元。

3.4　产能增长潜力

众享链网是开放互联网生态系统建设者、创造者以及开发者的集聚地，其使命是建立一个开源、协作和应用赋权的开放网络。通过资助项目、建立社区和提供学习资源，正在通过合作创建未来的数字公共基础设施。

4　价值分析

4.1　商业模式

在一年多的冷启动阶段中，全球各地 40 个不同性质、不同规模，互相不认识不了解、没有利益关系的企业，通过区块链技术 + 去中心化身份 + 自组织管理，共同搭建了一个数字基础设施（图 16）。众享链网在运行的不到 1 年半的时间内，区块高度突破了 28 万，上链总交易量突破了 175 万，业务子链数量达到 7 个。

众享链网是国内首个将超级节点部署在公网上、支持异构网络接入的多节点区块链服务网络。对标以太坊，众享链网已经成为目前国内最接近公链的联盟链体系，而我们的目标也将致力于实现“中国以太坊”，建设成为既适应中国监管又能平衡联盟链和公链特征的新一代区块链系统（图 17）。

现在众享链网进入了“去中心化、自运行、自组织”的第二阶段中，不能仅仅再片面以一个项目或者一种经济模式来看待众享链网，而是要探究链网背后的思想，是

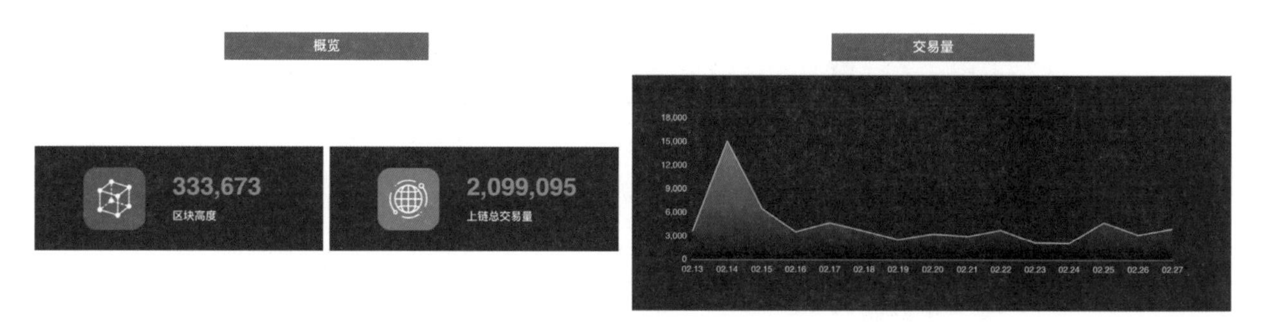

图 16　众享链网区块浏览器截图

图 17　众享链网 vs 以太坊

否值得各超级节点信仰，是否能得到全球更广泛的认可。

4.2　核心竞争力

众享链网作为可以提供支撑未来应用的基础设施，低成本、高效率、多兼容是众享链网的特色优势。无论是 Web3.0 还是元宇宙，都需要更强大的基础设施来支撑，众享链网将功能组件化封装，让更多的人快捷、低成本地使用兼容性更强的基础设施搭建应用。其次，众享链网由多家科技公司共建，涵盖多种高新技术，大幅降低融合使用多种技术的门槛和成本。除了技术以外，众享链网还拥有大量资源，以更丰富的商业环境、更高的信任体系、更平等的地位打破行业垄断。

从众享链网 Web3.0 生态版图中可以看出，众享链网生态已涵盖 15 大板块，全面展示了众享链网“多链互联共生”的区块链生态圈（图 18）。2022 年下半年，众享链网已持续拓展生态版图，超级节点数量将突破 60 家。

4.3　项目性价比

众享链网可以做和最重要的事情，就是接纳年轻人，接受创新的想法；接纳世界的多样性，以开放包容的心态迎接新时代的到来。众享链网的发展路径不同于其他传统企业，希望大众理解众享链网所做的“去中心化和开源”才更有价值（可参考安卓系统和 MySQL）。

图 18　对比众享链网生态版图与以太坊生态版图

4.4　产业促进作用

1）社会效益

在信息社会不断完善的背景下，区块链技术、数字经济、数据产业都在飞速发展，世界各国正在将“数据”作为重要的生产要素来加以控制，众享链网的建立就是为了处理在新型科技生产力下产生的矛盾。

众享链网的技术架构和生态理念为了符合当今数据治理，可以充分释放数据活力，促进数据要素的安全流通与应用。具体会在原始数据共享、数据劳动者管理、数据劳动手段使用、数据能量的使用和管理、惩罚和奖励机制等方面进行推进。

未来，将会出现成千上万个不同目的、不同利益、不同社群的数据群落，共同组建一个数据治理的新空间。

2）经济效益

众享链网希望搭建起区块链生态通路，解决落地创新的“痛点难点”，打造社会治理生态体系，为行业、社会、国家贡献一份力量。目前，众享链网运用区块链等技术为超级节点提供可信存证、溯源服务、版权保护等应用。在存证场景中，解决企业间数据一致性问题，大大降低了数据丢失或被篡改的概率，降低了人力、物力等运营成本；在溯源场景中，全节点见证，高效提升企业间相互协同效率，大大降低了因消费者不信任、企业不积极、监管手段缺失等问题带来的经济损失；在版权保护场景中，对数据主权进行全环节、全维度的管理和保护，并支持数据权益保护的应用场景，提高了协同效率，降低了版权保护成本等。

供稿企业：北京众享比特科技有限公司

VoneBaaS 区块链基础服务平台

1 概述

VoneBaaS 区块链基础服务平台由上海旺链信息科技有限公司自主研发，旨在帮助客户及合作伙伴快速轻松地搭建各类业务场景下的区块链应用，简化传统产业链改工作，助力实体经济发展。

区块链作为一种具备去中心化、安全性高、信用成本低、无法篡改和资料公开透明等优势的技术，行业发展愈发深化。VoneBaaS 区块链基础服务平台，构建于区块链底层网络的基础上，提供链构建、链管理、链使用等区块链基础服务，可使合作客户释放在区块链应用开发的研发、部署及测试成本，满足其个性化需求，可为全行业多业务场景提供区块链基础服务，具体涵盖金融、能源、公益、制造、医疗、航空、教育、农业等行业，支持营销、版权保护、供应链、清结算、电子发票、溯源、众筹、股权等多业务场景。

VoneBaaS 区块链基础服务平台从项目中诞生，团队核心人员皆为 IT 行业资深专家，由旺链科技副总经理蔡茂华带领，产品管理由高级产品经理曾峰负责，核心研发者包括：肖慧，区块链技术专家，Linux 基金会旗下 HyperLedger 中国技术工作组国密组副组长，Fabric 相关开源项目代码维护者 Maintainer；唐先杰，系统架构师，FISCO BCOS 2021 年度 FMVP 最有价值专家；宋伟奇，资深 Java 工程师，超级账本中国技术工作组国密组成员。

2 项目方案介绍

2.1 需求分析

目前 VoneBaaS 主要的应用场景如下：

（1）农产品 / 食品安全溯源。民以食为天，食品的安全性是广大民众尤为关注的问题。基于区块链技术搭建的农产品 / 食品安全溯源平台，能够将农产品 / 食品各个生产环节的数据上链，形成一条溯源链，消费者扫描购买农产品或食品的二维码，可以可信追溯该商品各个生产环节的信息，食用更放心。

（2）版权存证。互联网时代，由于版权确权难，版权往往无法得到很好的保护。利用区块链技术不可篡改、可追溯的特性，用户发布新作品时将作品信息上链，生成唯一哈希地址，作为确定该作品的唯一凭证，保证作品版权归属唯一。

（3）供应链金融。区块链技术可以使供应链各个节点在无信任基础下安全交易。区块链最大的作用是可有效解决“信任”问题。区块链上的数据安全性高、交易无法撤回，同时应用区块链技术的供应链金融系统往往会进行较为严格的身份认证与反洗钱，构成了区块链的信任体系。

（4）政务共享协作。政务领域各个部门协作需要相互校验凭证，广大民众办理业务需要跑多个地方，区块链技术的数据可信共享，可以优化业务流程，提高业务办理效率。

2.2 目标设定

VoneBaaS 区块链基础服务平台从项目中诞生，致力于降低区块链的使用门槛，使技术赋能传统经济、实体经济，经历国密改造、自研区块链浏览器、K8S 部署、跨链、提炼内核解耦底层架构的演变过程（图 1）。VoneBaaS 的技术迭代升级伴随调研、研发、总结的一般流程，将国密改造的改造成果进行开源，践行开源思想。

图 1 VoneBaaS 技术演变路线

VoneBaaS 架构设计的总体思路是业务中台和区块链链内核之间解耦，屏蔽区块链底层的复杂度，降低业务系统对接区块链的门槛，大幅提高区块链应用的开发效率，形成一套 VoneBaaS 管理联盟链内核的工具集。将联盟链应用开发标准化，按照应用层开发、智能合约开发、在线部署、动态配置、在线运维管理五个步骤即可完成一个区块链应用的开发。

通过 VoneBaaS，基于云端提供一站式应用开发服务，帮助企业完成数字化转型，配备开放联盟链、专有联盟链、跨链等标准化产品多方面满足市场需求。技术保障方面，采用 K8S 容器编排、智能合约、边缘计算等核心技术，系统可保证 7 × 24 h 可运行性，K8S 自动化运维保障环境稳定，区块链 BaaS 平台创建的链处理能力最大 TPS 不少于 2 000 笔 /s，单笔交易平均响应时间少于 2 s，峰值交易处理时间少于 3 s。

2.3 建设内容

平台使用层面，VoneBaaS 支持公有云部署与私有化部署两种方式，并提供多种不同的区块链引擎和加密算法，全面支持国产化环境部署和国密算法，实现安全自主可控；平台内提供智能合约市场，支持智能合约审计，增强合约安全性。同时，VoneBaaS 支持同类型平台之间的同构跨链，以及不同平台之间的异构跨链，客户能通过跨链提高数据互联互通能力，进一步推动企业链上合作的进程。基于 VoneBaaS，可以很好地保障客户数字化需求的高效性、上链的安全性，打开企业数字化合作的新局面。

VoneBaaS 平台主要功能如图 2 所示。

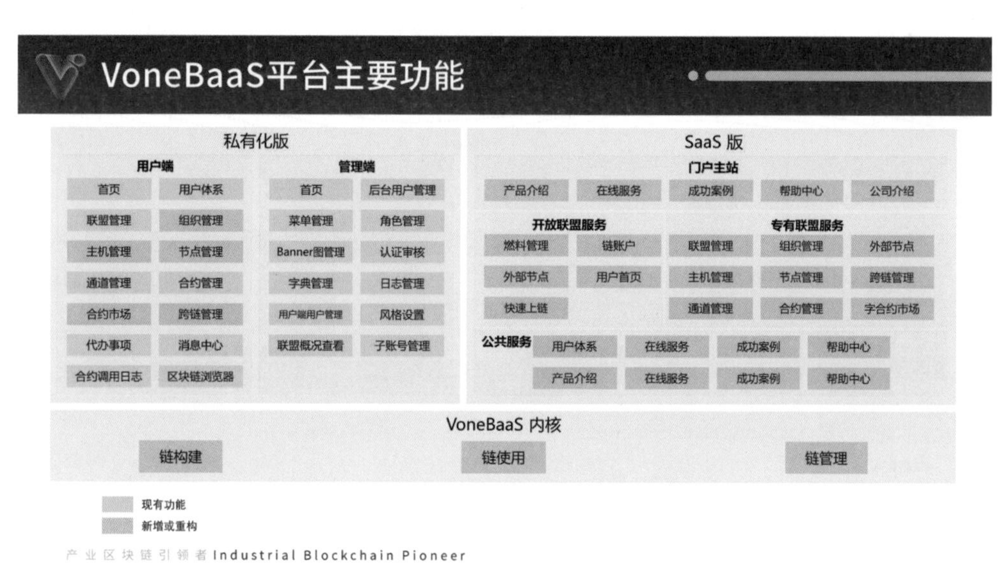

图 2 VoneBaaS 主要功能

技术方面，云到端，是否能将云计算的能力下沉到边缘侧区块链节点，并通过 BaaS 平台中心进行统一交付、运维、管控，黏合云计算核心能力和边缘算力，构筑在边缘基础设施之上的云计算 BaaS 平台？经过不断探索和验证，VoneBaaS 基于 KubeEdge 构建云端管控、边缘自治区块链服务平台。为云和边缘之间的网络，应用程序管理和元数据同步提供基础架构支持，将容器化应用程序编排功能扩展到 Edge 的主机，解决广域网络节点组网问题，支持复杂跨云网络环境。

云边协作能力：解决用户自有机器作为外部节点，部署自己的区块链节点，解决外部区块链节点文件挂载安全性问题，支持复杂的边云网络环境。

边缘计算架构：将原生的容器化应用程序编排功能扩展到边缘节点，先有一个 K8S 集群，再有边缘计算平台，两者不是替代关系。

跨链能力：采取中继跨链的方式，支持 Hyperledger Fabric 和 BCOS 等多种底层链接入跨链服务，可用于业务跨链、资产跨链、数据跨链等。

2.4 技术特点

VoneBaaS 平台采用微服务体系架构和容器化技术部署编排，实现系统的自动化部署，基于信创环境适配、云边协同区块链组网、跨链技术进行搭建。VoneBaaS 平台架构中，最上层是区块链应用集成，第二层是对外输出的平台接口层，第三层是服务层，最后一层是基础设施层。VoneBaaS 上做了很多应用的标准或者模板，包括溯源、存证、NFT、DAO，用户可以快速复制这些应用模板来做自己的应用开发。架构右侧是运营监控模块，包含配置管理、可视化监控和操作审计等功能。

VoneBaaS 平台架构如图 3 所示。

图 3 VoneBaaS 平台架构

技术架构设计原则如下：

（1）微服务。业务中台采用微服务架构，基于 Spring Cloud 框架，微服务架构采用去中心化思想，服务之间采用 RESTful 风格接口、MQ 等轻量级方式通信，并根据底链 SDK 封装 GO、RUST、NODEJS 等对应 API 服务。

（2）面向对象设计。自研链内核遵循面向对象设计原则，采用抽象工厂、责任链、构造器、模版方法、外观模式等多种设计模式，高内聚低耦合，支持多底链、多加密类型动态组装流程，并保证事务最终一致性和接口幂等性。

（3）容器化部署。区块链节点和业务系统容器化部署，可移植性强，隔离性和安全性更高，支持动态扩容，部署速度快，开发、测试更敏捷。

（4）容器编排。使用 Kubernetes 容器编排技术，用于自动化部署、动态扩展和管理容器化应用。

（5）边缘计算。KubeEdge 基于 Kubernetes 构建，为云和边缘之间的网络、应用程序管理和元数据同步提供基础架构支持，将容器化应用程序编排功能扩展到 Edge 的主机，解决广域网络节点组网问题，支持复杂跨云网络环境，提高平台整体组网能力。

（6）模块化设计。业务中台服务和各底链 SDK 模块独立存在，均可独立部署，支持热插拔。

2.5 应用亮点

与当前国内外同类项目相比，VoneBaaS具有以下先进性和创新点：

（1）同套业务流程适配多种区块链引擎。一体双擎，VoneBaaS是国内首家BaaS平台实现通过同一套业务流程适配Hyperledger Fabric、FISCO BCOS等多种区块链引擎。

（2）支持跨链扩展性更强。支持同类型平台之间的同构跨链，也支持不同平台之间的异构跨链，通过跨链提高数据互联互通能力。

（3）支持多种共识算法。支持Raft、PBFT等共识算法，结合性能和安全性考虑，根据不同的业务场景可以灵活选择共识算法。

（4）支持信创环境部署。信创产业大力推广发展国产软硬件以及应用，旨在从根本上保障国家信息安全。VoneBaaS平台目前已在信创领域取得领先优势，支持华为云公有云平台（鲲鹏）、兆芯、中科可控、飞腾、龙芯等国产软硬件。

（5）深度定制Fabric区块链功能。Hyperledger Fabric是全球最广泛使用的分布式账本平台，VoneBaaS平台基于Fabric深度开发定制多项功能，包括：动态增删节点、组织退出联盟、组织退出通道、解散联盟等，具有一定创新性，在业界具有领先优势。

（6）支持国密算法更安全。VoneBaaS是首个对Fabric最新长期支持版Fabric v2.2.0版本完成国密改造的BaaS平台，并将改造源码进行开源。支持自主可控的加密算法既能更好地保证数据安全和通信安全，符合国内区块链技术行业应用规范，又推动国家商用密码在整个区块链行业的应用发展。

（7）提供一体化的运维监控。方便平台运营商监控平台整体资源使用情况与快速扩展，方便平台用户查看自身区块链节点的日志信息和资源占用情况。

（8）提供智能合约市场。提供智能合约市场功能以及智能合约在线打包功能，方便用户快速获取智能合约，实现业务需求。

（9）提供灵活的部署与应用接入方式。提供在线和私有化部署方式，SDK和API两种接入方式，用户构建区块链应用程序可以按需选择。

应用成效方面，VoneBaaS平台在使用稳定性、功能有效性、企业需求契合性等方面均取得较好效果，VoneBaaS技术可靠与服务实效得到有力验证，实现了多行业的区块链应用落地。特别地，在食品安全溯源、版权存证、供应链金融、政务共享协作领域，VoneBaaS拥有成熟的项目运作经验和客户满意度较高的解决方案。

应用案例一：长沙银行基于VoneBaaS搭建了区块链金融服务管理平台，符合金融规范，实现银行内部金融服务的链上整合，并以统一标准的方式对外进行发布，以技术驱动银行业务和产品创新。通过VoneBaaS建设的区块链金融服务管理平台，在具体业务场景，构建对账联盟以及对账机构，设计对账通道，编写智能合约，以通用对账模型帮助解决了银行信贷业务场景下的多方信任问题。

应用案例二：上海住建委主导建设的基于VoneBaaS区块链底层平台的重点区域建筑废弃混凝土回收利用溯源管理系统，运用区块链技术对数据的防篡改性、安全性，以及可溯源的特点，将废弃混凝土处理的“收、运、处、用”等过程环节数据和各参与主体身份、动态进行上链，达到全流程的管理与追溯。一方面，它有助于实现建筑废弃混凝土交易货权的清晰化、透明化，最大限度保障处置过程透明性；另一方面，通过区块链技术建设信用体系，能对相关参与方进行数据画像，利于各个职能部门进行高效数据共享，提高监管效率。在“共建，共享，共治”的区块链价值观下，形成政府引导、市场运作、行业自律、属地监管的建筑废弃混凝土回收利用常态长效机制。

3 应用前景分析

3.1 战略愿景

VoneBaaS 积极响应国家安全战略，支持信创产业生态的发展，帮助巩固壮大国产化信息生态。平台对底层区块链引擎进行了国密改造，并将国密改造成果开源，打造了国产自主可控的区块链底层引擎，支持华为云公有云平台（鲲鹏）、兆芯、中科可控、飞腾、龙芯等国产软硬件，与以上厂商完成产品兼容互认证，支持国家商用密码算法，有效提升信息系统的安全性，保障平台应用中的信息机密性和真实性、数据的完整性、操作行为的合法性，更好地满足客户需求。自主可控的加密算法符合国内区块链技术行业应用规范，也推动国家商用密码在区块链行业的应用发展。

3.2 用户规模

目前，VoneBaaS 区块链基础服务平台已在多行业多业务场景下，完成区块链相关应用方案落地，获得国家技术转移东部中心、新奥特集团、TCL 集团、金龙鱼等涵盖金融、政务、版权确认、生产溯源等多个领域多家合作客户认可。

1）国家技术转移中心——东中心

利用区块链与智能合约技术，打通高校、科研机构、企业间科技成果转化通道，进行产业分析后，基于 VoneBaaS 应用区块链整套技术、股权交易解决方案，通过智能合约实现资本自动撮合交易。

2）新加坡港务集团

通过供应链数据上链，可信共享，优化供应链业务流程，提高流程处理效率，基于 VoneBaaS 研发的供应链数字化生态系统升级整个供应链网络，实现降本增效。

3）新奥特集团区块链版权系统

新奥特（北京）视频技术有限公司采用 VoneBaaS，打造了区块链版权系统，可帮助客户快速构建区块链上层版权应用系统，出版数据上链，信息不可篡改，作品发布即确认版权。

4）中国管理科学学会金融科技专委会 DAO 组织

中国管理科学学会金融科技管理专业委员会 DAO 组织在底层应用了 VoneBaaS 基础服务，结合 IPFS、智能合约等，可为企业合作提供开放友好的环境，协调对接各方资源，加强企业合作，扩大组织影响力，实现金融科技价值最大化。

3.3 推广前景

VoneBaaS 专注于区块链底层技术研发，根据客户需求、业务场景特点设计服务方案，功能版本快速迭代升级，平台服务品质不断提升，目前技术较为成熟，全面满足国家区块链技术标准，服务过程提供 7 × 24 h 随时随地响应，技术专家一对一排查解决问题，提供全方位售后支持。

处于初期推广阶段的 VoneBaaS 有望在今后与更多行业客户的接触与合作中，了解更多客户的痛点需求，拓展 VoneBaaS 平台的应用广度与深度，完成合作项目价值与 VoneBaaS 平台价值的共赢升级，同时，在区块链行业与业内同仁进行持续的积极交流，共同探讨推动区块链技术应用的新发展。

3.4 产能增长潜力

在区块链技术应用的各种形态中，BaaS（区块链即服务）能基于云端提供区块链基础服务，用户可搭建、管理、维护其区块链应用。开发及使用成本降低、部署灵活快速、简单易用等特点，使用户能以较低的成本、在较短时间内，安全可靠地应用区块链技术，构建相关区块链解决方案及应用。BaaS 能推动区块链生态系统构建的这一特点，也被认为是区块链行业实现规模增长、与多行业商业模式相互适应融合的关键。

VoneBaaS 区块链基础服务平台是一种帮助用户创建、管理和维护企业级区块链网络及应用的服务平台，可为企业高效地开发出区块链应用，将在各行业数字化转型中发挥重要作用。

VoneBaaS 构建于区块链底层网络基础上，提供大量区块链基础服务，可实现与传统应用的完美结合，能够在全行业、多场景下完成区块链应用搭建与落地，可作为现有系统区块链改造、区块链产品专业开发、各行业数字化转型升级的有力工具。

4 价值分析

4.1 商业模式

目前，VoneBaaS 已推出开放联盟链、专有联盟链、跨链服务等标准化产品服务，同时提供个性化、高配置的链改解决方案，可让客户以较低的成本，在较短的时间内完成区块链技术的应用。相关的区块链技术应用项目解决方案包括智慧农业、区块链溯源、供应链金融、工业互联网、边缘计算、元宇宙模型渲染、高速分布式存储、自治组织管理等多个应用场景，个性化链改解决方案与标准化产品结合的模式已成功服务包含航空、政府、金融、能源、农业、医疗、教育、房地产、快消和汽车等在内的十数个行业数百家客户。

4.2 核心竞争力

VoneBaaS 具备坚实的技术研发实力，团队 80% 以上为技术人员，平台主要研发人员作为区块链技术领域专家，注重技术学习与开发实践分享，为目前市场上的区块链浏览器、国密算法添砖加瓦，多次获得业内开源社区认证，入选优秀贡献者榜单。VoneBaaS 成功通过国家工业信息安全发展研究中心“区块链优选计划”融合应用类专业级测评，测评主要面向区块链与基础软硬件的兼容适配，推动高性能、高安全性的区块链基础设施建设。同时，在信创生态合作领域，VoneBaaS 已与华为云、兆芯、中科可控、飞腾、龙芯多家优秀国产化厂商完成产品兼容互认证，信创版图不断扩张，旺链科技 VoneBaaS 的区块链底层技术自主研发能力、区块链技术服务实体能力，在信创领域的发展得到有力验证。

VoneBaaS 具有专业的技术与人才支撑，技术与落地应用项目的可操作性均较为出色，可实现与传统应用的完美结合，以其强大的技术实力，可满足多样化的市场需求，提供全向区块链服务：

（1）支持多种主流区块链引擎，满足用户多样化需求。

（2）全面支持国产化环境部署和国密算法，提高自主可控安全性。

（3）支持同构或异构跨链，强化数据互联互通。

（4）支持多种共识算法，满足性能与安全平衡需求。

（5）提供智能合约市场，支持智能合约审计，保障合约安全性。

（6）支持同态加密的智能合约，增强隐私数据保护。

（7）采用容器化部署技术，提供一体化运维监控。

（8）支持云边协同组网，适应复杂云环境部署。

4.3 项目性价比

从业务优化创新和开发成本两个方面阐述。业务优化创新方面，区块链技术通过在多方之间构建“信任”网络，减少多方之间协作的可信校验，优化业务流程，节约了业务处理成本。比如在政务领域多方协作过程中，基于区块链构建的可信联盟，上个机构的处理结果可以直接被下个机构采纳并进行后续处理，无须繁杂的结果可信校验。

在开发成本方面，任何区块链应用都需要区块链服务平台，业界评估开发一个区块链服务平台的成本需要数百万元。基于 VoneBaaS 开发区块链应用，客户可以节省上百万元的开发费用，并且可以享受方便友好的区块链服务 API，快速构建区块链应用。

4.4 产业促进作用

作为一项引领信息互联网向价值互联网转变的新兴技术，区块链已成为全球产业变革的全新赛道。在技术发展、数字化转型不断推进的时代，BaaS 的产品形式能推动区块链生态系统的构建，实现行业的规模增长，以及与多行业商业模式的融合发展。随着 VoneBaaS 服务实体经济，探索铺开更多区块链技术应用的场景，也将使区块链产业生态更加丰富，助力行业生态进一步繁荣发展。

在 VoneBaaS 的实际应用中，团队得出了以区块链基础服务与各行业需求有机融合的积极反馈，始终站在行业现况与企业需求层面思考，进行区块链相关方案设计与应用搭建是 VoneBaaS 多次收获客户认可的关键，也真正形成了区块链技术与传统企业的良性互动，通过场景调研、技术研发与应用带动各行业高质量完成数字化转型，区块链产品做到精细化、个性化、垂直化，提高产业生态丰富度，发挥区块链赋能地方数字经济效应。

供稿企业：上海旺链信息科技有限公司

AVATA 多链跨链分布式应用服务平台

1 概述

为赋能全球生态伙伴，上海边界智能科技有限公司推出了面向行业的 PAAS（platform as a service）级多功能型服务平台——AVATA 多链跨链分布式应用服务平台。产品由边界智能创始人兼 CEO 曹恒、董事长兼 CTO 奚海峰等带领的团队打造，基于简单易用、快速接入、安全可靠、成本可控的显著特性，AVATA（图 1）帮助元宇宙应用 / 项目解决开发过程中遇到的一系列技术难题：为初接触底层链开发的开发者提供简单易用的服务，实现对接传统后端服务类似的便捷体验，支持复杂分布式业务应用系统一键式对接，并以专业服务能力提供链账号托管及资产安全管理服务。

图 1 AVATA logo

2 项目方案介绍

2.1 需求分析

AVATA 支持用户快速部署、自主发行合规的数字艺术品，为企业提供区块链全领域解决方案，助力企业采用 NFT 技术实现其数字化运营的目标。秉持专业的技术服务精神，AVATA 致力于将应用层软件开发模块通过平台级服务形式帮助业务方聚焦商业需求，降低技术门槛，为助力 NFT 技术深化行业应用和快速落地再添利器。

目前，AVATA 持续向多功能型服务平台进阶，服务愈加全面和完善：

（1）支持多链：文昌链 – 天和、文昌链 – 天舟。

（2）支持多种接入方式：AVATA API、底层链 API。

（3）支持多类型对象：NFT（ERC-721 标准）、MT（ERC-1155 标准）。

（4）服务功能更加全面、明晰、人性化，助力开发者。

未来，AVATA 多链跨链分布式应用服务平台将全力赋能文昌链全球生态伙伴，共建繁荣的 Web3.0 分布式商业应用生态。

2.2　目标设定

AVATA是一款由边界智能基于区块链底层核心技术以及支持复杂分布式商业应用的经验自主研发的多链跨链分布式应用服务平台，可支持多元资产数字化、链上链下可信交互，为复杂异构系统跨链协作提供一键式对接，为应用提供NFT数字资产管理、跨链服务、版权服务、智能合约管理、节点服务等服务，助力企业简便快捷地构建分布式商业应用，将更多精力专注于业务创新与推广。

2.3　建设内容

基于简单易用、快速接入、安全可靠、成本可控的特性，AVATA帮助元宇宙应用/项目解决开发过程中遇到的一系列技术难题，为没有底层链开发能力的开发者提供简单易用的标准化API接口，实现对接传统后端服务类似的便捷体验，支持复杂分布式业务应用系统一键式对接，并以专业服务能力提供链账号托管及资产安全管理服务。

通过AVATA对接文昌链，从注册API服务到应用上线，平均1～2周时间即可完成。AVATA在为平台方提供服务过程中，建立了健全的企业注册、信息审核、应急处置、安全防护等管理制度，在大幅提升开发效率的同时，也全力推动元宇宙应用/项目遵循合规正向的发展路径（图2）。

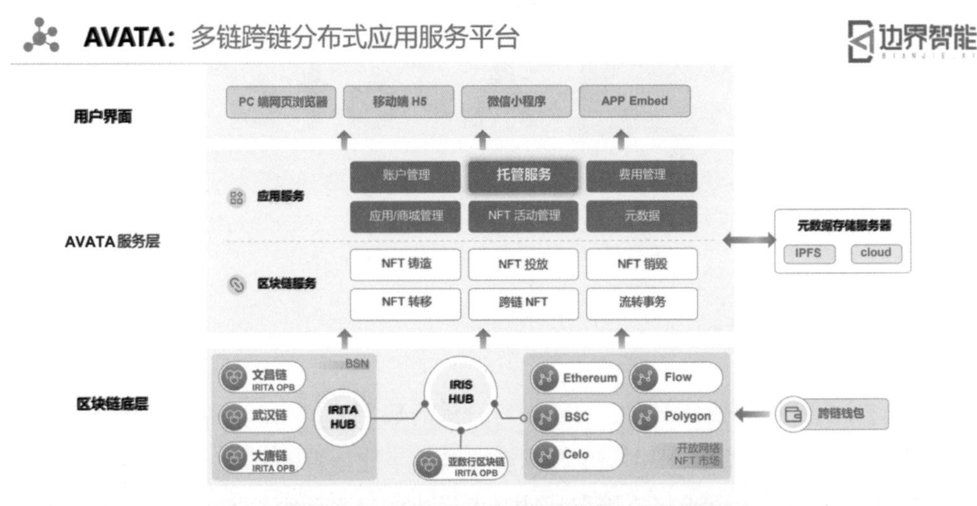

图2　AVATA多链跨链分布式应用服务平台

截至2022年11月中旬，边界智能AVATA平台已有超2400家应用登记注册，支持超过2100个分布式商业应用/项目上线运营。AVATA定位于为企业及开发者持续提供安全、简单、高效、鲁棒的区块链API服务，将始终坚持自主可控、高效易用的产品理念，不断迭代推出多链和跨链支持能力，助力生态伙伴在分布式商业应用领域持续创造价值。

2.4　技术及应用特点

2022年3月，AVATA成功发布并上线，首批对接BSN-文昌链，通过API服务封装复杂的区块链底层交互逻辑，为应用开发者开放了首批支持 NFT/ 元宇宙应用场景的核心服务接口。

AVATA 多链跨链分布式应用服务平台的逻辑架构主要分为网关层、接口层、逻辑层、存储层、区块链层。

（1）网关层：实现身份认证、安全控制、流量控制、协议转换等功能，与业务逻辑解耦。

（2）接口层：将多模态异构区块链的底层接口进行抽象，屏蔽底层链的差异，形成统一规范的 API，通过 Kubernetes 的服务发现能力，将上游的请求路由至对应的异构区块链微服务，使用户可以使用同一套接口规范轻松对接多链。

（3）逻辑层：根据接口层的定义，分别实现各个异构区块链对接的业务逻辑。根据各区块链的共识机制、事务执行流程，对上链操作进行高度优化，保障用户请求和上链操作幂等性的同时，对所有可能出现的上链失败和链上执行失败的异常进行重试或容错处理，使 Web3.0 的使用体验无限接近 Web2.0。

（4）存储层：采用数据库集群部署架构，具有高性能、高可扩展性、高可用性、持久性、高度安全等特性。根据不同的底层链分库，根据不同的用户信息分表，根据日期对订单数据归档。

（5）区块链层：容器化部署多个区块链网络的多个全节点，通过网关封装，对应用层提供负载均衡、读写分离的底层链 API。通过健康检查机制，及时剔除区块同步异常的节点，并基于快照快速启动新的节点。

2022 年 5 月 13 日，AVATA 成功发布 v0.4.0 版本，新版本的 AVATA 平台用户体验更流畅：新增 AVATA“服务平台控制台”，助力用户更加轻松创建 NFT 项目；上线“授权代付模式”大幅缩减开发流程，提高用户的资金使用效率。新版本的 AVATA 功能更加强大：兼容适配文昌链 DDC 721 全部功能；拥有更强大的接口服务能力和性能；取消了原生链账户地址的数量限额，用户可以按照业务需求自由创建任意数量的链账户。

2022 年 9 月 21 日，AVATA 多链跨链分布式应用服务平台成功升级至全新版本：AVATA OPEN API 升级至 v0.9.0，AVATA 服务平台升级至 v0.7.0，支持一站式接入文昌链，提供全流程用户自服务功能；支持上链事务（交易）状态查询，更明晰、高效、实时；支持多链（文昌链 - 天和、文昌链 - 天舟）、支持多种接入方式（AVATA API、底层链 API）、支持多类型对象：NFT（ERC-721 标准）、MT（ERC-1155 标准），服务功能更加全面、明晰、人性化，助力开发者。

2022 年 7 月 25 日，国家互联网信息办公室发布了第九批境内区块链信息服务备案编号，边界智能推出的“AVATA 区块链应用快速接入服务”（即 AVATA 多链跨链分布式应用服务平台）通过备案，备案号：沪网信备 3101152234315303007X 号。

AVATA 多链跨链分布式应用服务平台已获得软件著作权证书多件，具体见表 1。

表1 AVATA 部分专利

序号	软件全称	登记号	登记日期 / 年 - 月 - 日	著作权归属公司
1	基于区块链的 AVATA 开放平台 - API 统一接入系统软件 V1.0	2022SR1529079	2022-11-17	上海边界智能科技有限公司
2	边界智能 AVATA 开放平台查询可信数据对象接口软件 V1.0	2022SR1485887	2022-11-09	上海边界智能科技有限公司
3	边界智能 AVATA 开放平台查询链账户接口软件 V1.0	2022SR1485340	2022-11-09	上海边界智能科技有限公司
4	基于区块链的 AVATA 开放平台 - 应用开发管理软件系统 V1.0	2022SR1479472	2022-11-08	上海边界智能科技有限公司
5	基于区块鼓的 IRITA 一站式开发 PaaS 平台 V1.0	2022SR1480078	2022-11-08	上海边界智能科技有限公司
6	基于区块链的 AVATA 微服务分布式应用架构软件 V1.0	2022SR1448753	2022-11-02	上海边界智能科技有限公司
7	边界智能 AVATA 开放平台发行可信数据对象接口软件 V1.0	2022SR1451145	2022-11-02	上海边界智能科技有限公司
8	边界智能 AVATA 开放平台转移可信数据对象接口软件 V1.0	2022SR1446856	2022-11-01	上海边界智能科技有限公司
9	边界智能 AVATA 开放平台创建链账户接口软件 V1.0	2022SR1435509	2022-10-31	上海边界智能科技有限公司

3 应用前景分析

3.1 战略愿景

《人民邮电报》刊文称，我国区块链产业加速发展，产业规模不断攀升，产业规模由 2016 年的 1 亿元增加至 2021 年的 65 亿元，垂直行业应用持续拓展；截至 2021 年底，我国共研究或制定区块链标准超 150 项，仅 2021 年就新增区块链相关标准 82 项，占现有区块链标准总数的 53%。区块链产业作为数字经济的重要组成，《"十四五" 数字经济发展规划》提出：到 2025 年，数字经济核心产业增加值占国内生产总值比重达到 10%；展望 2035 年，力争数字经济发展水平位居世界前列。凭借卓越的技术研发能力和丰富的应用实践经验，边界智能将抓住数字经济的重要发展机遇，促进区块链行业应用深化，推动区块链产业正向发展。边界智能作为 IEEE 标准协会高级会员，积极参与多项区块链跨链互操作等相关领域的标准制定；边界智能推出的"AVATA 区块链应用快速接入服务"，旨在充分发挥自身在区块链跨链互操作等方面的技术创新与应用实践优势，为区块链行业健康发展贡献专业力量。

3.2 用户规模

AVATA 自 2022 年 3 月初上线以来，已有超 2 500 家应用登记注册，基于 IRITA OPB 打造的 BSN 开放联盟链文昌链已支持超过 2 200 个分布式商业应用 / 项目上线运营，涵盖数字艺术品、游戏行业、商业地产营销、时尚与护肤品营销、智慧政务、跨境贸易、一体化数字艺术品 IDA、元宇宙音乐、数字身份等丰富多样的元宇宙应用场景。

3.3 推广前景

2022 年 3 月 7 日，边界智能正式上线 AVATA 多链跨链分布式应用服务平台，该平台是边界智能基于多年区块链底层技术支持复杂分布式商业应用的经验，将区块链底层交互逻辑封装而成，支持多链、跨链，支持资产安全托管或自管，通过先进的区块链节点及分布式应用优化技术，支持打造高效安全的分布式商业应用。

AVATA 面向多元资产数字化、提供链上链下可信交互及复杂异构系统间跨链协作能力，以自主可控、高效易用的产品优势，为企业及开发者提供安全、简单、高效的 API 服务，解决应用与区块链对接时技术门槛高、对接周期长、数字资产管理能力弱等难题，使应用方将更多精力用于关注自身业务需求的实现。

AVATA 首先开启了对 BSN 文昌链（IRITA OPB）上应用方的支持，目前已有 2 400 多家应用方完成注册和技术对接，并使用 AVATA 及文昌链来支持其分布式商业应用；在 AVATA 支持的分布式商业应用案例中不乏数字文创、数字营销领域的精品，如中国民族文化数字文库与荣宝斋文化资产数字化、保利当代艺术及太古地产潮流换装类多人互动社交应用 ForMe、La Prairie 莱珀妮与 CircleSquare “光与水的奇幻邂逅”线下快闪体验活动等，是区块链技术支撑数字化营销与社交、中华传统文化艺术品出海的经典案例；上线 8 个月时间，AVATA 平台创建链账户数及发行 NFT 数均增长迅速。

AVATA 目前已经启动对海文交大唐链、北京文交联合酒链、BSN Spartan 网络（BSN 海外版开放联盟链）的支持，并将凭借多链 / 跨链能力对接全球市场，保障可信数据对象在同构 / 异构链间合规有序安全流动，繁荣数字文化生态，助力优质传统文化出海，服务于“十四五”文化产业数字化战略。

3.4 产能增长潜力

截至 2022 年 11 月 16 日，AVATA 平台注册企业数 5 100 +，完成对接企业数 2 400 +，创建链账户数 4 500 万 +，NFT 生成数 5 700 万 +，链上交易（即各种数据上链）总数 8 000 万 +。一直以来，AVATA 都在开放与合规并行的发展原则下，持续推进元宇宙创新技术的落地应用，探索数实结合数字经济新业态。未来，AVATA 多链跨链分布式应用服务平台也将持续进行区块链技术与应用创新的前沿探索，以开放联盟链、NFT 技术以及智能合约技术创新，促进数字资产与数字经济相融合。

4 价值分析

4.1 商业模式

截至 2022 年 11 月 16 日，AVATA 平台注册企业数 5 100 +，完成对接企业数 2 400+，创建链账户数 4 500 万 +，NFT 生成数 5 700 万 +，链上交易（即各种数据上链）总数 8 000 万 +，基于 IRITA OPB 打造的 BSN 开放联盟链文昌链已支持超过 2 100 个分布式商业应用 / 项目上线运营。

4.2 核心竞争力

（1）接入门槛低、成本低、开发周期短。通过 AVATA 多链跨链服务平台高效接入，AVATA 封装了底层链复杂的对接流程和容错处理，提供安全的私钥托管，可以使用任何开发语言，通过 RESTful 规范的 API 进行底层链对接。

（2）跨链 NFT + 智能合约，提升可拓展性。支持互联互通，提升商业的可拓展性：通过技术（跨链协议 TIBC）、产品（多链 / 跨链服务平台 AVATA）、服务（跨链服务 iService），打破系统边界，提升商业的可拓展性；应用创新，提升场景与模式的可拓展性：通过 NFT 技术、智能合约等，赋能更复杂的商业化场景。

（3）应用网络效应。随着接入应用的增加，驱动生态内发展出应用间交互的场景，例如：合规二级交易市场和一级发行平台及商业应用之间的资产流动；数字屏和多应用的交互等。

（4）开放性与合规性。公有链支持非信任环境下分布式公共账本服务，联盟链支持商业级应用需要的合规管理及良好的应用开发体验；兼具公有链级别的安全性和开放性，以及联盟链的合规可控与高性能；可控、高性能：采用 Tendermint 共识，并支持围绕不同业务场景不同 TPS 要求的配置要求，也可以支持持续扩容。

4.3 产业促进作用

AVATA 多链跨链分布式应用服务平台助力分布式商业应用企业及开发者以高效率、优成本的方式，一键启动数字商品 / 元宇宙业务。

随着 AVATA 多链跨链分布式应用服务平台的正式上线，边界智能持续延展实体经济的赋能边界，不断发挥区块链在产业变革中的重要作用，探索区块链和经济社会深度融合的新业态。

2022 年，文昌链及 AVATA 多链跨链分布式应用服务平台除了深度探索数字艺术品领域，更是不断覆盖了智慧政务、跨境贸易、商业地产营销、时尚与护肤品营销、线下展览、游戏 & 泛娱乐、数字音乐、数字身份等丰富多样的元宇宙应用场景。截至 2022 年 12 月底，已有超过 2 500 家企业在 AVATA 登记注册，支持超过 2 200 个分布式商业应用 / 项目上线运营，形成了一个蓬勃繁荣、多元共生的应用生态。

大批优秀的头部品牌方、广告传媒公司、文化创作机构、数字藏品平台通过对接 AVATA 来开展数字文创及数字化营销，说明主流市场对于 AVATA 有较高的认可度，其中的经典案例包括：

2022 年 5 月，国际殿堂级护肤品牌 La Prairie 莱珀妮联合全球知名品牌营销机构

CircleSquare 推出“光与水的奇幻邂逅”线下快闪体验活动。本次活动创新性地融合了数字舞蹈表演与 NFT 数字藏品技术，在 AVATA 及 BSN-DDC 文昌链 NFT 技术支撑下由边界智能团队提供整体技术服务。是旅游零售业采用 NFT 技术支持数字化营销的首创。

2022 年 6 月 26 日，大有艺术作为北京画廊周独家数字艺术战略合作伙伴，在 798 艺术空间为其艺术元宇宙空间“大有来头”举行产品发布会，边界智能以 AVATA 及文昌链为本次活动提供区块链底层技术服务。

2022 年 7 月，香港创意产业与科技创新委员会在 Ferlive 纷维平台推出香港回归二十五周年重大历史纪念数字藏品，通过展现香港的活力与发展成就，推动香港与内地 Z 世代年轻人感受回归以来香港振兴与粤港澳大发展的欣欣向荣局面，本地活动由 Ferlive 通过 AVATA 及 BSN 文昌链予以支持。

2022 年 8 月，太古地产 50 周年，北京保利当代艺术有限公司携手太古地产，以 AVATA 及 BSN 文昌链为支撑，打造了一款潮流换装类多人互动社交应用 ForMe，并在国内各家太古里及太古汇购物中心同步上线，开启“数字艺术品 + 商业地产营销”新型营销方式，打破线下实体商业场景的线上游戏化壁垒，为消费者带来 Web3.0 时代的超前数字艺术体验。

2022 年 9 月 9 日中秋节前，创意热店 MATCH 马马也携手 AVATA、BSN 文昌链及元宇宝盒，打造了 199 款专属定制、独一无二的元宇宙月饼。每个月饼都由广告教父 Tomaz 莫康孙亲自料理，马马也创意工厂限量生产，采用边界智能的区块链技术上链永存，献上 Web3.0 时代的浓情祝福，开启数字创意交互新思路。

供稿企业：上海边界智能科技有限公司

基于国家区块链基础设施“星火·链网”骨干节点（昆山）的应用场景探索与实践

1 概述

在中国信息通信研究院和昆山市工业和信息化局的统筹指导下，“星火·链网”骨干节点（昆山）（以下简称“昆山骨干节点”）由纸贵科技作为技术供应商参与建设，昆山电信和纸贵云链共同运营。主要是围绕昆山本地及周边区域产业，提供区块链、多标识融合管理、数字身份、公共数据可信共享等基础服务，形成完备的技术成果转化、公共服务支撑与行业应用集聚能力。骨干节点已经建成充分结合昆山本地的优势产业，建设和培育一系列示范工程应用，围绕城市治理、智能制造、金融科技、民生服务等各个方面，推动区块链等新兴技术不断赋能产业场景。

纸贵科技成立于2016年，是专注于以区块链赋能实体经济的技术驱动型企业。纸贵科技是国家级新型基础设施“星火·链网”的核心建设商和生态合作伙伴、工业和信息化部“可信区块链推进计划”副理事长单位、中关村区块链产业联盟副理事长单位、超级账本全球首批认证服务商、国家级高新技术企业。核心成员拥有IBM、阿里巴巴、国家开发银行、中国银行、平安科技、清华大学、北京大学、西安交通大学等知名企业和高校的工作与学术背景，技术团队源自超级账本Fabric项目组核心开发者，具有丰富且长期领先的区块链底层和应用研发经验。

昆山建设骨干节点，标志着昆山成为全国首个落地“星火·链网”骨干节点的县级市，也是长三角地区首个落户以及首个上线的骨干节点，将立足长三角，率先提供面向各行业的业务交换节点，将为昆山市的数字经济发展提供巨大的创新空间和发展动能，助力昆山打造长三角区块链场景应用的核心城市。

2 项目方案介绍

中共中央、国务院印发的《长江三角洲区域一体化发展规划纲要》中明确提出“共同打造数字长三角”，内容包括协同建设新一代信息基础设施、共同推动重点领域智慧应用、合力建设长三角工业互联网三方面。“欲图大计，必先知数。”面对这个新命题，昆山市积极主动实施长三角一体化发展国家战略，抢抓数字经济新机遇，坚持把数字经济作为转型发展的关键增量，加快推进数字产业化、产业数字化，紧盯新型基础设施建设、新兴数字产业发展、数字技术创新应用等重点方向全面突破，布局建设“星火・链网”骨干节点等代表性的新型基础设施，进一步促进数字经济与本地实体经济深度融合。

2.1 总体介绍

在中国信息通信研究院和昆山市工业和信息化局的统筹指导下，昆山率先开展昆山骨干节点的建设工作。2021 年 9 月，昆山骨干节点正式上线，成为长三角地区首个区域型的骨干节点。结合昆山本地的优势产业，基于昆山骨干节点，围绕城市治理、智能制造、金融科技、民生服务等各个方面，建设和培育一系列示范工程应用，进一步推动区块链等新兴技术赋能产业场景。昆山骨干节点不仅为昆山市的数字化转型工作提供有力抓手，同时也为昆山市对接融入上海、辐射长三角提供了应用承载平台，助力昆山打造成为长三角区块链场景应用的核心城市。

2.2 针对痛点

区块链由于其分布式、防篡改、可追溯等技术特点，有望成为数字社会和数字经济的信任基石。在实际大范围应用时，区块链能力的建设和运用仍存在诸多的问题与挑战。

1）区块链应用需求旺盛，亟须建设共性底层区块链平台

区块链技术在各行业、各领域可以得到广泛的应用，而区块链应用的建设往往缺少统一的顶层设计与规划，不同的应用采用不同的网络架构和不同的数据标准，使得不同区块链网络之间互不联通，出现同一个部门需要配置不同的区块链应用节点，造成资源浪费，且已经建成的区块链应用性能提升成本太高。为避免区块链系统间相互孤立、彼此分散，形成新的“数据孤岛”与“价值孤岛”，需要加快建设区块链可信基础设施及共性底层区块链平台，将区块链共性技术与共性应用进行统一的封装，并模块化处理，提升区块链快速部署能力，降低区块链技术的使用成本，减少重复建设的资金浪费。

2）跨主体协作需求日益迫切，区块链赋能智慧城市“信任底座”建设

新型智慧城市是城市发展的高级阶段，城市智能应用要为不同主体提供跨层级、跨地域、跨系统、跨部门、跨业务的一体化协同服务。城市智能应用涉及政府、企业、市民等多个参与主体，各参与主体间相互协作建成信用体系成本高，管理协调难度较大，各部门内部流程难以协调一致，尚未形成统一有效的信息统筹机制。创新智慧城市应用亟须基于区块链深化政务服务业务协同，推动政务服务与生产服务业领域的跨体系数据的融合创新，提升政务服务体验，增强经济信息与社会信息的连接和协同效应，从而建立良好的社会信用体系，解决多主体之间的信任问题。

3）区块链网络架构众多，跨链互操作成为基础设施建设的新要求

昆山市积极响应相关的政策要求，并在区块链应用场景探索上有了一定成效。昆山市市场监督管理局与多部门共同建设大数据协同监管平台，运用区块链技术形成多

部门对企业协同监管，实现了对虚开发票等违法行为的有效管控。昆山市公证处与昆山农商银行合作，双方利用区块链技术，有效防范化解商业银行不良信贷金融风险，以公证服务技术革新主力实现法治营商环境。在民生服务方面，昆山市药事管理服务平台引入区块链技术，在全国率先实现医疗机构电子处方向社会零售药店开放，实现就诊配药信息全程互享互通、全网支付。目前已经建成的区块链应用系统选择的底层区块链平台各不相同，这些平台在数据结构、共识机制、通信协议等方面千差万别，导致生态割裂，网络碎片化严重，严重制约区块链在社会面上的大规模应用。

跨链互操作是解决链间通信问题的重要技术手段，基于跨链技术，可以实现异构区块链网络之间的身份互认、数据共享和服务互通，有效解决“链间孤岛”的技术问题。

2.3 建设方案

为加快推动区块链技术在昆山本地的集聚效应，着力提升政务服务效力，切实解决热点民生问题，持续优化改善营商环境，提高城市智慧化管理水平，为昆山构建真实、不可抵赖的信任基础。赋能共性平台搭建方面，为昆山骨干节点构建统一的区块链共性技术与应用支撑平台，为上层应用提供统一的区块链技术能力支撑；赋能打破价值孤岛方面，建设跨链技术的分布式区块链基础设施，将昆山骨干节点作为周边区域的区块链应用集聚锚点，汇聚整合区域内现有区块链应用，并构建安全可信的跨链通道，链接不同区块链应用，打破数据和价值孤岛；赋能提升政府公共服务方面，融合“星火・链网”主链服务，扩大公共服务内容，增加区块链技术服务、BID 新型标识服务、公共数据服务、可信身份认证服务、跨链互操作服务等服务内容，打造智慧城市新型基础设施，为政府数字化转型、中小企业创新发展、大众创业万众创新提供承载平台。

2.3.1 昆山骨干节点功能架构

骨干节点平台建设采用三层两翼架构，三层为资源层、支撑层和生态应用层，两翼为技术规范标准及安全检测运维（图 1）。

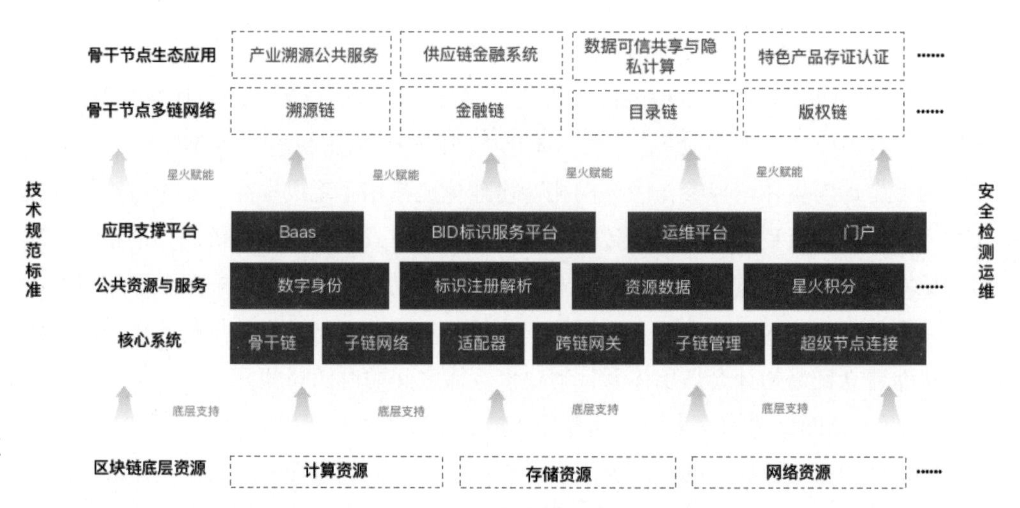

图 1　昆山骨干节点功能架构

资源层主要包含计算资源、存储资源、网络资源，为上层提供计算、存储、网络等资源，区块链底层资源主要依托本地的云资源，具体资源由天翼云提供。

中间层为支撑层，即区块链共性技术与应用支撑平台，主要包含核心系统、公共资源与服务、应用支撑平台，不仅需要实现与超级节点对接，还需要为行业、业务子链提供基础的通用服务，支撑层为本项目的重点建设内容。

最上层是生态应用层，在底层资源层、中间支撑层基础之上搭建各种生态应用场景，本项目结合昆山特色，建设政务数据的可信共享交换平台、区块链一网通办平台、标识追踪追溯应用平台、工业互联网应用服务平台等各类区块链应用。

技术规范标准、安全检测运维指的是在现行行业标准、规范等要求下进行平台的设计、建设和运行维护以及定期的安全检测。

2.3.2 “一平台”——区块链共性技术与应用支撑平台

区块链共性技术与应用支撑平台是整个骨干节点的核心能力底座，面向政府电子政务和区域性产业提供的一站式区块链技术服务平台。对外输出统一的区块链相关核心技术能力，主要提供与主链的锚定对接、专用区块链网络底层构建、共性数据服务的封装集成、多行业多领域的服务模板、区块链网络的实时监控与动态管理等。

平台核心是 Z-BaaS，即纸贵科技自研的区块链公共服务平台产品。Z-BaaS 定位于城市级区块链公共服务平台，帮助地方政府建设区块链公共服务能力，赋能产业应用，推动生态培育，放大新兴技术示范效应，推动地区数字经济协同发展。平台部署在云计算基础设施之上，提供区块链网络的生命周期管理和数据存证与治理等服务，是所有区块链应用必备的底层基础设施平台。可一键式快速部署区块链，支持多区块链底层平台，同时拥有私有化部署与丰富的运维管理能力。用户可以通过可视化的界面实现区块链网络的快速创建、动态扩容（组织、节点、通道的管理）、链码管理、运行监控等功能。

基于区块链共性技术与应用支撑平台，政府和企业可以快速部署区块链底层，搭建分布式区块链应用。平台基于底层技术构建共性的应用组件，服务于城市治理、政务服务、民生建设、企业数字化转型、产业与金融创新等多种场景。各部门可自主调用、灵活配置、高效开发利用平台功能，该平台有利于集中优势资源投入，极大减少重复建设的资金浪费，有利于数据互联互通，提升社会互信效率。

2.3.3 “多链网”——基于跨链技术的分布式区块链基础设施

基于跨链技术的分布式区块链基础设施是整个平台的底层基础设施，面向各部门、企业提供各种不同的区块链网络服务。整合接入昆山现有所有区块链网络，保证跨链交易原子性的条件下，以极低的成本，实现不同架构区块链间的异构链跨链，解决了需要对已有区块链进行侵入式修改才能实现任意异构链跨链通信的问题。

分布式区块链基础设施核心是 Zeus 链网络，是纸贵科技自主研发设计的多链网络——基于链网络的搭建和可持续扩展，融合隐私计算、分布式身份标识等服务，最终建设成为由众多区块链组成的新一代区块链服务网络（图 2）。

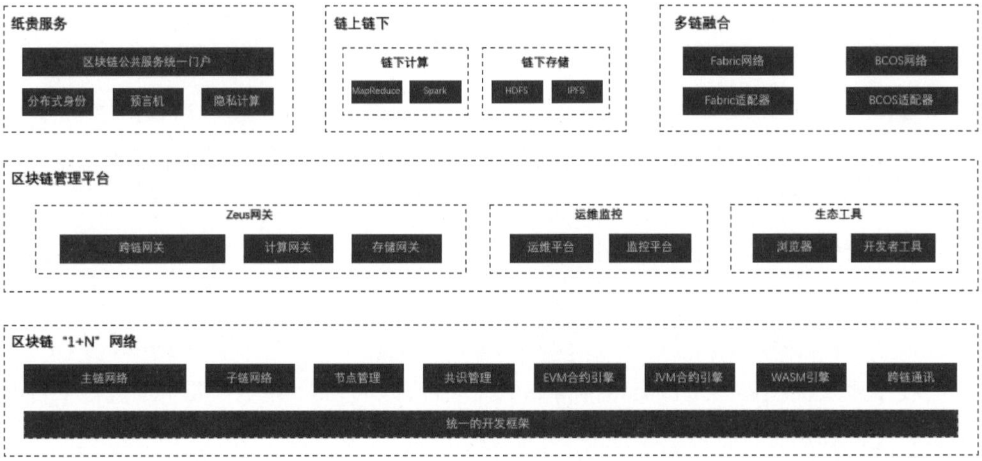

纸贵服务
区块链公共服务统一门户
分布式身份
预言机
隐私计算
链上链下
链下计算
MapReduce
Spark
链下存储
HDFS
IPFS
多链融合
Fabric网络
BCOS网络
Fabric适配器
BCOS适配器
区块链管理平台
Zeus网关
跨链网关
计算网关
存储网关
运维监控
运维平台
监控平台
生态工具
浏览器
开发者工具
区块链 "1+N" 网络
主链网络
子链网络
节点管理
共识管理
EVM合约引擎
JVM合约引擎
WASM引擎
跨链通讯
统一的开发框架

图 2　Zeus 的功能架构

Zeus 链是采用“一主链 +*N* 子链”架构建设的多链网络，主链采用自研 BFT 共识算法，创建管理基于不同共识算法、不同链逻辑以及不同智能合约执行引擎的子链网络，并且以主链为中继链，Zeus 链支持子链间在保证交易原子性的情况下，进行快速、安全的跨链通信。Zeus 链网络是一套以 Zeus 链为基础，构建了一套可应用于多种业务场景，全闭环的区块链网络（图 3）。

骨干链
跨链网关
跨链网关
跨链网关
跨链网关
适配器1
子链1
适配器2
子链2
适配器3
子链3
适配器4
子链4

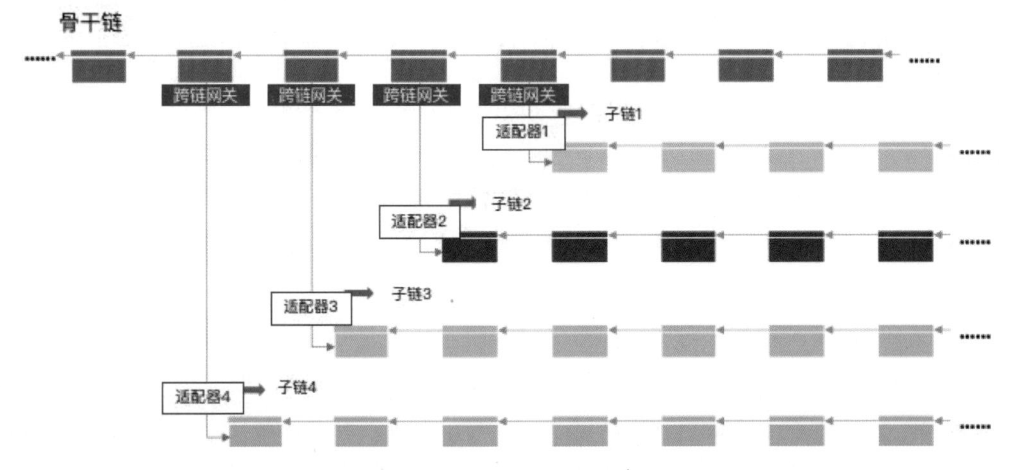

图 3　Zeus 的“一主链 +*N* 子链”链网业务结构

在昆山骨干节点的建设中，采用了 Zeus 链的技术形成一条骨干链。骨干节点通过跨链网关以及不同类型的适配器连接各个子链网络和子系统。跨链网关负责管理骨干节点与各个子链和非链系统的网络连接。链上的业务节点，使用“星火・链网”统一的标识解析服务获取子链服务地址信息，通过跨链网关找到对应网络连接，并进行连接通信。子链通过适配器连接骨干链作为子链接入，子链按照适配器标准，实现对应区块链底层的适配，即可完成子链接入“星火・链网”。骨干链与子链链接的技术架构如图 4 所示。

在骨干节点基础平台上，利用区块链技术搭建面向其他不同行业的应用。同时汇聚整合昆山本地区块链应用系统加入平台中，不仅能获取骨干节点提供的服务，如果有相关需求，还能将本地区块链应用系统提供的服务反哺骨干节点，提升骨干节点的

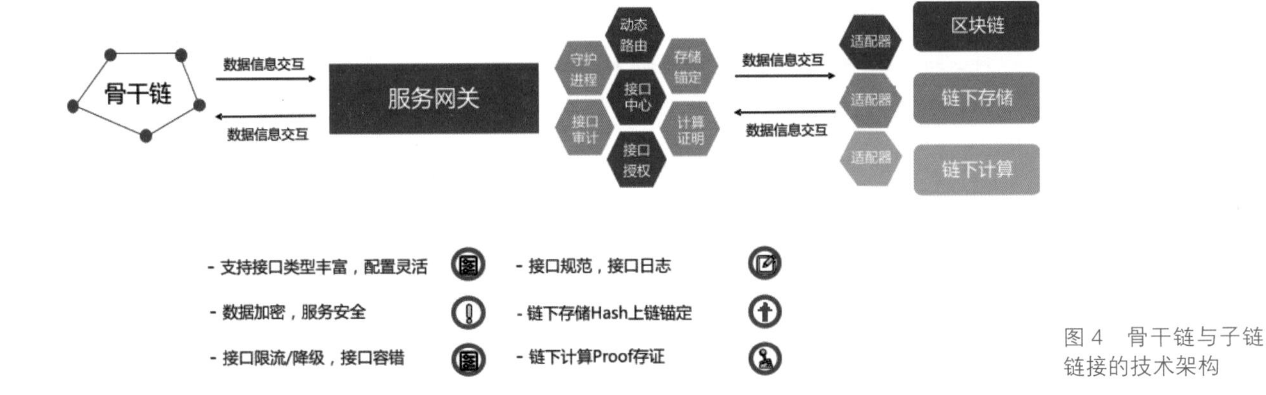

图 4　骨干链与子链链接的技术架构

服务能力，为骨干节点的建设创造良好的生态环境。同时支持非区块链的应用加入骨干节点，获取骨干节点的服务。

3　应用前景分析

“星火・链网”是在“制造强国”“网络强国”两大强国战略引领下，以促进工业互联网发展和产业数字化转型、增强自主创新与技术能力建设为愿景，进一步提升区块链自主创新能力而谋划布局的，面向数字经济的“国家级新型基础设施”。骨干节点是“星火・链网”体系的产业侧，在整个体系中的生态角色至关重要。

3.1　“星火・链网”——国家级区块链新型基础设施

2019 年 10 月 24 日，中共中央政治局第十八次集体学习，中共中央总书记习近平在主持学习时强调，把区块链作为核心技术自主创新重要突破口，加快推动区块链技术和产业创新发展。自此，区块链行业发生了翻天覆地的变化。2020 年 4 月 20 日，国家发改委例行新闻发布会，首次将新型基础设施范围框定在信息基础设施、融合基础设施和创新基础设施三个方面，区块链和工业互联网涵盖于其中。新型基础设施在促进数字技术自主发展的同时，也在助力产业数字化转型、社会治理数字化、政府管理数字化，逐渐成为数字经济发展的主要推动力。

2020 年 8 月，中国信息通信研究院联合相关高校和大型企事业单位推出“星火・链网”，基于标识这一数字化关键资源为产业数字化转型提供支撑的同时，进一步推动区块链与工业互联网协同的新型基础设施在全国的建设布局。“星火・链网”是一套以数字经济为主要场景，以区块链技术为主要核心技术，以网络标识资源为重要突破口，定位为面向全球服务的国家级新型基础设施体系。经济发展就是供需的有效匹配和基于供需的高效流通，而供需匹配和数据流通的关键则是共识和信任。“星火・链网”协同新基础设施创造了一种基于区块链技术的社会信任体系，消除了中间环节，降低了信任建立的成本，支持大规模端到端直联场景应用，大幅提升社会运行和资金流动效率，成为促进经济发展的关键。

3.2　“星火・链网”骨干节点——链网协同重要业务枢纽

整个“星火・链网”体系以节点的形式组织互联，由超级节点、骨干节点、业务节点共同组成覆盖全国的完整服务网络。其中骨干节点作为“星火・链网”的重要组成部分，是实现链网协同的业务枢纽，核心定位在于充分调动产业界积极性，释放产业动能，实现产业聚集，推动国家基础设施切实服务到具体产业，实现新基建的引擎作用。

“星火・链网”骨干节点向上锚定对接主链，扩大主链规则。骨干节点通过向星火主链申请共识域号（autonomous consensus system number）获取主链公共资源，遵循主链信任体系、账户模型、跨链协议以及链上治理机制，实现各个区块链系统之间的互联、互通、互访以及互信，促进数据可信流动、价值有序流转，加速信任传递。

“星火・链网”骨干节点向下联通聚集子链，汇聚产业生态。骨干节点可以面向不同的区域和行业提供区块链服务，带动区域或者产业发展，通过主链推动行业内的协作以及行业间的合作，促进数据的可信融通发展，进而助力产业数字化变革。随着各地区、各行业的数据上链，骨干节点这一产业枢纽作用将会越来越突出。

“星火・链网”骨干节点提供标准区块链服务，快速融通关键资源。骨干节点根据实际情况封装各种相关服务，对接主链公共资源，提供一键快速建链的能力和各种开发工具、模型、智能合约模版、微服务以及标准的接口规范等，节点用户在此基础上可以使用平台标准化的“区块链＋应用”服务，也可根据自己需求自定义开发相关区块链应用。通过骨干节点这一可信锚点，进一步促进数据可信融通与企业数字化转型，推动产业创新发展。

4　价值分析

从布局骨干节点的建设，到昆山骨干节点上线，再到昆山骨干节点的运营探索，整体采用“科技＋运营＋生态”的思路，在提供科技系统建设服务的同时，运用星火生态体系的资源与能力，围绕产业持续运营，形成价值闭环，推动产业快速健康发展。昆山骨干节点自 2021 年 9 月上线以来，目前重点围绕城市公共服务、农产品溯源、金融服务等方面取得一定的效果，已经完成数十家企业的接入，新型标识解析量达到千万级。

4.1　昆山骨干节点应用场景探索与实践

4.1.1　“双链”融合，实现“有机黑猪”可信溯源

区块链的技术特性可以与供应链完美契合，“双链”融合可以在供应链协同管理领域发挥巨大优势。供应链中的各参与方可以映射为区块链网络中的节点，分布式标识技术为供应链实体提供统一的标识，供应链协同业务通过智能合约技术运行在骨干节点子链上，从而实现供应链价值全流程传递。

1）案例简介

国牧花田牧业立足黑猪溯源场景，联合养殖企业、检疫机构、屠宰机构、运输企业、生产加工企业、零售机构，通过昆山骨干节点赋能区块链、标识等技术能力，实现黑猪供应链企业间溯源数据的安全可信共享交换，构建黑猪肉可信区块链溯源体系，解决黑猪肉全生命周期可信溯源的问题。

基于昆山骨干节点赋能黑猪可信区块链溯源，依托区块链和 BID 标识技术，在纸

贵科技的技术支持下，一头黑猪，从农场养殖、运输、屠宰，到送到卖场，再到进入消费者餐桌，每一次交易都会有相应的记录产生，整个过程一目了然。国家级区块链基础设施“星火·链网”与养殖业的融合，为这个传统的行业带来勃勃生机。

2）应用效果

对于企业：每个节点系统对接时间由 10 天缩短为 3 天，系统对接成本降低 60%；利用 BID 标识解析技术，实现一物一码、统一赋码，实现批次追溯，溯源颗粒度由批次细化到最小包装；通过交叉追溯，原本要数天甚至数周才能追溯整批次全部的去向，目前数小时可以响应反馈，指数级提升追溯响应时效。

对于消费者：让消费者对黑猪生命周期信息做到全面了解，做到消费更透明，同时黑猪追溯体系的建立，在发生质量事故时能够提出恰当的应对措施，降低消费者的损失，使消费者的利益能够得到保障。

对于监管者：当产品发生问题时，社会、政府、执法机构可以通过黑猪溯源系统追溯产业链各环节数据，定位问题发生的环节和责任方，同时可以跟踪从问题环节流转出去的产品去向。及时追踪产品进行召回等行为，避免事故进一步扩大。

4.1.2　赋能金融，助力实体经济高质量发展

昆山骨干节点具备灵活的私有化部署模式以及丰富的区块链基础服务，可以根据不同领域的用户需求，灵活搭建不同类型的区块链网络、低成本地选择平台现有的各类基础服务。依托这一能力，苏州银行金融科技创新实验室基于昆山骨干节点合作了区块链 BaaS 平台，进一步助力实体经济的高质量发展。

1）案例简介

平台整体架构采用高可用设计，确保系统稳定运行，避免出现单点故障。底层区块链基于昆山骨干节点子链网络提供的支持能力，包括区块链技术、BID 标识技术，实现多节点的账本数据共享与互通，并使用容器化技术进行部署，容器管理支持原生的 Docker 服务或者是 Kubernetes 工具。上层封装了针对链和智能合约的 RESTful API，使得普通开发用户方便做链的操作。

平台能够实现不同底层架构的区块链网络快速构建，服务于银行内各类区块链应用落地需求，基于该平台可以快速开发面向金融业务不同应用场景下的相关功能模块，如金融数据资产存证、资金监管、供应链金融等。目前已经创建了苏州地区农贸市场的食品安全的“食安链”，以及针对苏州高新区农业农村的三资监管的“三资监管链”。

2）应用效果

基于昆山骨干节点搭建的区块链 BaaS 平台，对平台的功能和性能方面带来一些技术提升，同时也降低银行内部区块链技术的使用成本，从而进一步为实体经济赋能增效。

技术提升：

BaaS 平台通过配置研发相关的应用程序和脚本，对链上账本文件、证书文件、启动配置文件等进行定时多副本备份，可以对故障节点或者故障服务进行快速恢复。同时采用服务调度、资源调度等方式，无须引入过多人工干预，即可保证对区块链节点的增加、删除、升级、修改等进行平滑操作，实现节点的动态升级。

BaaS平台采用节点间负载均衡设计，当有大数据量的上链请求时，利用动态的负载均衡管理进行数据分流，大大提升平台的实时处理能力，并顺利通过银行内的系统安全检测评定，使得BaaS平台安全性满足金融行业的底层链以及相关服务的安全要求，大大提高平台的安全级别，使得BaaS平台性能可以支持更多高并发、大流量的金融行业应用场景。

业务赋能：

基于区块链技术连接实体产业的数字世界，利用新型标识解析技术对实体产业一一映射至数字世界中，建设面向各相关单位的数据开放与融合标准体系，实现数字世界的数据资产充分汇集、整合与利用，面向不同的业务需求，形成全新、高效的业务模式，提高数据资产管理业务的效率，从而能赋能于更多的应用场景。

对业务场景所涉及多方主体的数据资源统一上链，确保数据安全透明、不可篡改，建设多方协同互信的数据体系，打造健康、透明、互信的数据资源共享交换环境，实现链上数据真实可信、各方身份真实可查，为银行内部与外部资金方/合作方/交易方等开展融资、交易、合作等活动时提供有效的数据增信。

4.2 昆山骨干节点建设成效

骨干节点的建设作为昆山区块链产业集聚的新抓手，吸引区块链人才与企业的落地，推动区块链产业发展。利用区块链技术赋能产业应用，通过应用建设、生态赋能和持续运营，提升产业运行效率。依托龙头企业建设区块链应用示范与标准，辐射行业上下游和同类产业，带动数据流通、产业联动和行业发展。

1）提升链网新基建公共服务能力

基于联盟链技术和分布式标识技术，面向全行业搭建基于区块链技术的去中心化、平等共治、数据安全可信和体系架构高可用的昆山骨干节点，为人、企业、设备和数字对象等提供多标识融合管理、数字身份、公共数据共享、预言机等基础服务，实现数据资产价值化点对点可信交换、转移，用以解决数据跨领域、跨行业、跨体系、跨平台的可信连接和互操作性。

2）提升新基建产业应用聚集能力

通过将区域内已经完成建设或者正在建设中的区块链相关应用、工业互联网应用、数据等根据情况统一接入，整合骨干节点接入的子链，以及建设的核心系统、服务、平台等资源，全部进行统一管理。增强产业聚集的基础支撑能力，加强产业承接能力，吸引更多的企业落地本地，提升本地产业聚集能力。

3）提升新技术行业应用赋能能力

结合昆山本地的特色与需求，基于骨干节点建设、培育一系列产业应用，围绕政务服务、城市治理、智能制造、金融科技、民生服务等各个方面，树立“星火·链网”应用案例示范标杆，推动区块链等新兴技术不断赋能产业场景，提升运行效率，推动协同发展。

供稿企业：西安纸贵互联网科技有限公司

海斯匹链区块链底层技术平台

1 概述

海斯匹链是由杭州米链科技有限公司自主研发的区块链底层技术平台。海斯匹链根据开放联盟链中成员间的关系及数据控制权的分配对基础设施模块进行灵活设置，致力于解决现有区块链网络费用高、开发门槛高、无法大规模商用落地等问题，具备高性能、低成本、安全合规等特性，为开发者提供快速部署和运行的环境，有效解决溯源、存证、数字资产等全场景区块链应用问题。海斯匹链区块链底层技术平台满足国家区块链标准，已通过工业和信息化部中国电子技术标准化研究院颁发的《系统功能测试证书》和《系统性能测试证书》，同时也通过了国家级区块链服务网络 BSN 合格开发者的资格认证。目前，海斯匹链已在工业、医疗、溯源、物流、金融、存证、版权等多领域实现了落地应用。

2 项目方案介绍

2.1 需求分析

区块链的关键技术包括共识机制和智能合约，其核心优势在于通过去中心化和分布式存储帮助打破数据孤岛，提供可信的共享数据。传统互联网虽然实现了信息互通但无法对数据进行确权，经济数字化转型也只能局限在某个特定的生态内，数据价值无法充分释放。区块链技术可以解决数字内容的可信流转，在产业链前后端上下游等各类主体间进行数据共享、跨界共治、降本增效，对数据资源进行有效配置整合。故区块链技术是数字经济发展必不可少的信任基础设施，也是下一代可信互联网构建的重要支撑。

2.2 目标设定

杭州米链科技坚持以运用区块链技术进行数字化场景的应用落地为直接目标，以推动可信数字化的价值互联网体系构建为最终目标。目前，米链科技已将海斯匹链运用于工业、医疗、溯源、物流、金融、存证、版权等领域，并逐步展开多样化的新生态场景应用，旨在运用区块链技术赋能实体经济产业的数字化转型，实现对数字经济的全方位赋能。

2.3 建设内容

海斯匹链区块链底层技术平台为B端企业和C端客户提供了以下六大产品服务：

（1）海斯匹链BaaS。一站式区块链服务，有效解决金融、可信电子合同、数字资产保护等多场景区块链应用。

（2）开放联盟链。低成本、低门槛、开放普惠的区块链基础服务，适用于小型研发团队版权合同、存证等应用场景。

（3）可信存证。基于区块链永久保存、不可篡改，将原始电子文件加密后得到哈希值存储上链，完成存证。

（4）区块链溯源。通过“一物一码”等技术手段追踪商品流转全过程，不可篡改地登记在区块链上，公开透明。

（5）安全计算。打破数据孤岛，利用多方安全计算、隐私保护、区块链打造安全可靠的数据存储、共享基础设施。

（6）智能合约。为企业和个人提供解决不同行业智能合约问题的实时程序，安全可靠的工具代码和框架代码。

围绕海斯匹链技术，米链科技开发了以下基于实体场景的可信数字化应用产品：

（1）数原保。运用区块链技术进行存证确权，全流程留痕、全链路可信、全节点可证，解决维权难度大、跨地域取证难、诉讼耗时长、费用成本高等问题。数原保在区块链底层技术上打通接入版权登记机构、国家授时中心等权威机构，同时已获得全国最高法院权威机构认可。

（2）MiSign电子签。基于区块链存证合约，向企业用户提供的可信电子合同签署。它打破地域约束，通过计算机系统客观准确地按照约定内容执行合约，此外还提供合同管理、全证据链保全等可扩展性功能，有效规避了假代签、合同篡改等法律风险问题。MiSign电子签依照银行安全级别进行研发设计，经过国家相关安全机构检测，具有与纸质签署同等法律效力。

（3）U-Tracer防伪溯源系统。集区块链技术、物联网技术、大数据技术、防伪技术和溯源机制为一体，将商品在生产、运输、仓储、销售等环节的信息进行上链。通过“一物一码”，赋予每台物联网设备相应的区块链唯一数字身份，源头数据上传的同时采集硬件的时空位置信息，从源头规避造假风险。每件商品标签集成了从生产到流转最后到消费者手中的全生命周期的溯源信息，且信息存储在区块链上不可被篡改，消费者可查验商品的溯源信息，全流程保障消费者权益，同时方便企业全程监管产品质量。

（4）U-DID区块链数字身份平台。该平台提供多源身份认证以及身份信息授权。通过多个身份认证点验证用户身份，提高网络身份认证便利性和可靠性，有效防止身份信息造假。同时，运用公私钥机制，用户管理私钥，个人身份信息所有权归属本人，只有用户授权才可查看或使用，生成数字身份后，数据即被放进“链上保险箱”，防止滥用身份信息。

2.4 技术特点

海斯匹链具备隐私计算、智能合约、可信存证、高速共识的技术特点，提供每秒万级处理能力；引入密码学，完善分布式权限管理，实现金融级别隐私保护能力，最大限度保证安全可信。同时海斯匹链支持外部可信源数据，通过 SDK 或 API 对接第三方服务，并与物联网、云计算、人工智能、RFID 等新技术基础设施交叉创新，为开发者提供快速部署和运行的环境，提供可信普惠的区块链基础网络支持（图 1）。

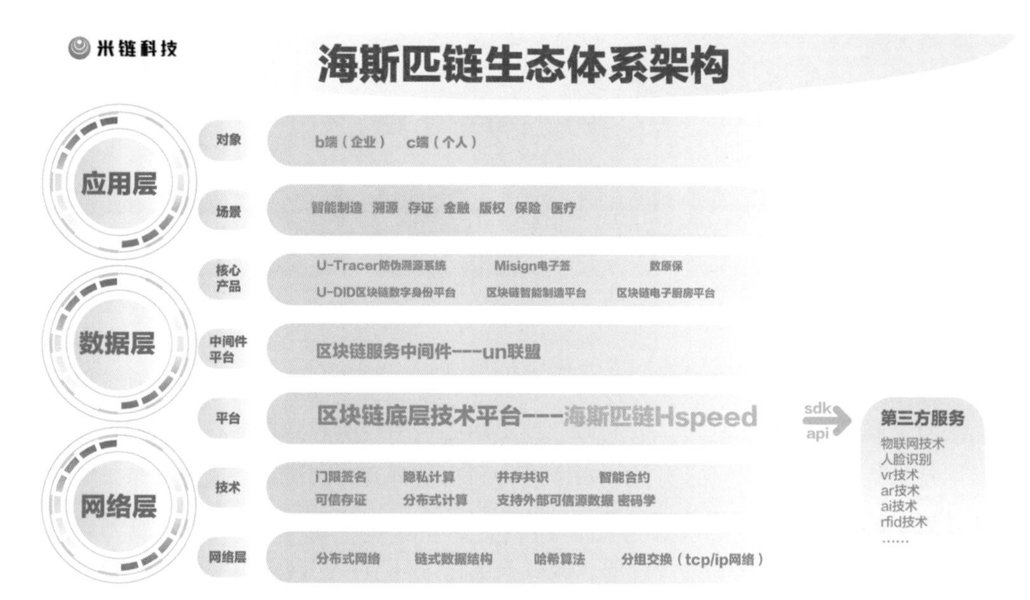

图 1 海斯匹链生态体系架构

2.5 应用亮点

2.5.1 海斯匹链智能制造与管理平台

基于海斯匹链，杭州米链科技成功开发了基于实体场景的数字化应用产品 MiSign 电子签和 U-Tracer 防伪溯源系统，并结合以上产品进行海斯匹链的跨域融合，深度开发定制了基于智能制造、工业溯源等实体经济场景的创新产品——海斯匹链智能制造与管理平台，该产品基于区块链技术，建立了联盟链网络，涵盖生产线、上下游供应链，从源头开始链接生产商、品牌商、消费者等所有相关节点，实现商品在生产、交易、物流、零售环节的全流程闭环管理（图 2）。

面向企业端，海斯匹链智能制造与管理平台利用智能合约，帮助供应链上下游签署电子合同，并结合大数据形成可视化看板，方便企业进行仓储、采购、调拨、分拣、物流、商品 SKU 等各项管理。在贸易过程中，位于供应链上游的 B 端企业会进行统一的订单管理、品牌管理与代理商管理；位于下游的经销商企业则基于智能制造与管理平台自行智能收货。买卖双方的信息是全程公开透明的，供应链的上下游都不存在信息不对称的现象。双方通过共识机制来共同记录和维护数据，保证产品信息在区块链上不被单方面修改或删除。

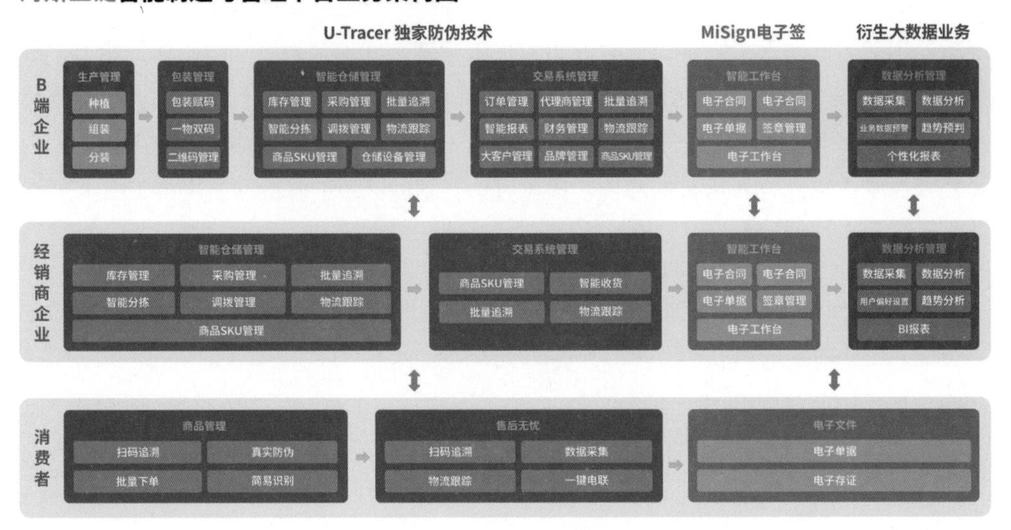

图 2 海斯匹链智能制造与管理平台业务架构

除了帮助企业端提高贸易的可信度，海斯匹链智能制造与管理平台也能有效监管商品的质量安全。该平台通过“时间戳”技术和链式结构实现数据信息可追溯，结合物联网技术从生产、包装环节开始，每个事件和交易都有时间戳记，成为一条长链或永久性记录的一部分，实现内部产品质量监管、业务数据预警与趋势预判一体化。同时对于不同物联网设备做到系统开源，减少人工输入环节，实现降本增效。

面向消费者端，海斯匹链智能制造与管理平台帮助消费者追踪商品信息。消费者通过扫描商品上的二维码进行商品的防伪溯源，对于供应链上所有环节的关键细节和相关信息进行查询，包括商品的生产日期、价格、流通情况，甚至可以追溯至原材料采购阶段。

海斯匹链智能制造与管理平台实现了厂商、经销商、消费者间纵向、全链条信息的公开透明。企业可以通过智能制造与管理平台实现内部产品质量监管和问题产品的有效召回，消费者也可通过扫码查看溯源信息了解商品的生产运输过程，保障自身的消费安全。如在商品运输过程中商品失踪，存储在区块链的数据可为各方提供快速追踪渠道，并确定商品的最后活动位置。此外，区块链网络上一旦发现存在质量安全隐患的商品，通过区块链记录的商品流通信息，找出问题环节，方便厂商和监管部门迅速介入，并在第一时间召回问题商品。

目前，米链科技已将智能制造与管理平台应用于云南省某普洱茶品牌，从种植、原材料管理、生产加工、包装附码、仓储管理、市场流通各环节实现了全流程追溯管理，全面掌握茶叶信息流转。企业端通过智能制造与管理平台，运用区块链技术进行生产制造和进销存的一体化管理，多节点监控、责任到人，实现数字全链路可追溯。此外，企业可根据进销存和库存分析，直观了解市场喜好，完善产品品类和销售方案。消费者通过唯一识别码轻松识别商品全周期流程，减少“踩雷”概率，放心购买商品。

海斯匹链智能制造与管理平台是米链科技将区块链技术应用于实体制造业生产经营管理的一次新尝试，它从源头规避和防止不安全的漏洞，帮助企业管控产品质量，规避“信任风险”，提升品牌公信力，消费者对商品也更加安心、放心。

2.5.2 海斯匹链 DID 电子处方平台

基于医疗场景，杭州米链科技自主研发了海斯匹链 DID 电子处方平台。该平台将区块链与传统医疗深度结合，运用去中心化、可溯源的区块链技术赋能传统医疗实现数据互联，助力传统医疗机构数字化转型（图 3）。

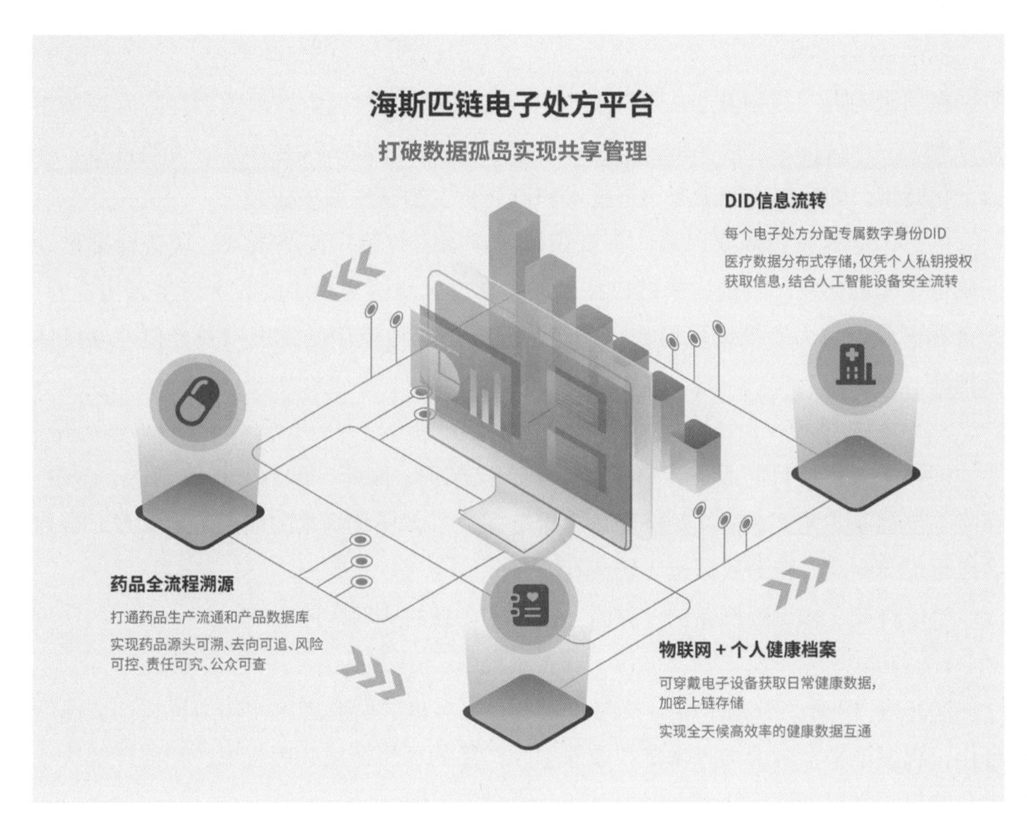

图 3 海斯匹链 DID 电子处方平台

首先，米链科技将区块链技术与可穿戴智能手环结合，推出了基于可穿戴电子设备的区块链个人健康档案，有效解决了数据安全方面的顾虑，并且实现了全天候高效率的健康数据互通。个人日常健康数据如心率、血压、运动量、助眠呼吸等，不再存储于中心化的某个平台，而通过加密的方式进行存储，通过物联网读取电子设备中的健康数据并录入病例。

在健康数据的安全共享管理方面，利用米链数字身份 DID 管理的区块链电子处方平台，为电子处方系统中的每个处方都分配专属的 DID，医疗数据分布式存储在被授权的节点上并脱敏加密，由患者自己保管数据而不是存储于中心化的某个平台，每个患者和药店都有专属的签名机制，在个人隐私受保护的前提下，个人电子处方经过患者个人授权可在各医疗机构间流转，打破各家医疗机构“数据孤岛”局面，实现数据互联，帮助药房和消费者更好地管理电子处方。

最后，在医疗供应链管理方面，米链科技推出了基于区块链的药品追溯，保障药品信息来源全流程可溯。米链利用区块链技术打通药品的生产流通数据库和产品数据库，通过药盒上的药品追溯码，构建药品追溯监管、风险预警分析、公共查询三大功能板块，最终实现对药品的源头可溯、去向可追、风险可控、责任可究、公众可查五大目标。

3 应用前景分析

3.1 战略愿景

在“十四五”规划及 2035 年远景目标中，区块链被列为推动数字经济发展的重点产业之一，这标志着区块链技术将在数字经济发展中发挥关键作用，并将促进产业数字化转型，因此加快推动区块链技术和产业自主创新发展势在必行。

杭州米链科技自成立以来，一直积极响应国家政策，按照国家区块链标准推动区块链技术的研发。目前，米链科技以成为“以区块链为核心的数字新生态构建者”为企业愿景，致力于推动可信数字化产品服务的落地应用的发展以及价值互联网体系构建。

3.2 用户规模

杭州米链科技目前服务客户涵盖知识产权保护、医疗、溯源、智能制造、金融、保险等全行业，尤其在实体经济场景，米链完成了多样化场景的应用落地实践，合作客户超过 500 家，链上数据超 3 亿。

米链科技在知识版权保护、溯源、存证等场景的典型落地案例：

1）数原保

2020 年 10 月，杭州米链科技与视频平台视多里的所有者广州伟为科技达成深度合作，视多里平台全面引入米链“数原保”产品的区块链视频版权保护功能，解决了平台的视频版权存证、交易、侵权取证、维权等问题。

2）U-Tracer 防伪溯源系统

（1）2020 年 3 月，杭州米链科技为杭州某藕粉品牌打造了溯源系统，从品牌加盟商接入开始，将加盟商相关企业信息上链留存，设置查看权限与上链门槛。从该品牌藕粉产品出仓开始溯源，利用一物双码技术，保证产品不被调包，物流各环节数据及时上链，各节点共享查看权限。

（2）2020 年 5 月，杭州米链科技基于 U-Tracer 防伪溯源系统为云南某普洱品牌茶商定制溯源 SaaS 平台，实现茶叶从培育、种植、采摘、摊青、包装、物流等环节全流程闭环追溯管理，全链实行一物双码，明码溯源，暗码防伪，全面掌握茶叶信息流转。

3）MiSign 电子签

2021 年 5 月，杭州米链科技与手机租赁平台盛易达合作，盛易达引入 MiSign 电子签服务，将手机租赁涉及的合同、投保违约保险、保险合同订单等通过电子签名形式进行上链存证固定证据。保障手机租赁合同出现违约情况时，保险订单及时触发，实现一站式起诉，并将结果用于保险理赔。通过司法存证加快保险理赔效率，降低保险理赔成本。

3.3 推广前景

杭州米链科技自成立以来一直专注于区块链技术的开发，拥有过硬且娴熟的技术研发能力。米链科技自主研发的海斯匹链区块链底层技术平台通过了多项国家级标准认证，米链是继百度后全国第三家同时获得工业和信息化部系统功能、性能两大测试证书的区块链公司。深耕区块链十多年，米链在工业、医疗、溯源、物流、金融、存证、版权等领域逐步展开多样化的新生态场景应用，服务了上百家客户，拥有丰富的业务服务经验。未来，过硬的技术实力与成熟的业务经验都将成为米链科技发展前进道路上不可替代的优势。

3.4 产能增长潜力

目前我国区块链技术仍处于早期发展阶段，但区块链技术场景应用不断涌现，区块链行业发展环境也在不断改善，潜在的长期价值有待持续释放。从政策层面来看，工业和信息化部、国家互联网信息办公室联合发布指导意见，引导区块链产业的未来发展路径并加强了扶持力度，明确未来 10 年要培育区块链名品、名企、名园，培育区块链人才，区块链产业的综合实力和产业规模要进一步提升和壮大。随着区块链行业的逐步壮大，区块链行业的组织作用也将有效发挥，行业共识将形成，行业相关标准将被制定，区块链技术也将趋于标准化，行业规范和健康发展也将为政府监管提供决策支持。随着区块链技术逐步走向成熟，未来区块链也将与人工智能、大数据、物联网等核心技术相融合，赋能数字经济高质量发展。

4 价值分析

4.1 商业模式

目前，米链科技服务客户涵盖知识产权保护、医疗、溯源、智能制造、金融、保险等全实体经济场景，并为客户提供一站式区块链全流程服务。前期，米链为客户提供区块链底层技术平台以搭建数据可视化看板，中期接入可信数字化应用产品，后期完善定制化解决方案，通过一体化的技术服务帮助客户实现降本增效，助力其产业数字化转型。目前，米链科技合作客户超过 500 家，链上数据超 3 亿，2021 年及 2022 年销售总额达千万元，且维持着较高的营收增长率，产品市场接受度好。伴随区块链产业的不断发展壮大，米链科技也将持续挖掘更丰富的技术应用场景，为客户提供更多有价值的技术产品服务。

4.2 核心竞争力

杭州米链科技是国家高新技术企业、国家级科技型中小企业，同时也是国家级区块链网络 BSN 合格开发者。自 2016 年成立以来，米链科技一直专注于区块链技术的研发创新。截至目前，米链共获得软件著作权 24 件，实用新型专利 2 件。米链拥有一支强大的技术研发团队，公司员工近300人，其中核心技术研发人员超200人，占全体员工80%以上，团队成员多为来自阿里、腾讯、网易、IBM等知名企业。另外，杭州米链科技多次参与世界人工智能大会等行业影响力活动，与产学投研共同探讨未来区块链技术与人工智能、大数据、物联网等核心技术相融合的可能性。在2022年12月召开的首届全球数字贸易博览会上，米链科技在重大成果发布会上正式发布了全新区块链技术研发成果“海斯匹链智能制造与管理平台”，同时也首次对外展示了基于医疗场景深度研发的新技术成果“海斯匹链DID电子处方平台”。

4.3　项目性价比

杭州米链科技2022年项目效益如下：

（1）项目经营成果指标：销售收入增长率28.87%，销售净利润率21.89%，销售毛利润86.86%，营业利润增长率34.61%。

（2）项目成本消耗效果指标：投入产出比0.8，成本费用利润率17.34%。

4.4　产业促进作用

目前杭州米链科技主要将区块链技术应用于实体经济领域，并在落地应用后迅速发挥作用，解决了各产业降成本、提效率、优化产业安全可信环境的需求。

例如，在工业领域，传统的实体经济企业、连锁企业在贸易过程中缺乏有效的管控机制，各业务系统间信息壁垒、数据隔离，导致信息传递不及时、信用传递受阻。米链科技自主研发的海斯匹链智能制造与管理平台通过区块链技术实现供应链交易数据上链可溯，实现穿透式监管，同时建立多级供应商管理体系，全链条信息可视化共享，提高货物流转效率，帮助各方建立快速准确可信的信息交互共享通道，助力各大企业高效便捷地管理整个供应链。

在医疗领域，医疗行业数据量庞大，且对于个人隐私保护的安全要求较高，大多数医院之间数据信息共享不及时、不完整。米链科技依托自身专业完善的区块链研发技术，制定出了多种医疗场景的区块链解决方案，帮助各医疗机构在实现数据安全及隐私保护的前提下打破信息孤岛实现数据互联互通，提升医疗机构间业务协调办理的效率。

在数字作品版权领域，数字作品从版权登记到诉讼维权都面临各种难题。一是版权登记流程烦琐、认证时间长，且具有一定的收费门槛；二是社交平台、云端网盘等互联网工具大幅降低侵权门槛，导致侵权行为频发，有很大的隐蔽性和复杂性，创作者维权难度及成本巨大。米链科技自研的数字作品版权服务平台利用区块链技术去中心化、可追溯、不可篡改的信任共识机制，能有效保障证据的真实性、合法性和关联性，高效地解决了数字作品维权难度大、跨地域取证难、诉讼时间长、费用成本高等问题，降低了风控成本，营造了互信的版权环境。

供稿企业：杭州米链科技有限公司

应用服务场景

APPLICATION SERVICE SCENARIOS

城市管理及公共服务

人民法院诉讼服务区块链应用

1 概述

“人民法院诉讼服务区块链应用”项目建设背景主要涉及两个国家级的课题研究，第一个课题隶属于国家重点研发计划“司法区块链关键技术及典型应用示范研究”项目，主要任务是围绕最高人民法院司法链平台实现应用落地。第二个是2021年10月，国家互联网信息办公室联合最高人民法院等18个部门和单位印发了《关于组织申报区块链创新应用试点的通知》，组织和开展国家区块链创新和应用试点活动，其中，“区块链+审判”特色领域试点作为本次试点特色领域的重要内容之一，由最高人民法院牵头，要求在诉讼服务方面，通过运用司法区块链技术，实现异构数据上链存证验证，帮助当事人降低成本、高效固定和追溯有关电子证据等数据，减轻人民群众诉累；在服务经济社会方面，加快构建面向经济社会治理的可信合约平台，大力推进智能合约的深度应用创新，提升诉源治理、定分止争质效，助力司法公信提升和经济社会发展。本项目目标定位如下：为巩固立案登记制改革成果，消除“有案久拖不立”“诉前调解当蓄水池”等问题，融合区块链技术，结合智能合约的工作机制实现对收案后符合立案条件的案件在限定期满后自动立案，排除人工修改因素，推动立案期限“刚性约束”。提升立案效率，节约立案法官人力成本，杜绝个别案件“久调不立”等问题，有效保障当事人的诉权。

团队由产品总监汪昕，产品经理祝智敏、祝伟健以及研发经理王超，邢志鹏组成。团队成员定期开展行业领域内的创新交流与合作，拥有强大的数字化、网络化、智能化的产品研发和市场开拓能力。公司整体服务水平走在国内领先位置，不断创新发展始终保持着行业领先地位。

2 项目方案介绍

2.1 需求分析

本项目是针对法院在诉源治理大背景下如何将诉讼规则前置，在矛盾源头发挥法院司法效能的问题进行需求分析。依托司法区块链的底层能力，实现调解失败后申请立案过程中对信息、材料修改及提交的全流程记录，使电子数据的生成、存储、传播和使用全流程可信，全节点见证，从源头实现调解信息的可信存储。通过对调解失败申请立案环节的申请信息及材料进行区块链可信存证，在转立案提交时，依据内置的裁判规则、交易规范等对转立案起诉信息进行合约校验，同时法官审查阶段通过智能合约自动校验起诉信息，并自动反馈校验结果。

2.2 目标设定

2.2.1 研发路线

本项目的建设是基于司法链的存验证技术框架进行开发及实施。司法区块链技术架构包括四个层级和一个纵向工具平台。四个层级自上而下分为应用层、可信存证层、区块链核心层、基础层。应用层实现法院的诉讼服务、审判执行、司法管理等相关业务的运转。应用层接入司法区块链，既是司法区块链数据的来源，也是司法区块链的服务调用方和适用方。可信存证层为司法区块链应用层提供不同级别的可信区块链服务，保证上链的数据可信。可信服务应实现基于多种认证因子的身份认证，以及可信签证、可信时间、可信环境等。区块链核心层实现区块链系统的核心功能，分为基础服务、平台管理、接口服务三部分。基础服务提供区块链的基础能力，共识机制确保司法区块链中的节点快速达成数据一致性，块链存储可靠地存储链上的信息，组网协议通过点到点的方式保证可靠的信息传递，隐私保护应保障账户模型下账户及其交易信息的隐私性。平台管理中的链域管理实现链域范围内的网络管理、配置管理等；组织管理实现司法体系组织架构内的使用权限问题；节点管理实现共识节点加入、退出等。接口服务提供应用的接入方式。

具体技术框架如图 1 所示。

2.2.2 直接目标

本项目的建设是基于司法链的智能合约技术框架进行开发及实施。司法链智能合约技术框架是基于司法链底层存验证能力，结合智能合约服务，形成基于司法链的智能合约技术框架（图 2）。构建面向多元调解业务提供诉调转立案自动流转服务，实现人民法院诉讼区块链应用落地的目标，从而加强法院参与诉源治理的效能，促进诉源治理的新格局。

2.3 建设内容

本项目的建设依托司法链的底层能力，实现调解阶段纠纷案件信息、申请人信息、音视频材料、调解过程文书、调解协议、司法确认申请书完整性、真实性的链上自动存证和核验。并通过智能合约技术结合立案规则进行固化，实现符合立案条件的案件自动流转，减少法官人工校验导致的误差，保证最终流向法院的数据真实、准确，减轻法官立案审查工作量，提高诉调转立案的办理效率（图 3）。

图 1　司法链存验证技术框架

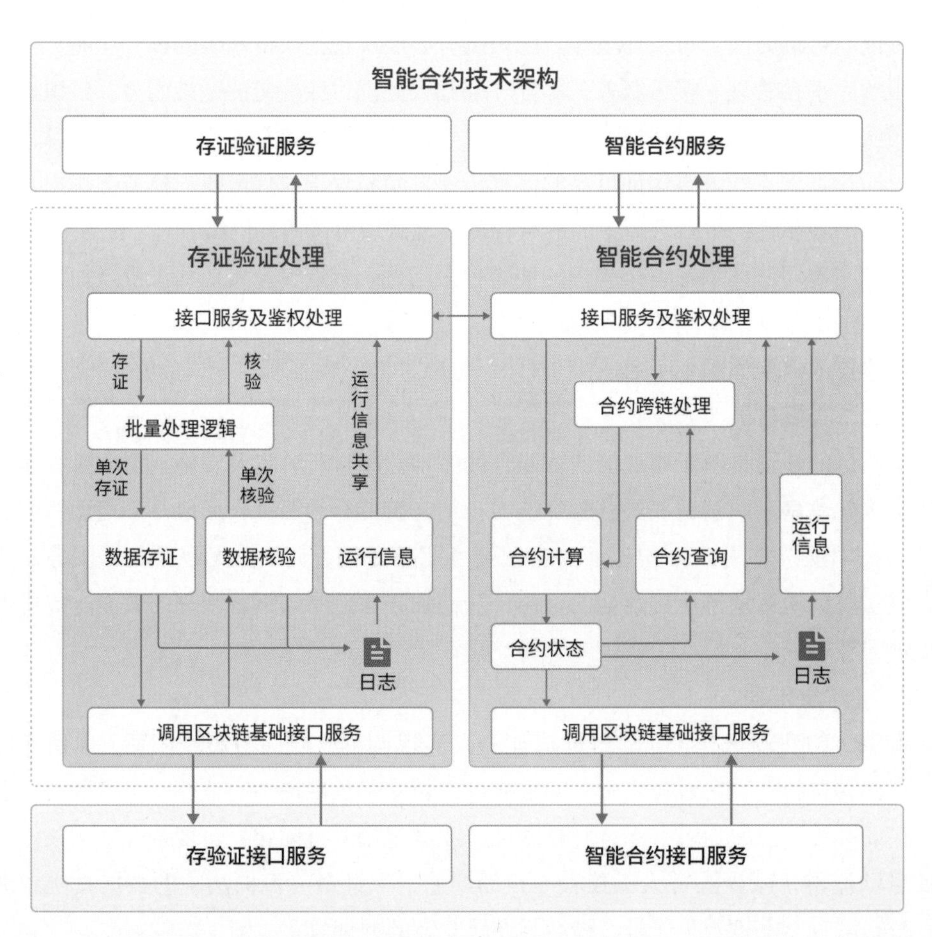

图 2　司法链智能合约技术

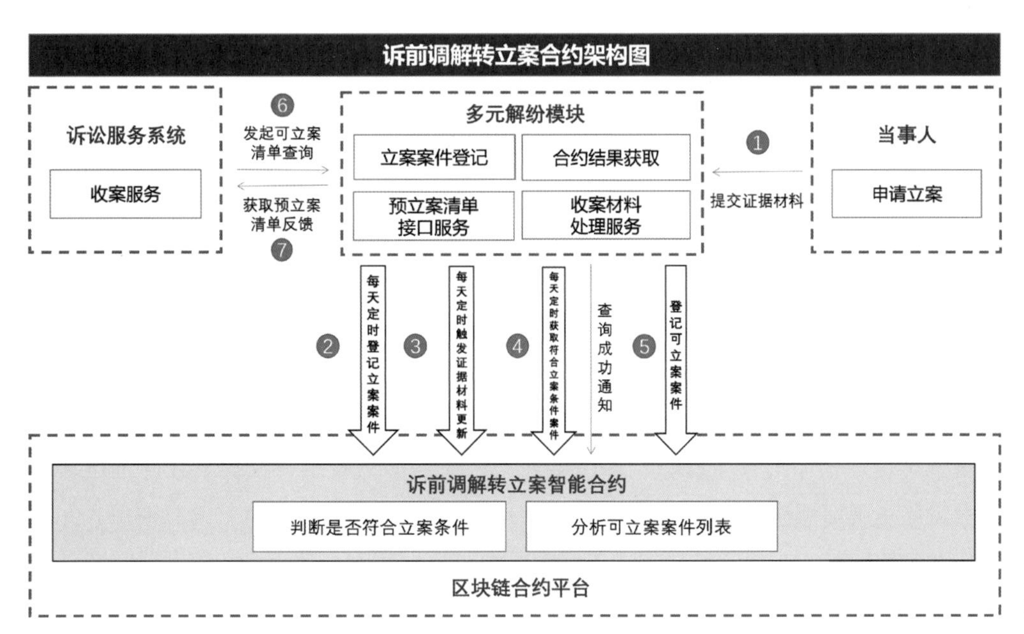

图 3　诉前调解转立案合约构架

2.4　技术特点

2.4.1　架构设计

通过构建诉调转立案智能合约场景，对当事人提交起诉的案件信息进行上链存证，确保当事人提交起诉的时间、立案审查的结果不能人为改变；结合智能合约技术，将立案审查通过期限届满 7 日的新收一审案件或诉调超期或诉调完成符合待转审判立案条件后届满 7 日的新收诉调案件自动转立案。项目所建设的诉调转立案智能合约场景功能设计机理图如图 4 所示。

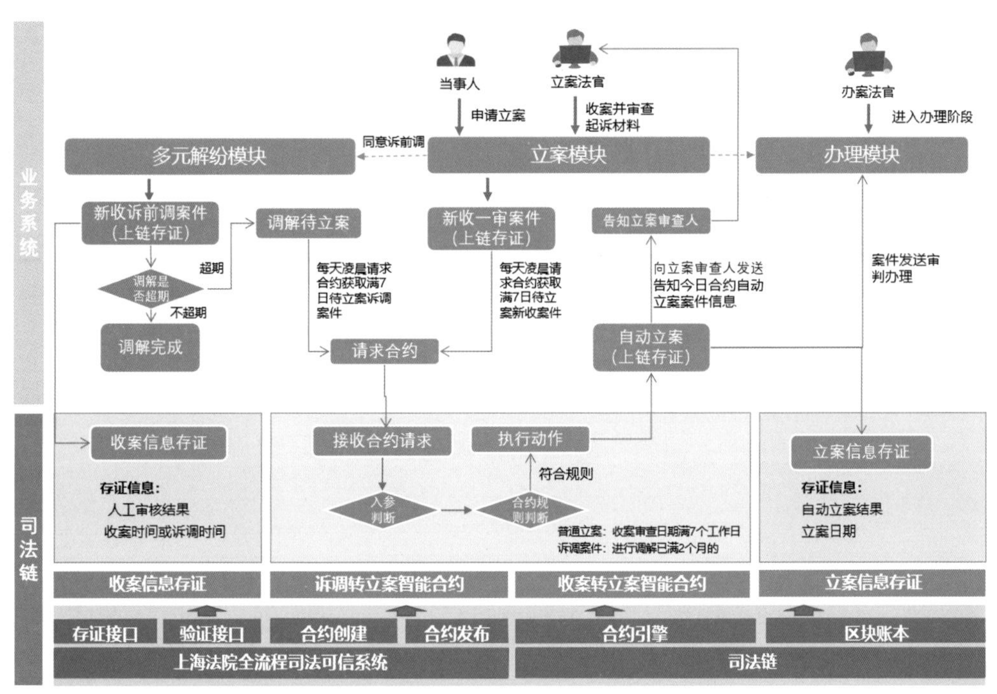

图 4　诉调转立案智能合约场景功能设计机理图

2.4.2　主要特点

1）诉源治理跨链设计与区块链跨链验证技术突破

（1）内外网跨链及互操作的实现。目前法院有众多业务需要在专网上进行，但有众多的电子材料存在互联网上，部分业务也需要将结果从内网发到互联网上公示，存在进行内外网的跨链互操作的需求。此外，业务系统需调用链上的智能合约及相关存证及验证信息，也需要将相关关键业务结果传到链上进行存证的链上链下互操作。

本项目构建的跨链数据连接服务利用分布式身份认证体系，为互联网司法链和法院专网司法链分配通用的可识别域名，作为唯一命名标识用于内外网区块链的通信。并加强跨链通信中的安全性，确保跨链通信中仅在所有者授权情况下才能进行，通过身份体系制定被授权的区块链及区块链合约，进行数据调用或合约消息通信。保护数据安全的同时，实现数据使用的可追溯。经过数据授权，业务合约发出跨链数据访问请求，通过跨链寻址的方式，将跨链网络上对应的区块链上的数据安全可靠、不可篡改地返回给请求者。在跨链合约调用方面，用户可以授权法院专网区块链的指定合约，推送跨链合约消息，经过跨链寻址，实现合约的远程调用，完成业务场景中的内外网互操作。

内外网跨链技术架构如图 5 所示。

链上链下互操作实现如图 6 所示。

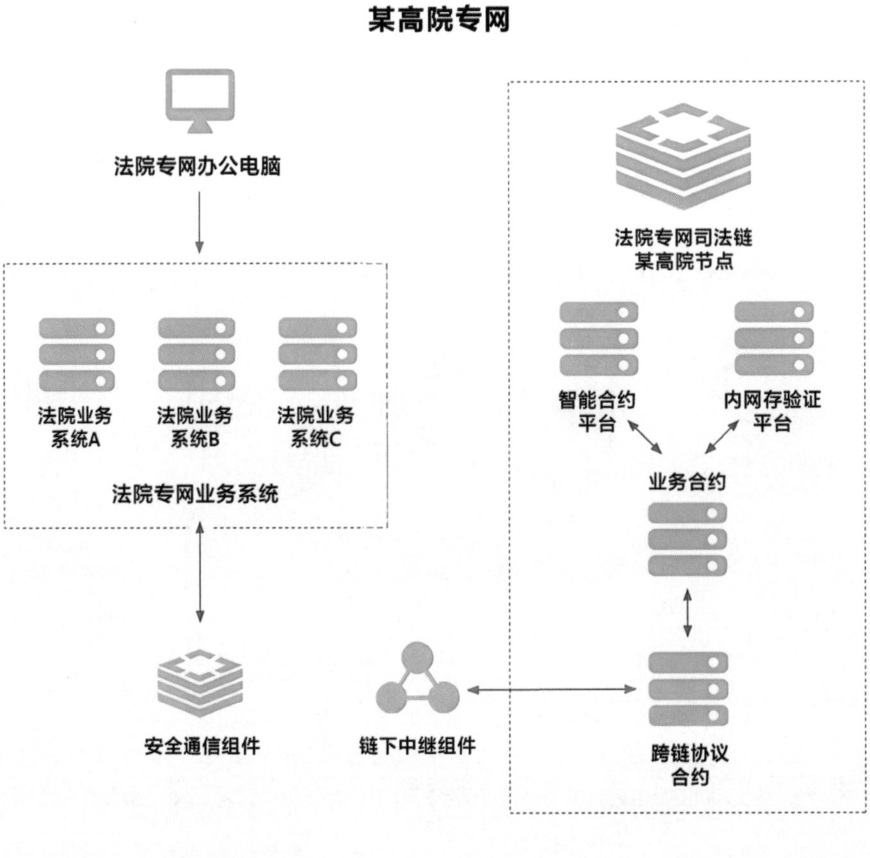

图 5　内外网跨链技术架构

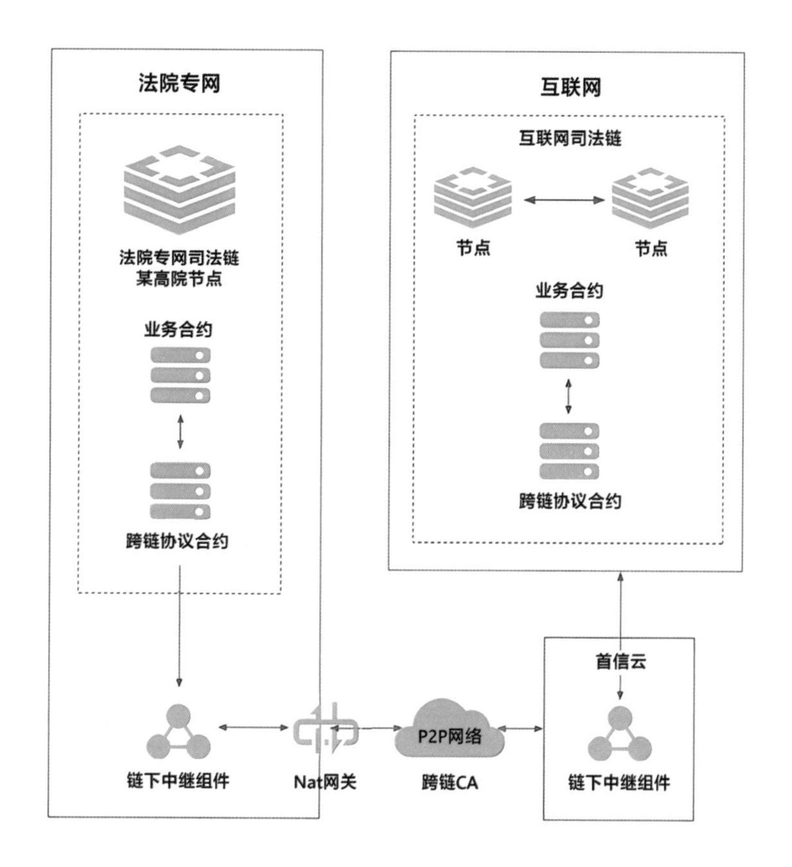

图 6　内外网链上链下互操作实现

（2）异构链跨链及互操作实现。目前互联网区块链种类众多，电子材料可能存在不同的区块链上，需要进行异构链的跨链互操作来满足法院业务的需求。跨链数据连接服务为异构链提供了对应的智能合约，称为跨链合约，它们是跨链网络的一部分，作为存根部署在区块链系统中，为业务合约提供跨链接口。

链上链下互操作实现如图 7 ~ 图 10 所示。

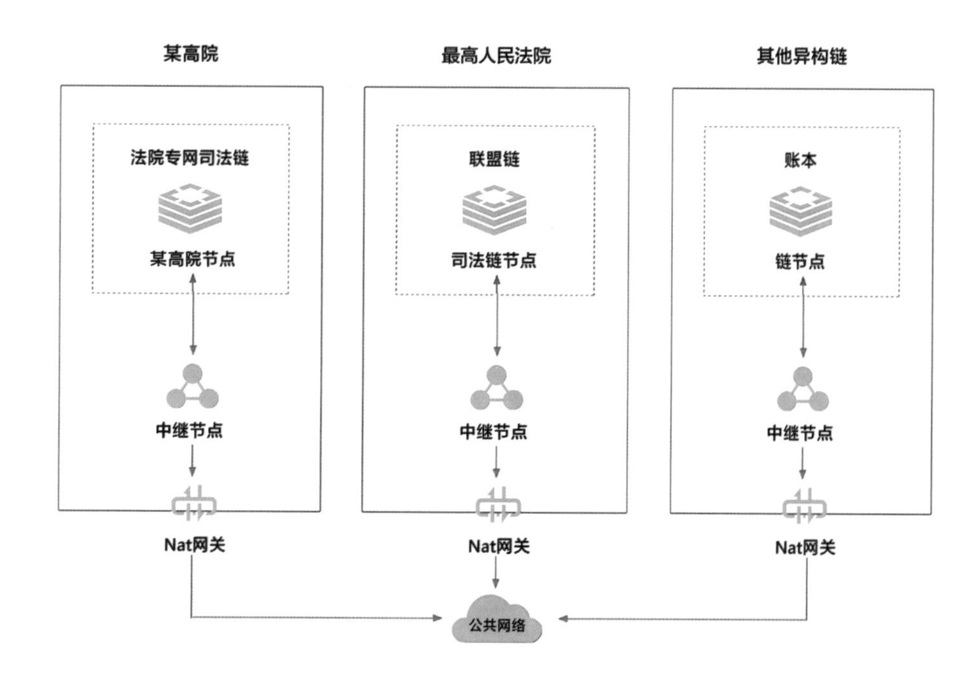

图 7　异构链网跨链技术架构

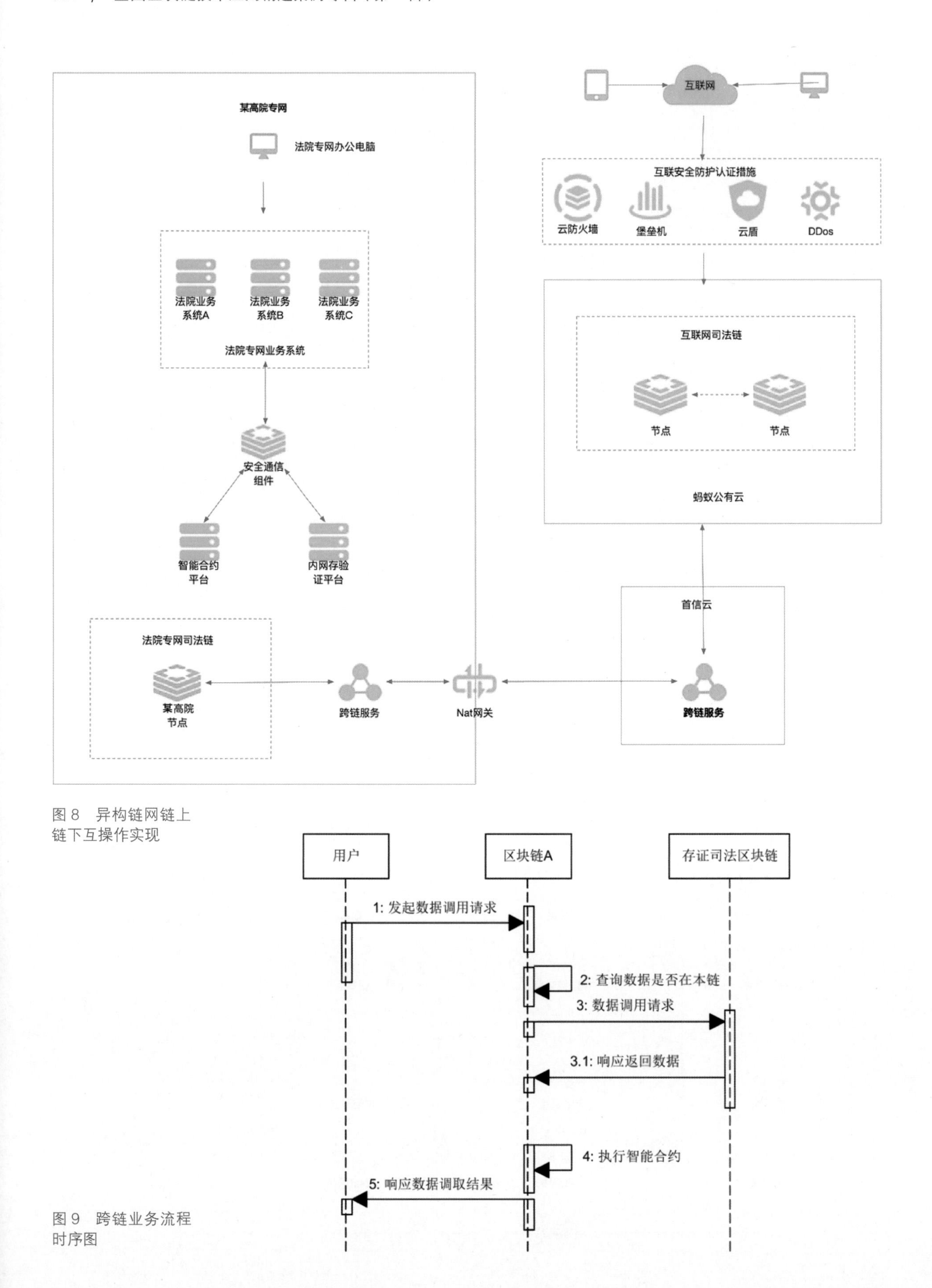

图 8　异构链网链上链下互操作实现

图 9　跨链业务流程时序图

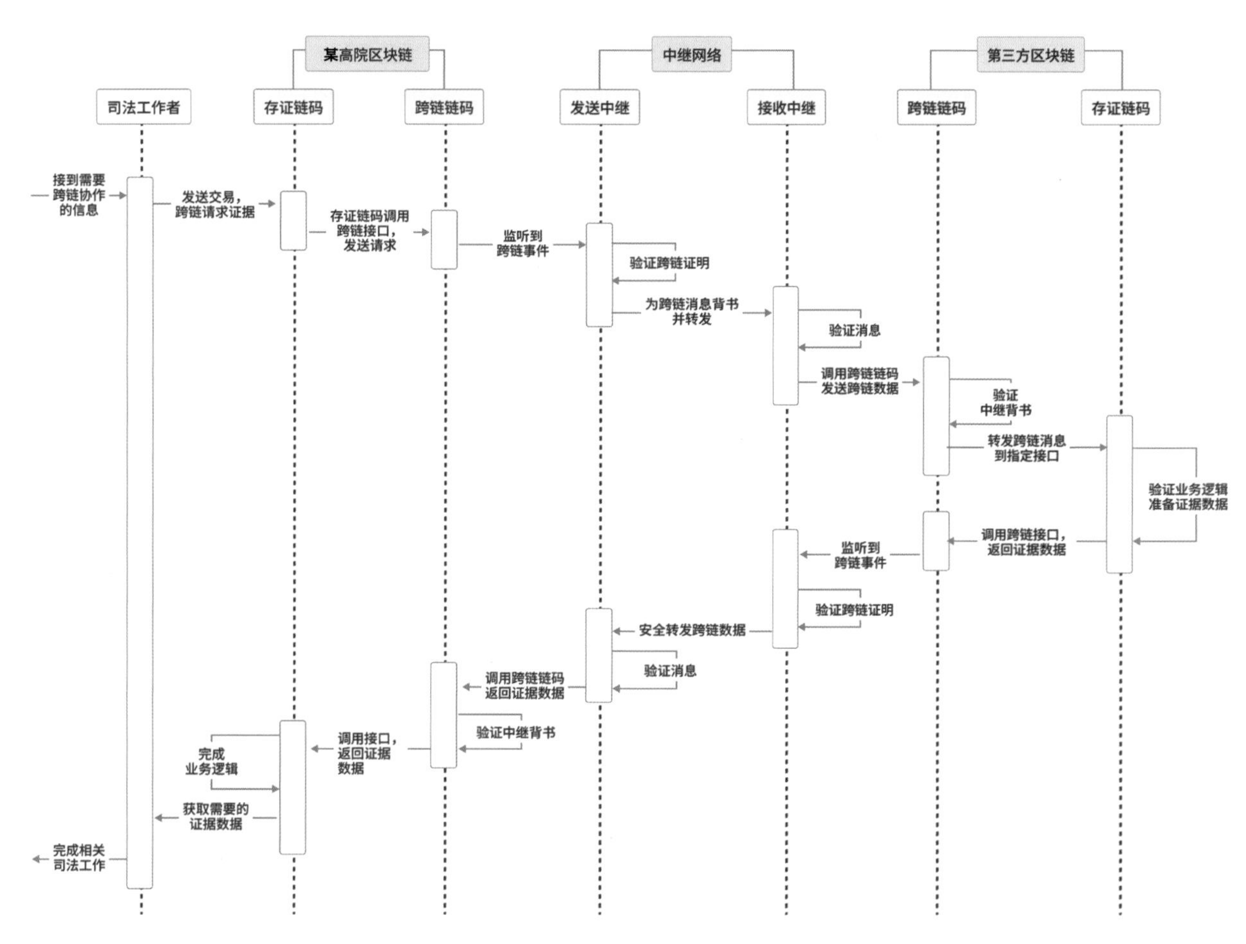

图 10　跨链取证时序

2）智能合约设计及智能合约管理技术的突破

本项目实现智能合约管理能力，覆盖智能合约的申请、配置、编译等九大环节，加强调解转立案场景的合约管理，提供合约运行状态跟踪、异常环节预警等服务，实现既定程序的自动执行及信息公开透明。

2.5　应用亮点

2.5.1　应用成效

自 2020 年 8 月 17 日功能上线起，截至 2022 年 10 月 31 日，某法院共通过智能合约审查自动立案 56 682 件。“智能合约”功能的上线，节约了法官手动操作立案的时间和人力成本，区块链存证技术的加持，更强化了对案件流转过程的监管。据统计，“智能合约”立案功能上线首月系统平均每日满 7 日自动转立案 100 件，但到 2022 年 9 月，平均每日自动立案数仅为 20.5 件，有效督促立案法官在合约期满之前完成立案，从根本上解决“久调不立”“立案难”等问题。

2.5.2　技术应用亮点

1）本项目的痛点与难点

本项目的突破难点主要在于区块链跨链验证技术和智能合约管理的技术。

本项目针对解决行业痛点，即立案登记制改革后，“立案难”“立案慢”、诉前调解“久调不立”等问题，一直是人民群众关切的疑难问题。为进一步深化一站式多元解纷和一站式诉讼服务体系建设，提升诉讼服务质量，全面保障当事人合法权益，本项目积极探索应用区块链、人工智能等前沿技术，实时监控案件流转，畅通诉前调解和审判立案的衔接流程，严格执行立案时间节点，进一步提升立案效率，保障当事人诉权。

2）本项目的创新点及成果

当前国家积极倡导完善非诉讼纠纷解决机制，加强矛盾纠纷源头治理，完善预防性法律制度的背景下，人民法院要大力提倡非诉纠纷解决机制，同时也面临着多元调解这类跨组织司法环节的过程是否规范、证据是否可信的问题。本项目着眼源头防范化解社会风险矛盾，以区块链技术赋能，与行业、司法、调解形成司法区块应用生态，共同推进社会治理，在纠纷产生前对社会经济契约的履行进行规范化、标准化的前置引导，深化多元解纷机制，以区块链智能合约对接多元调解，加强某法院诉源治理能力，提升某法院诉源治理水平，推进该市社会体系治理能力，加强社会治理能力现代化建设。

3）本项目的技术优势

本项目采用最高人民法院的司法区块链的底层能力，其主要优势包括三个方面：一是建成了成熟、规范、统一的人民法院区块链平台。目前，人民法院区块链平台上链存证超过 26 亿条，存固证据、智能辅助、卷宗管理等方面应用效能和规范程度不断提升，电子证据、电子送达存验证、防篡改等应用场景落地。二是平台承担司法区块链技术科研攻关的任务。正在联合最高人民检察院、司法部共同承担国家重点研发计划“司法区块链关键技术及典型应用示范研究”项目，重点推进司法区块链存证验证、智能合约、跨链协同等关键技术突破并落地应用。三是最高人民法院为了拓展平台的业务应用场景融合出台了《最高人民法院关于加强区块链司法应用的意见》。进一步明确了人民法院加强区块链司法应用的总体要求及人民法院区块链平台的建设任务和建设标准，将进一步推进区块链技术在提升司法公信、提高司法效率、增强司法协同能力、服务经济社会治理四个方面的典型场景落地应用，技术成熟度、技术创新度，业务融合度三个方面均属于国内外领先水平。

3 应用前景分析

3.1 战略愿景

1）政策支撑

在国家战略层面，为深入开展区块链创新应用工作，国家互联网信息办公室、中央宣传部、最高人民法院等 16 个部门于 2021 年 12 月联合印发通知，公布了 15 个综合性和 164 个特色领域国家区块链创新应用试点名单。本项目所属“区块链 + 审判”特色领域试点项目，充分符合国家战略导向（图 11）。

特色领域试点（“区块链+审判”）		
1	最高人民法院	人民法院信息技术服务中心
2	江苏省	省高级人民法院
3	上海市	市高级人民法院
4	北京市	市高级人民法院
5	江西省	省高级人民法院
6	山东省	省高级人民法院
7	辽宁省	省高级人民法院
8	吉林省	省高级人民法院

图 11　特色领域试点（“区块链 + 审判”）

在地方政策扶持层面，2020 年，上海市经济和信息化委员会发布《关于推动区块链健康有序发展实施意见》征求意见稿，积极推动上海各部委发展区块链技术及产业创新发展。2021 年 7 月，上海市高级人民法院在执行办案系统（2021 年度）升级改造项目中重点围绕执行业务场景的区块链应用进行可行性方案的设计及论证，并向上海市经信委申报 2022 年项目预算，为本项目提供了部分资金支持。根据《2022 年上海市城市数字化转型重点工作安排》要求，结合试点内容，本试点项目拟申报 2022 年度上海重大数字化项目，并在 2022 年度向市经信委拟申请相关预算，以便为试点项目提供充足的资金支持。

2）技术支撑

在技术对标方面，本试点项目采用最高人民法院司法链平台的统一技术架构，保障区块链技术标准的统一性、应用融合的可扩展性以及共识数据存储的一致性。

3.2　用户规模

截至 2022 年 11 月，最高人民法院司法链平台已与包括最高法院在内的 23 个法院辖区进行了对接，整体平台以全国三级法院为接入用户，整体平台节点覆盖率在 97% 以上。截至 2022 年 11 月，平台运行情况如下：存证业务总数为 79 931 854 个，业务信息总量为 11 846 258 个，电子材料存证数量为 59 832 239 份，操作行为存证为 8 253 511 条。目前司法区块链节点总数为 32 个，区块总数为 100 916 562。

3.3　推广前景

最高人民法院司法链平台作为全国三级法院统一平台，拥有同类技术平台不具备的官方性和标准性。同时在业务成熟度方面，最高人民法院于 2022 年发布《最高人民法院关于加强区块链司法应用的意见》，在意见中要求充分发挥区块链在促进司法公信、服务社会治理、防范化解风险、推动高质量发展等方面的作用，全面深化智慧法院建设，推进审判体系和审判能力现代化，结合人民法院工作实际，制定明确的场景发展规划。在意见中针对场景也进行了明确的业务定义，总共包含 18 个子场景，44 个具体应用场景。其中在提升司法公信力方面包括司法数据安全、电子证据可信、执行操作合规、司法文书权威 4 个子场景共 11 个具体应用场景。在提高司法效率方面，包括立案流转应用、诉调衔接应用、审执衔接应用、执行效率优化、执行便捷办案 5 个子场景共 13 个具体应用场景。在增强司法协同能力方面，包括律师资质验证、案件协同办理、跨部门协同执行 3 个子场景共 9 个具体应用场景。在服务经济社会治理方面，包括知识产权保护、营商环境优化、数据开发利用、金融信息流转、企业破产重组、征信体系建设 6 个子场景共 11 个具体应用场景。

3.4 产能增长潜力

通过试点实践，积极选取具有代表性的试点成果，开展重点成果的总结归纳，形成相关规范。至 2023 年底，优化整合多元数据来源，建立上海市的多源异构存验证的标准，保障司法链内外网节点的互认。重视对上海法院现有司法人员的职业技术培训，根据试点在智能合约和存证验证方面的诸多应用，拟参与《区块链和分布式记账技术智能合约实施规范》（20201615–T–469）和《区块链和分布式记账技术存证应用指南》（20201612–T–469）两项国家标准的制定。

通过项目实施，强化相关知识储备与操作经验，培养司法与科技复合型人才。在上海法院系统中组建一支掌握法律与技术应用实践的人才队伍，助推我国人民法院信息化建设，实现我国司法审判体系和审判能力现代化。

根据上海特点，对金融借款业务、著作权侵权、在线交易等特色场景从源头开始利用智能合约进行法院证据规则的行业前置应用，形成完整规范的司法链全流程证据清单，在发生纠纷 / 侵权时可以给予智能合约一体化纠纷化解推进，将整个化解流程标准化，提升效率，从而建立起涵盖金融机构、电商平台、创作者、群众等在内的司法生态体系。

在后续推进方面，将依托最高人民法院司法链平台实现应用拓展及覆盖，面向全国三级法院进行项目拓展，推动人民法院诉讼服务区块链应用的全国覆盖，提升产能增长潜力。

4 价值分析

4.1 商业模式

本项目采用的商业模式是项目制。从市场层面分析，立案是审判的前提，是启动诉讼程序的总开关。依法立案是公正司法的开始。党的十八届四中全会通过的《中共中央关于全面推进依法治国若干重大问题的决定》提出，“改革法院案件受理制度，变立案审查制为立案登记制，对人民法院依法应该受理的案件，做到有案必立、有诉必理，保障当事人诉权”。因此全国各级人民法院约 3 504 家均作为本项目的潜在用户，从项目本身的角度，本项目还具备与全国司法区块链赋能，在建设标准和上层构架上具备一定的领先性。从潜在用户的角度，为贯彻落实立案登记制，形成了自动立案智能化工具的强刚需市场化趋势。区块链对收案信息存证不可篡改特性以及智能合约共识机制，让收案自动流转智能立案合约，作为数字哨兵成为契合法院贯彻落实立案登记制要求的有效支撑工具。因此本项目的市场增长和利润增长按照年项目转化率30%、平均市场占有率15%的比例来估算，预计签约用户在150家法院。

4.2　核心竞争力

上海金桥信息股份有限公司成立于1994年，多年来已形成完整的业务体系，服务范围包括政务、司法、金融等，业务覆盖全国。金桥在行业内集资源和能力于一体，一是具有高度创新、专业化的整体解决方案；二是覆盖全国3 500家法院的行业资源；三是具有人工智能 + 区块链与法院业务深度融合的技术能力；四是具有深耕法院业务20年，融合法律金融科技专业的复合型团队。

除此之外，金桥和最高人民法院、科技部承办了的“两高一部”课题，同时是国家网信办区块链课题承办单位，还参与中国信息通信研究院3个司法行业存证标准的制定工作，获得了各方的好评和认可。

4.3　项目性价比

诉调转立案智能合约落地使用后，对比未使用诉调转立案智能合约前，刚性约束了立案流程，消除了“有案久拖不立”“诉前调解当蓄水池”等问题，有效保障当事人的诉权，规范了立案流程，提升了立案效率。

同时，诉调转立案智能合约的执行转立案数据在区块链上无法篡改，也提升了对法官立案效率的监管能力。通过合约自动转立案的数量来督促立案法官提升立案效率。

在诉调转立案合约落地实行两年来，平均每日诉调转立案合约自动转立案的案件数从100件下降至20件，立案法官在期限内提前自主立案的数量大大增加，缩短了立案周期，提升了立案效率。

4.4　产业促进作用

立案登记制改革实施过程中，人民法院发现诉讼是化解矛盾纠纷、解决群众诉求的有效手段，但不是唯一手段。2019年以来，大力推进一站式多元纠纷解决和诉讼服务体系建设，向纠纷源头和解纷前端延伸，诉前调在定纷止争上成效明显，但也同步出现了“诉前调解当蓄水池”“有案久拖不立”等问题。自动流转智能立案合约作为数字哨兵，彻底消除和避免了当立不立的问题，立案期限届满自动立案，形成有案必立的刚性约束，充分保障当事人诉权。同时，自动立案量作为立案法官工作的考核机制，反向促进法官及时立案，对法院立案工作规范化办理起到良好促进作用，助力法院立案工作提质增效。

供稿企业：上海金桥信息股份有限公司

健康方舟

1 概述

“健康方舟”由舟山市普陀区卫生健康管理局统筹，杭州趣链科技公司建设并在“浙里办”上线。该应用结合了普陀区海岛众多的地域实际，紧紧围绕区域内离岛、悬水小岛居民的医疗卫生需求，线下依托配备专业医疗团队的船只开展医疗服务，在通过医疗船“送医上海岛”的同时，线上建设基于区块链的全流程健康管理应用，覆盖体检、义诊、家医签约、慢病管理、海岛购药、健康监测、慈善救助等场景，以数字化手段贯穿实现闭环管理，切实解决小岛群众看病难、配药难、急救难等痛点难点问题。通过趣链区块链，实现卫健局、市监局、慈善总会、大数据中心、民政局等部门的健康数据互通，帮助群众实现个人健康的“掌上管理”，助力海岛医疗健康共富的实现。

2 项目方案介绍

2.1 需求分析

1）业务需求分析

普陀区作为浙江省内海岛数量最多的县区，共有大小岛屿 743 个，住人岛屿 45 个，有常住居民岛屿 16 个，常住人口 76 241 人，60 岁及以上老年人比例高达 39.91%。目前，16 个海岛中只有 7 个政府所在地的海岛设置了建制卫生院，其余 9 个海岛只设置了由卫生院管理的村卫生室，承担基本医疗和基本公共卫生服务。随着社会生活水平的提高，现有的医疗卫生服务已无法完全满足人民群众对健康生活和社会公共卫生保障的需求，与达成共同富裕的健康支撑目标要求还存在一定的差距。

（1）医疗服务矛盾日益突出。居住偏远海岛的群众越来越少，这对基层医疗卫生服务网点设置、医疗设备设施配备、医务人员安排等方面造成影响。卫生室普遍设备短缺，体检项目缺失，特别是乡村医生占全区基层医疗机构门诊临床医生比例 25%，年龄老化、学历低，接受新知识进度慢。受政策影响，岛内非基本药物、特需药品等存在供应难情况，廉价、高效、常用的药品配送不及时等问题依然存在。

（2）居民健康意识较为淡薄。海岛常住人口的体检率较城区偏低，海岛常住 60 岁及以上老年人近三年均未参加健康体检的人数有 3 246 人，未体检覆盖率为

25.68%，三年均参加健康体检的老年人数 5 017 人，体检覆盖率仅为 39.69%。

（3）信息应用水平有待提升。多数基层医疗机构信息化水平较低，软硬件更新迭代速度缓慢，专业技术力量不足；区域卫生综合数据平台、监测平台还需进一步建设完善，各层级部门、机构之间业务信息化系统散乱，信息孤岛仍然存在。

2）建设内容

“健康方舟”应用聚焦“海岛居民健康服务”核心业务，由区卫健局牵头，协同交通运输局、民政局、市场监督、普陀医院、慈善总会等部门，通过归集居民基本信息、体检信息、药品、人口户籍、福利待遇等多项数据，实现两端四应用的建设：

（1）基于用户端建成 1 个“健康方舟”健康服务数据驾驶舱和 1 个浙里办应用系统，其中应用程序包括 4 + *X* 个功能模块，分别是健康服务、便民医疗、慈善救助、海岛急救以及 *X* 个集成场景，根据群众需求逐步拓展服务项目，将优质高效便捷的健康服务送上海岛、送进家门，满足海岛居民提升健康医疗服务水平的需求。

（2）基于管理端建成 1 个 PC 端和 1 个手机移动端管理后台，实现对用户端功能模块的全面把控和运行监测，同时帮助政府管理人员掌握海岛居民健康态势，提高政府的决策力和决策科学性。

2.2 目标设定

根据浙江省打造高质量发展建设共同富裕示范区要求，结合普陀区海岛众多的地域实际，紧紧围绕区域内离岛、悬水小岛居民医疗卫生需求，以提升海岛老年人健康服务为改革小切口，以“方舟”在岛屿之间巡回航行，提供巡回医疗、健康管理、数字药房、健康监测预警、应急救治、慈善救助等健康守护服务，并以数字化手段贯穿实现闭环管理，切实解决小岛群众看病难、配药难、急救难等痛点难点问题，填补小岛群众健康服务盲区，有效提升小岛群众健康体验的获得感和满意感，实现公平可及的健康服务，助力实现海岛共同富裕。

2.3 建设内容

基于需求分析，“健康方舟”实现两端四应用的建设。

2.3.1 “健康方舟”应用系统

建设 4 + *X* 个功能模块，分别是健康服务、便民医疗、慈善救助、海岛急救以及 *X* 个集成场景，根据群众需求逐步拓展服务项目，将优质高效便捷的健康服务送上海岛、送进家门，满足海岛居民提升健康医疗服务水平的需求。

（1）场景 1：健康服务（图 1）。该场景下设置了 6 个模块，解决过去海岛居民体检寻医困难的问题，架起居民与健康服务方的连通桥梁。“慢病管理”可以查看精细化的慢病档案，清晰详细掌握病情治疗情况；数字家医可以随时随地向已签约医生预约看病申请和健康咨询，足不出户获得专业医生的健康服务；“药有保障”整合区内“共享药房”“数智药房”服务资源，让有用药需求的群众在线上即可完成预约购药、药品查询等多项用药服务，实现配药不出岛，取药只跑一次；“守护在线”可以查看智能居家监测设备运行信息，实时监护患者身体健康状况；“健康档案”和“体检报告”支持用户管理查看个人健康状况、慢病评估、健康记录、身体指标等各种信息，帮助发现自身健康状况的变化及疾病发展趋势等，提高自我预防保健意识和识别健康危险因素的能力。

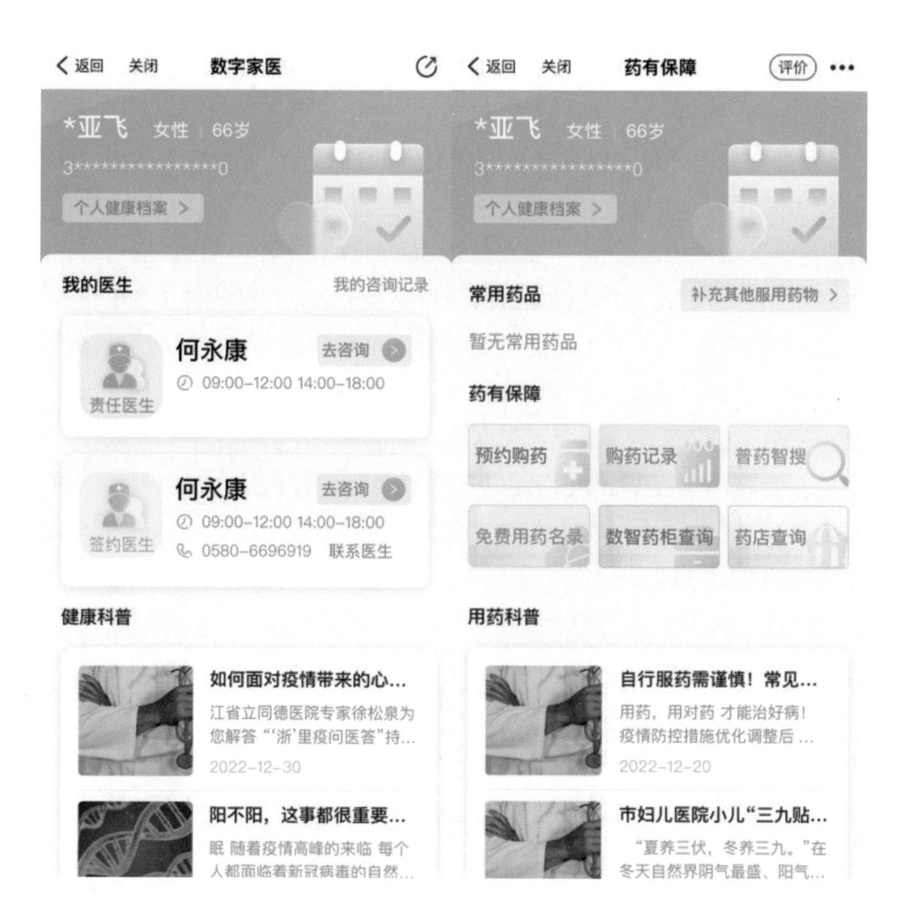

图 1　健康服务场景

（2）场景 2：便民医疗（图 2）。该场景设置 2 大模块，多场景查询指引地图提供全区 104 家基层医疗机构、88 家普陀区药店分布、9 家数智药柜、21 个 AED 设备分布信息查询服务，可查询信息包括地址、联系电话、业务标识信息及导航服务。并集成省级优秀应用，如“浙江健康 e 生”“浙里护理”等，实现无缝跳转，提供慢病线上复诊配药、便捷就医挂号、疫苗预约等健康服务。

（3）场景 3：慈善救助（图 3）。实时公示所有救助、捐赠信息，开发定向募捐等功能，提供捐款通道，聚焦民政、慈善总会、卫健局等多部门协同，以“健康方舟”为平台对接海岛支老、低保低边等系统，重点围绕重大疾病救治、孤寡老人、因病返贫家庭帮扶等解决精准救助问题。

（4）场景 4：海岛急救（图 4）。该场景下设置 2 个模块，“海岛一键呼救”探索海岛呼救快速便捷模式，海岛居民通过“海岛一键呼救”，结合手机定位可直接联动最近乡镇卫生院，将呼救服务范围延伸到悬水小岛，并提供海岛急救地图：提供附近医疗机构和 AED 分布查询地图，支持地图导航和 AED 使用教程查询等功能。普通群众可通过“浙里急救”，通过手机定位，联动后台，一键呼叫 120，实现便捷急救。

图 2　便民医疗场景

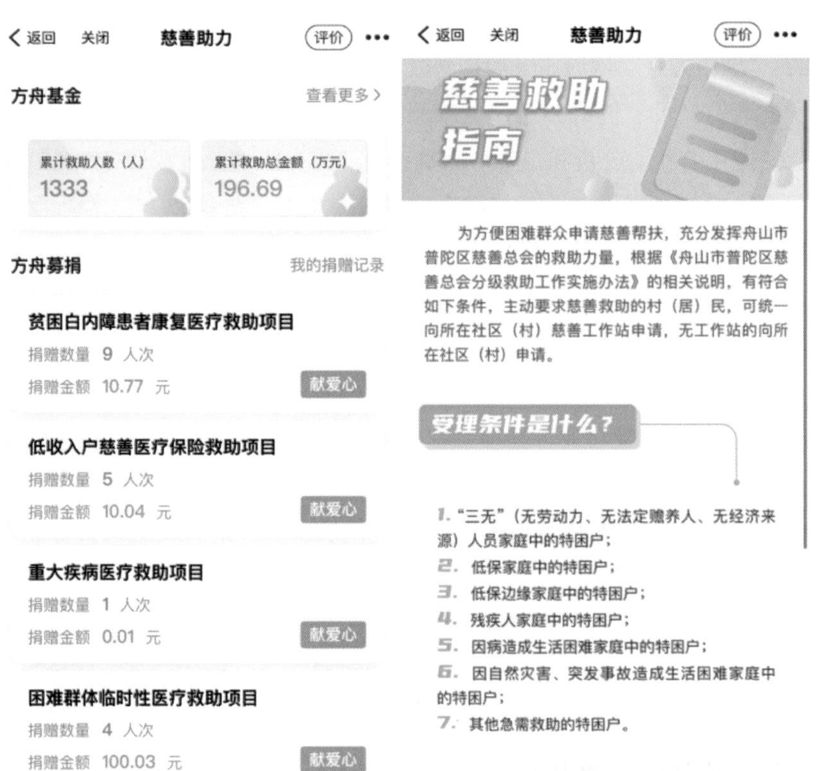

图 3　慈善救助场景

图 4　海岛急救场景

2.3.2 “健康方舟”健康服务数据驾驶舱

基于浙政钉建设“健康方舟”健康服务数据驾驶舱（图 5），对海岛老人的健康数据进行一体化监测、分析和预警，涵盖首页、方舟画像、健康服务、便民医疗、多跨协同等多个模块，提供包括岛屿健康画像、个人健康画像、方舟体检、数字家医、预约购药、守护在线、慢病管理、药有保障、医疗资源统计服务、高发病率疾病统计服务、慈善救助统计服务等 20 余个数据展示，为政府决策和治理提供科学合理的数据支撑。

2.3.3 “健康方舟”PC 端管理后台

基于浙政钉 PC 端建设业务管理系统，以支撑“健康方舟”应用系统需求为核心，提供包括体检管理、医疗服务管理、用药管理、政策资讯管理、慈善管理、方舟管理、设备管理、居民健康信息统计等 10 余个功能模块，为政府各级管理人员和系统运营人员提供日常运营和运行监测功能（图 6）。

2.3.4 “健康方舟”移动端管理后台

基于浙政钉移动端建设业务管理系统，提供包含消息通知管理、体检管理、医疗服务管理、用药管理以及其他服务模块，助力管理者高效远程管理，随时随地查看信息以及操作系统，极大地提升工作的便捷性。

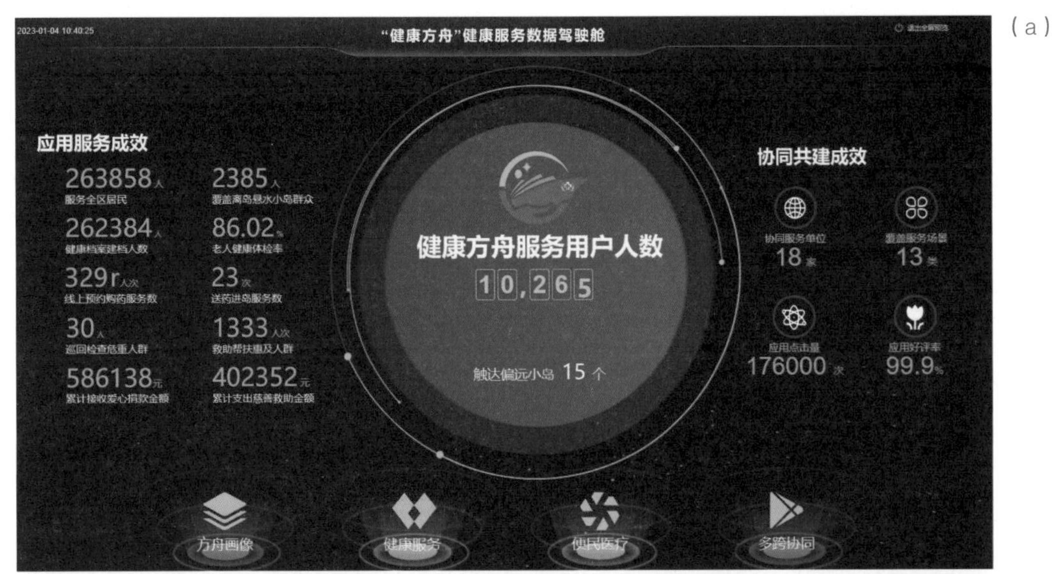

（a）

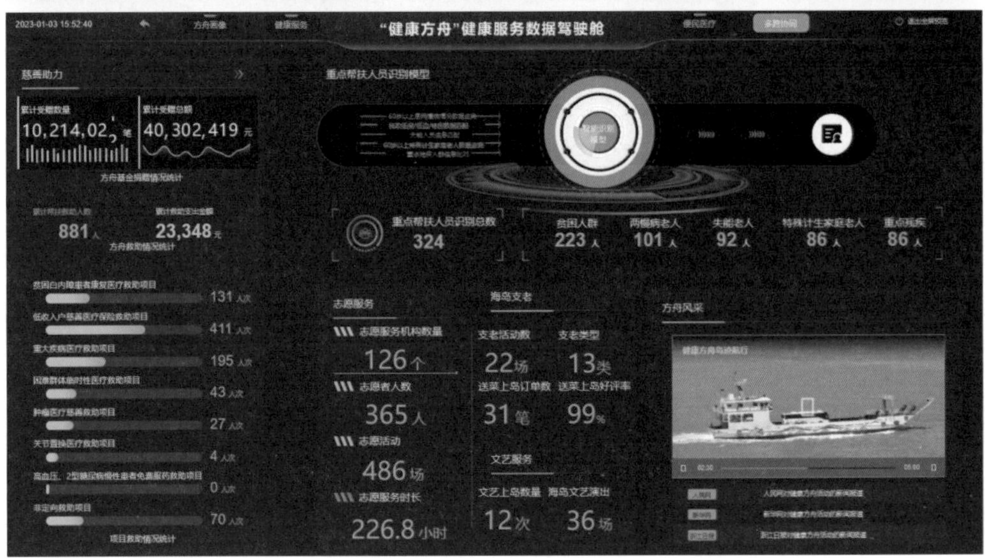

（b）

图5　健康服务数据驾驶舱

2.4　技术特点

如图8所示，“健康方舟”应用依托公共数据平台，按照四横四纵架构，基于两端形成了“1后台、4场景、1舱”的业务体系。

“健康方舟”应用的底层采用了自主研发的 hyperchain 系统。在区块链的基础架构共识、P2P、账本存储、合约执行引擎之上，平台还提供了一系列拓展技术特性，身份认证、隐私保护、多级加密机制等保证了平台的安全性，而消息订阅机制、可信数据源、数据管理、区块链治理等保证了平台的易用性。

（1）高效共识算法：平台采用 RBFT（robust Byzantine fault-tolerant，高鲁棒性拜占庭容错算法）高性能鲁棒共识算法，在保证节点数据强一致性的前提下，提升系统的整体交易吞吐能力以及系统稳定性，TPS（每秒处理交易数量）达到万级，延时可控制在 300ms 以内，同时平台可使用基于 GPU 的验签加速，进一步提升整体性能，

图 6　PC 端管理后台

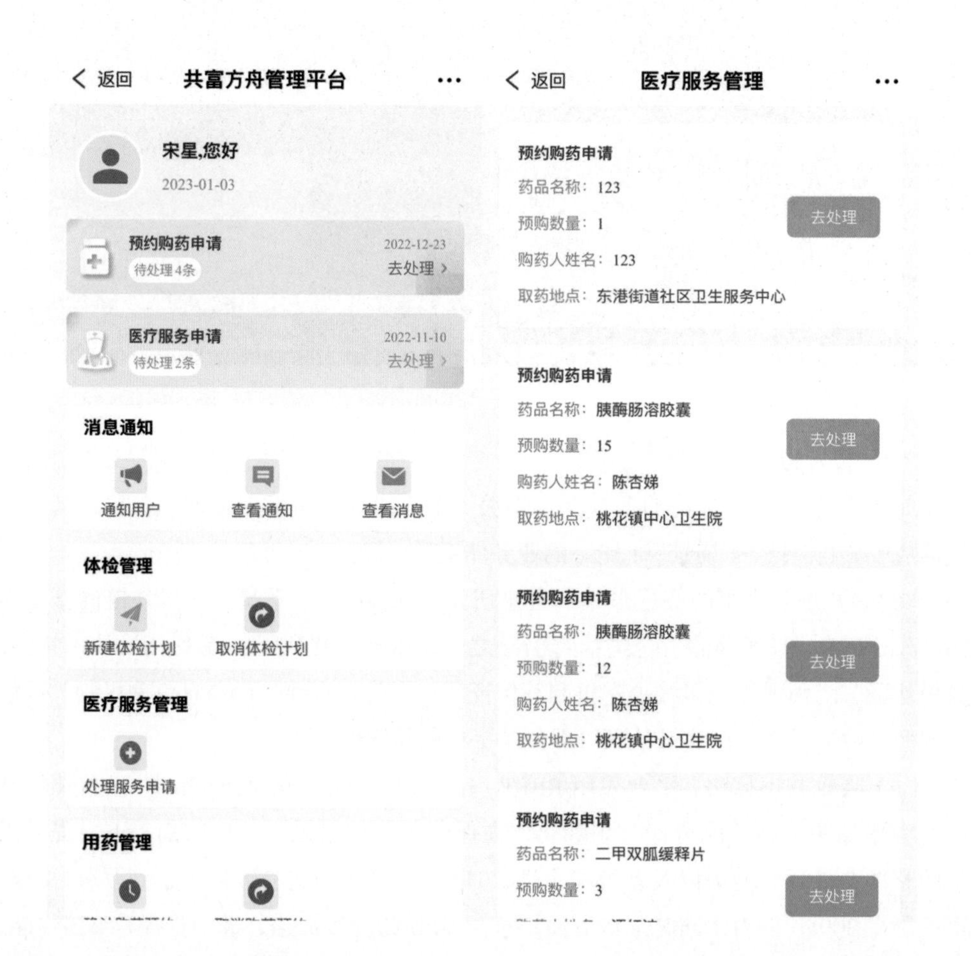

图 7　移动端管理后台

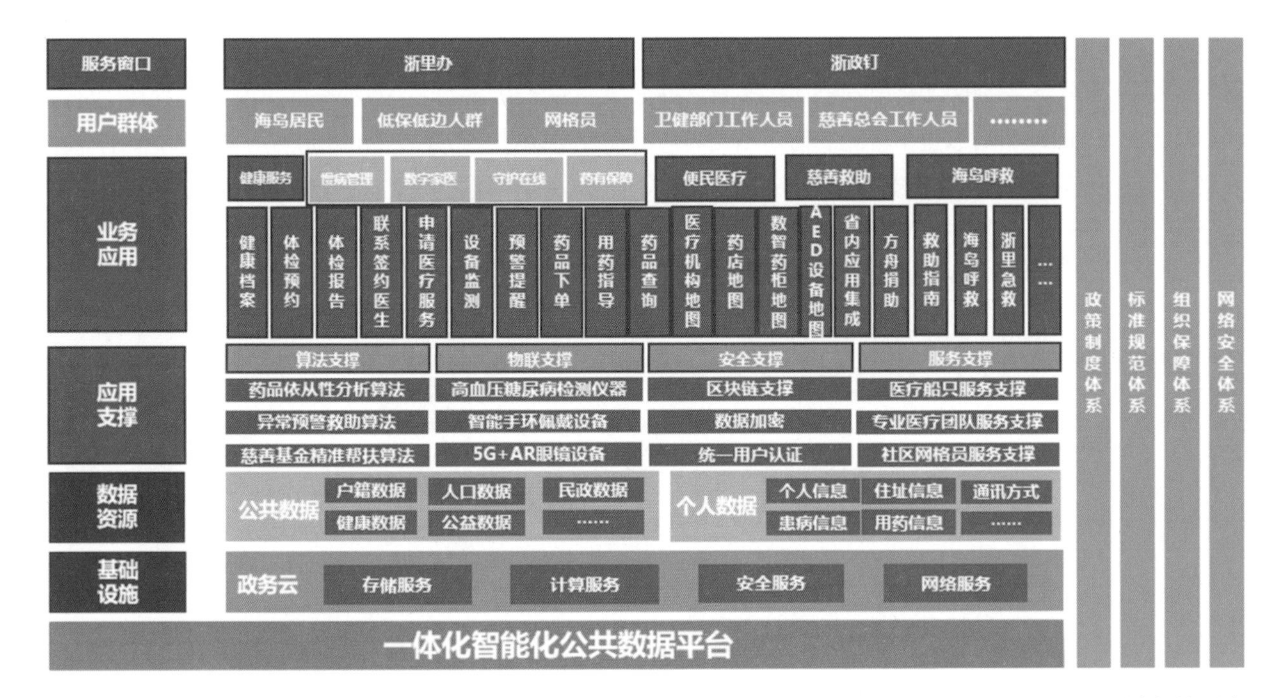

图 8 系统架构设计

充分满足区块链商业应用的需求，并且支持动态节点管理和失效恢复机制，增强了共识模块的容错性和可用性。同时平台也支持其他共识算法（如 RAFT）以适配不同的业务场景需求，也可通过配置以 SOLO（单机版）模式运行，方便本地部署开发测试。

（2）P2P 网络：P2P 网络是节点之间共识和信息传递的通道，是平台的网络通信基础。目前平台支持的网络协议包括 gRPC 和 QUIC。其中，gRPC 是一款开源的远程过程调用（RPC）协议，QUIC（quick UDP Internet connection）是一种基于 UDP 的低时延开源的传输层协议。

（3）账本存储：平台存储的数据主要有两类：①具有连续型特征的区块数据（包含交易、交易回执、区块头信息等）；②随机性较大的状态数据（主要为智能合约存储的业务数据）。根据数据类型的不同，平台设计了符合相应类型的存储模式。针对区块数据，平台设计了适用于连续型数据存储的区块链专用存储引擎 FileLog，针对随机性较强的 Key/Value 类型的区块链状态数据，平台选用具备很高随机写顺序读性能的存储引擎 LevelDB。

（4）智能合约引擎：平台支持 EVM、JVM、HVM 等多种智能合约引擎，是首个支持 Java 智能合约的平台，提供完善的合约生命周期管理，具有编程友好、合约安全、执行高效的特性，以适应多变复杂的业务场景。

（5）多级加密机制：采用可插拔的加密机制，对于业务完整生命周期所涉及的数据、通信传输、物理连接等方面都进行了不同策略的加密，通过多级加密保证平台数据的安全，而且完全支持国密算法。

（6）隐私保护：平台提供了基于命名空间（namespace）的分区共识和隐私交易

两种机制实现隐私保护。其中分区共识将敏感交易数据的存储和执行空间隔离，允许部分区块链节点创建属于自己的分区，分区成员之间的数据交易以及存储对其他分区中的节点不可见。而隐私交易通过在发送时指定该笔交易的相关方，该交易明细只在相关方存储，隐私交易的哈希在全网共识后存储，既保证了隐私数据的有效隔离，又可验证该隐私交易的真实性，实现交易的可验不可见。

（7）联盟自治 CAF：在联盟链网络中创建联盟链自治成员组织，通过提案和投票的形式在组织内部表决联盟中的状态行为，如系统升级、合约升级、成员管理等，提供了一种有效的链上治理模式。

（8）身份认证：平台通过 CA 体系认证方式实现了联盟成员的准入控制，支持自建 CA 和 CFCA 两种模式。

（9）可信数据源：区块链是一个封闭的确定性的环境，链上无法主动获取链外真实世界的数据，平台引入 Oracle 预言机机制，支持将外界信息写入到区块链内，完成区块链与现实世界的数据互通。

（10）消息订阅：平台提供统一的消息订阅接口，以便外部系统捕获、监听区块链平台的状态变化，从而实现链上链下的消息互通，支持区块事件、合约事件、交易事件、系统异常监控等事件的订阅。

（11）数据归档：为解决区块链中块链式存储数据无限增长的问题，平台通过数据归档的方式将一部分旧的线上数据归档移到线下转存，同时提供 Archive Reader 用于归档数据浏览。

（12）数据可视化：为方便用户实时查阅区块链上的合约状态数据，平台提供了一个数据可视化组件 Radar，能够在区块链正常运行的同时将区块链中合约状态数据导入到关系型数据库（如 MySQL）中，使得合约状态可视化、可监控，方便商业应用的业务统计和分析。

（13）网络管理：区块链是由节点参与的分布式系统，平台支持网络自发现，使得每个节点只需要配置相邻节点的 IP 地址即可，其他节点可通过网络发现机制获取相应的网络配置，从而简化整体网络配置的复杂度，提供更为灵活的组网模式。同时，平台支持网络消息跨域转发，通过自适应路由，不同网络域之间的消息传输可通过跨域节点转发来实现，从而满足特定复杂网络拓扑场景的需求。

（14）热备切换：热备节点（candidate validate peer，CVP）作为区块链网络中共识验证节点的热备，可动态替换该共识验证节点而不影响整个网络正常运行。

2.5 应用亮点

1）创新优势

（1）打破地域壁垒，补齐海岛健康服务短板。“健康方舟”项目建成前，居民需要出岛进行体检、就医、买药等服务，行动成本高，建成后以配备专业医疗团队的船只为服务载体，实现优质医疗资源与基层医疗机构互联互通，帮助基层补齐短板，提升群众满意度。

（2）重塑业务流程，增强海岛健康保障能力。“健康方舟”项目将区卫健局的“共享药房”与区市场监管分局的“普药惠民”整合升级，开设“药有保障”模块，为小岛老年群众提供常用药品预购配送服务、购药查询功能，实现配药不出岛。同时应用基于远程守护设备及时感知意外，居民发生健康紧急情况时，无须发出请求之后才能启动急救流程，有效提升医疗急救速度，增强海岛健康保障能力。

（3）改变传统模式，提升海岛健康救助水平。“健康方舟”项目充分发挥慈善第三次分配作用，建立“健康方舟”冠名定向慈善资金（或慈善信托），鼓励社会各界慈善力量参与“健康方舟”健康服务。同时设置定向捐赠，进一步加强对弱势困难群体救助，建立健全与财政、民政、残联等部门的信息共享机制，筛选出重点帮扶名单，在救助人群看病购药的时候予以一定金额的减免帮助，降低群众治疗成本。

（4）聚焦数字赋能，搭建海岛健康智慧体系。“健康方舟”项目建成前，受部门壁垒、区域限制以及门户之争等影响，不同系统间的兼容性和集成性成为很大问题，导致数据共享水平不高。建成后，通过建立开放的智慧系统，强化应用场景多跨协同，打通当前各个“数据孤岛”，推动信息化社会治理提档升级，打造可复制、可推广的海岛健康服务新模式。

2）突出成果

（1）巡回医疗增强海岛健康服务能力。以方舟为平台，实现省级优质医疗资源与基层医疗机构互联互通，帮助基层补齐短板，提升群众满意度。2022 年，共开展行动 8 次，服务 10 个海岛。老年人健康体检率达 86.2%，相比 2021 年提高了 18.2%，两慢病患者的家庭医生签约率分别提高了 19.9%、21.1%；通过巡回服务检查出危重病患者 30 余人，均得到及时治疗。

（2）创新服务提高海岛健康保障水平。行动实施以来，共开展海岛医疗包船转诊 76 次，同时利用高科技设备，有效解决海岛特殊气候条件危急重病患者就地抢救难的问题。开设海岛“药有保障”应用场景，集成普药智搜、预约购药等功能，可配送医保药品达 600 余种。目前完成线上预约购药 300 余人次，提供“送药上山进岛”服务 30 次。共开展慈善救助 1 333 人次，救助金额达 196.69 万余元。

（3）数字赋能强化应用场景多跨协同。开发“健康方舟”应用，方便群众查看健康档案，形成个性化健康画像的同时，还能实现数字家医、慢病管理、守护在线等 7 类应用场景的功能操作，打造可复制、可推广的海岛健康服务新模式。自上线以来，应用点击量达 17.6 万次，好评率达 99.99%。

（4）获得社会各界广泛认可。浙江省政协副主席蔡秀军、省卫健委副主任曹启峰出席项目启动仪式，相关成效被人民网（《“共富方舟”首航来到葫芦岛》）、新华网（《舟山普陀行动“共富方舟・健康守护”行动》）、经济日报（《浙江普陀补齐海岛健康服务短板》）、浙江日报（《以前乘船搭车去体检，现在家门口就能看病》）等广泛宣传报道。

3 应用前景分析

3.1 战略愿景

习近平总书记强调要把保障人民健康放在优先发展的战略位置，坚持基本医疗卫生事业的公益性，聚焦影响人民健康的重大疾病和主要问题，“健康方舟”平台建设项目以习近平新时代中国特色社会主义思想为指导，深入贯彻党的十九大和十九届二中、三中、四中全会精神，贯彻落实党中央、国务院决策部署以及数字浙江实施方案，坚持新发展理念，积极推动优质医疗资源均衡布局，建设浙江高质量发展共同富裕示范区。

3.2 用户规模

今年以来，共计开展行动 8 次，抵达 10 个偏远小岛海岛，应用点击量达 17.6 万次，好评率达 99.99%。

实现了更全面的健康守护：十岛老年人健康体检率达 86.2%，相比去年提高了 18.2%；两慢病患者的家庭医生签约率分别提高了 19.9%、21.1%；通过巡回服务检查出危重病患者 30 余人，均得到及时治疗。更有力的药品保障：完成线上预约购药 300 余人次，提供“送药上山进岛”服务 30 次，特定人群服药全年可减免每人 350 元。更及时的应急救援：行动实施以来，共开展海岛医疗包船转诊 76 次，同时利用高科技设备，有效解决海岛特殊气候条件危急重病患者就地抢救难的问题。更精准的慈善救助：共开展慈善救助 1 333 人次，救助金额达 196.69 万余元。

3.3 推广前景

“健康方舟”遵循“小切口”带动“大场景”的工作思路，立足问题导向、监督靶向，大胆探索创新，通过设备、数据、模型和应用融合的方式，构建了移动便捷的公共健康服务新模式，具有可传播性和可扩展性。在“健康方舟”高效运用、特色场景的谋划推进上探索更多创新实践，围绕山村老人、驻岛官兵、送菜进岛等特色治理场景，推广特色应用。

3.4 产能增长潜力

1）节约建设资金

“健康方舟”通过整体建设，将原先需要大量人力以及专业知识才能完成的卫生健康服务工作转化成系统的数据分析和智能推送，有效地减少了人员投入，大大降低了运行管理成本。

2）减轻各部门负担，降低管理和服务成本

“健康方舟”项目将卫健局、大数据中心、交通局、市监局、慈善总会等部门数据进行整合，避免了各部门对同类数据的重复填报和统计，大大减轻了各部门负担，降低了管理和服务成本。同时显著提高海岛居民医疗服务效率，有效降低管理成本。

4 价值分析

4.1 商业模式

“健康方舟”应用慈善救助模块提供慈善捐款渠道，个人、公司以及其他组织都可通过平台进行捐赠，捐赠的资金将进入慈善总会的账户形成“健康方舟”项目专项资金，秉承“善款善用、善款慎用、善款会用”的原则，可以反哺应用，为应用实现免费方舟体检、免费健康管理、免费医生服务等提供支撑；同时反哺社会，把安老、济困、大病救助作为慈善的重点工作，确保所募集的善款全部用在刀刃上，营造良好的慈善氛围，创造和谐共富社会。

4.2 核心竞争力

（1）“健康方舟”应用由舟山市普陀区卫健局牵头建设，区政府配套出台《普陀区“共富方舟”健康服务工作实施方案》《普陀区“共富方舟”慈善基金管理办法》等5项制度，对应用实施以及推广提供了强有力的支撑。

（2）创新数据共享机制，归集健康数据不少于9大接口项、25小类，建设健康指数5类以上，统一各部门数据归集标准和流程，实现自动化数据上传，多部门数据共享，重点体现系统信息化集约及便利性，借助方舟平台完成多系统多数据归集，并联动已上线的区级特色应用（民政局海岛支老、市监局普药惠民），申请省级应用数据回流（浙江省农村文化礼堂数据管理平台、志愿浙江等）以及利用健康监测设备系统，实现部门间应用成果融合共享。

（3）健全数据库支撑体系，对接完善IRS人口基础信息库，推动完成普陀区全区重点帮扶人群健康档案建设，实现了业务数据化管理和数据资产化管理，加速完成数字化转型。

4.3 产业促进作用

1）惠民：有助于医疗卫生服务模式创新，提升海岛居民幸福感

“健康方舟”项目建设围绕全民优质高效共享健康服务的目标，坚持目标导向、问题导向、结果导向有机统一，深挖海岛群众需求，不断提升用户体验，突出全人群、全方位、全生命周期和健康全过程，进一步优化海岛数字化医疗健康环境，推动健康服务更加优质、均衡、普惠，通过健康服务、便民医疗、慈善救助、海岛急救等便民化服务重塑医疗业务流程，切实解决海岛群众看病烦、配药难、急救慢、看病贵等痛点难点问题，提升群众获得感。

2）惠医：有助于建立健全上下联动、分工协作的分级诊疗体系

“健康方舟”项目将纵向贯穿区级医院专家、签约医生团队、网格管理员、责任医生等群体，构建信息化环境下的多级联动的医疗卫生服务协作体系，显著提升海岛基层服务能力，引导和推动优质医疗资源下沉，推进基本医疗服务均等化，构建合理有序的分级诊疗格局，通过设置方舟体检、数字家医等功能模块解决海岛群众看病难、看病远的难题，促进医疗分级制度真正落地和实施。

3）惠政：有利于建立基于医疗健康大数据的监测和预警体系

“健康方舟”项目采集和汇聚海岛居民健康医疗大数据，建设统一权威、高效实用、安全可靠的区域“互联网＋医疗健康”驾驶舱，全面形成“用数据说话、用数据管理、用数据创新、用数据决策”的政府工作机制。通过全人群健康画像和精细化分类个人画像，合理运用大数据及健康专业建议，找出某个区域内影响居民健康的具体因素，然后有针对性地进行科学干预，对基层“两慢病”管理进行查漏补缺，推动卫生健康治理体系和治理能力现代化。同时依托大数据联合其他行政管理部门，开展部门协作，提升政府突发公共卫生事件应急管理综合保障能力。

4）夯基础：有助于形成互联互通、可持续的区域医疗健康数字化体系

数字化建设是一个长期化、系统化的工程，“健康方舟”项目建设有利于构建海岛群众医疗健康信息汇集的统一数据中心，减少信息孤岛，借助平台和应用体系的建设与完善，通过践行标准、总结模式、完善机制，提升卫生健康综合治理能力，同时有利于形成普陀区海岛卫生信息互联互通的优良基础，也为普陀区乃至舟山市健康数字化建设奠定了良好基础。

供稿企业：杭州趣链科技有限公司

区块链危化安全生产软硬件一体化智管平台

1　概述

杭州宇链科技有限公司成立于2018年，总部位于杭州，2021年、2022年连续两年荣膺独角兽企业100强，是浙江清华长三角研究院杭州分院重点投资孵化的区块链技术公司。宇链科技专注于危化安全生产领域，依托核心技术能力打造了区块链智能门锁、可信巡检设备、区块链执法记录仪等多个可信硬件；危化安全生产企业智管平台等主要产品，在易制毒易制爆危化品等企业的安全生产管理上发挥重要作用。其中区块链数据安全模组内嵌了宇链区块链安全芯片，实现了产业链关键领域的“填空白”和“补短板”。平台是全球首个“芯片＋云＋链”的落地架构，解决危化品安全生产场景下的可信体系，打造软硬一体的危化品全流程闭环管理解决方案。方案应用自主研发的区块链安全芯片及宇链联盟链，实现详细的危化品生产巡查、抽查、采购、申领、出入库、使用、管理、储存等全场景数据上链，解决了从物理世界数据采集到数字世界数据存储的全流程可信难题。

目前，宇链主要产品已成为海康威视、德邦物流的直接配套，并且已落地20个区县公安客户及八百多家危化品企业客户。

2　项目方案介绍

2.1　需求分析

（1）危化品管理缺乏完善、数字化的管理制度。目前，我国危险化学的登记相关制度虽然已出台，但一些企业并未将其应用于实际管理中，主要与企业管理人员有关，其为追求经济效益，忽视了安全生产重要性，甚至将安全管理作为应付上级检查的手段，各种制度和规范仅流于形式，得不到切实落实，还有的管理人员觉得登记可有可无，不会影响企业生产，抱有侥幸心理。

（2）安全教育培训力度不够。化工企业中，不管是化工企业管理人员，还是操作人员，均需加强安全意识，学习安全知识，降低或规避安全隐患。有些企业为追求利益最大化，片面追逐经济利润，对员工技术、安全教育培训缺少重视，操作人员安全教育欠缺，如若遇到有毒液体泄漏等危险情况，将会不知所措，不知道怎样应对，无法将危险降到最低，使事态严重化，得不到控制。为此，企业应对员工加强安全知识教育培训，将风险控制到最低。

（3）缺乏危险化学品管理应急能力。很多危险化学品都易燃易爆，且有毒有害，因此，不管是生产、运输还是存储，都具有较强的危险性，稍有不慎就会发生安全事故。如果发生事故，将会对人体健康和生命安全造成威胁，并损害设备，污染环境。但是，相关危险化学品企业没有组织人员进行有针对性的急救演练。事故发生时，他们往往不知所措，因此事故控制的最佳时期被推迟。此外，各级环保部门无法及时有效地检测化学特征污染物，建立的化学环境风险预警系统和应急响应平台也缺乏科学性和合理性，危险化学品环境风险评价体系尚未建立。危险化学品环境管理机构和人员难以满足实际工作需要，化学品全过程环境风险难以防控。

（4）安全生产监督管理缺乏抓手。危险物品监管呈现“两多两高一大”特点，主要是涉及物品种类多、监管履职部门多、日常风险隐患高、社会舆论关注高、产生后果影响大，传统监管模式存在一定隐患风险。由于我国安全管理机构组建时间较晚，从事安全管理科技人员欠缺，设计过于陈旧，加之科学技术发展水平滞后，因此，安全隐患问题经常发生。还有些企业对危险化学品管理力度不够，特别是一些民营企业，企业领导安全意识不足，为追究经济效益，疏忽安全管理，规章制度不健全，奖惩制度不明确，致使很多操作人员乱钻空子，未意识到安全生产的重要性。一些企业领导安全意识薄弱，为减少资金投入，解除了安全管理监督部门，减少了相关安全技术人员，导致安全事故发生的概率增加。

2.2 目标设定

近几年来，随着化学工业的快速发展，我国危化品事故频发，从 8·12 天津港瑞海公司危险品仓库特别重大火灾爆炸事故到 3·21 江苏响水化工厂特别重大爆炸事故等各类危化品燃爆事故，对我国经济建设和人民生命财产安全造成极大的影响。国务院办公厅印发《关于全面加强危险化学品安全生产工作的意见》中提出将涉恐涉爆涉毒危险化学品重大风险纳入国家安全管控范围。

危险化学品生产过程中具有易燃、易爆、易中毒等特点，一旦在生产使用运输过程中出现纰漏，一个微小的操作失误都可能引发火灾、爆炸、中毒和烧伤等安全生产事故。

企业对政府监管制度条例理解不深，各种规章制度未能建立健全，或没有得到有效的落实和执行，所配备的安全监管人员缺乏系统有效的责任监督与执行力度。生产人员的安全意识和操作技能参差不齐，严重增加了安全生产中事故的发生率。

企业内部安全隐患突出，数字化程度低，企业第一安全责任人缺乏精细化管理抓手，急需从人工向数字化管理进行转型。

与传统模式相比，危化安全生产企业智管平台可有效提升应急管理工作的前瞻性和科学性，配合安全管家系统，通过“一张图”决策者可以在短时间内有效掌握情况、提出应对策略，做到“来源可查、去向可追、规律可循、责任可究”，从重大危险源、尾矿库、高风险作业场所，到小微企业园、高危企业，把这些风险点接入安全生产风险监测一张网，形成精密智控合力，有效降低事故发生率。

（1）实现产业升级。利用物联网、大数据、云计算、人工智能（AI）、5G等新一代信息技术，实现企业安全管理的数字化转型升级，形成从数据到分析、从分析到决策的闭环逻辑，提升制造业企业信息化、数字化水平。

（2）降低安全事故率。通过人工智能算法，大数据分析实现全时段、全流程、全要素的智慧化、精细化安全管控，有效识别隐患，提升安全事故隐患检出率，风险关口前移，实现分级分类预警与处置闭环，非计划停产事故率降低80%。

（3）节省安全管理成本。由人工智能算法代替人工巡检，实现安全监测无人化以及大数据分析自动生成安全管理报表，节省企业50%的用人成本。

（4）优化企业安全管理体系。围绕企业安全体系，通过系统规则推动，规范安全管理操作流程，构造科学的安全模式，落实全员安全生产责任，增强工作人员的安全管理意识，提高管理水平，落实安全管理工作。

（5）数字化助力精准监管。以信息集成平台为基础，整合各业务部门的相关信息数据，实现数据的集成、共享，应用于日常的应急监控业务体系，精准管控重大风险。

2.3 建设内容

通过数据库和大数据挖掘技术的综合应用，整合剧毒危化品信息资源，完善并建立信息资源库，对剧毒危化品信息进行规律分析、特征分析、专题挖掘、预警控制分析、涉恐涉稳分析，为剧毒危化品监管部门全面管控剧毒危化品提供辅助决策与技术支持。

主要应用场景：

（1）危化品安全生产。基于区块链创新技术，对危险化学品生产、经营、储存、运输、使用等全生命周期信息进行综合管理，支撑协同应急处置，对各环节进行全过程信息化管理和监控，实现危险化学品来源可循、去向可溯、状态可控，支持对危险化学品存量、用量以及危险化学品安全技术说明书（MSDS）等信息文档电子化管理。

建设智能巡检系统，实现巡检、巡查全过程数字化管理，管理人员根据工艺流程图、数字化交付资料、风险分析单元划分、隐患排查清单、岗位安全风险责任清单等，分角色制定巡检任务、规划巡检路线，匹配巡检清单及制度规范。巡检人员通过移动终端自动获取巡检任务要求，实现内外操作人员、管理人员、企业各个信息化系统间共享巡检数据。

（2）设备预测性维护。使用计算机，依赖数据、智能来替代人力以跟踪和评估设备的性能，发现并诊断设备的潜在故障，自动触发工单，工单包括技改、保养、维修的工单，更多的是在设备出现性能偏离之前，在出现故障、隐患的萌芽阶段，主动干预、改良，以保养为主、维修为辅，来保持设备的核心性能，减少设备非计划的停机、频次和时长，让设备在设计生命周期内，更加健康、出勤率更高。

以全生命周期为主线，预防性维护为中心，兼顾设备档案、备品备件的管理，同时引入物联技术实现设备状态的实时监控与故障预警，帮助企业实现设备的规范化、科学化、智能化管理，降低设备故障率，保持设备稳定性，实现企业资产效益的全面提升。

2.4 技术特点

在该项目中，基于区块链底层平台并结合 GIS 地理信息系统建立应急指挥平台，打通企业与政府部门的数据连接以及企业内部各部门、单位间以及独立的信息系统平台的壁垒，实现数据的集成、共享，应用于日常的应急监控业务体系，并为重大突发事件的指挥调度和决策分析、指令下达提供空间分析和决策支持，同时通过集成物联网设备设施，实现重要参数的可视化实时监控，具体包括以下功能：

（1）一企一档。帮助公安、应急部门建立企业“一企一档”信息数据库，具体包括企业安全相关证照和报告信息、生产工艺基础信息、设备设施基础信息、企业人员基础信息、第三方人员基础信息管理，便于政府监管部门或企业领导快速掌握企业关键信息数据。

（2）重大危险源管理。帮助应急部门及企业建立重大危险源管理系统，主要包括实现重大危险源主要负责人、技术负责人、操作负责人的安全包保履职结构化电子记录，做到可查询、可追溯；汇聚现有储罐、装置、危化品库等处的液位、温度、压力和可燃有毒气体浓度的实时监测数据、报警数据，实现报警监控、报警管理、运行监控、报警处置、报警分析、短信通知、设备管理、预警管理等功能；集成企业内视频监控画面信息，实现重点场所、关键部位（如重大危险源现场）的监控视频智能分析，支持实现火灾、烟雾、人员违章（中控室脱岗、睡岗）等进行全方位的识别和预警；基于风险预警模型，分为重大风险（红）、较大风险（橙）、一般风险（黄）、低风险（蓝）四个级别，实现重大危险源安全风险的实时评估分析和展示、预警信息及时有效处置和闭环管理；支持重大危险源的安全评价报告、SIL 等级评估报告和重大危险源专项督导检查问题隐患相关数据，实现重大危险源的安全文档电子化存档、查阅功能。

（3）危化品管理。帮助公安、应急部门建立对危险化学品生产、经营、储存、运输、使用等全生命周期信息进行综合管理系统，支撑协同应急处置，对各环节进行全过程信息化管理和监控，实现危险化学品来源可循、去向可溯、状态可控，支持对危险化学品存量、用量以及危险化学品安全技术说明书（material safety data sheet，MSDS）等信息文档电子化管理。

（4）特殊作业许可与作业过程管理。帮助应急部门及企业建设特殊作业许可与作业过程管理系统，将特殊作业审批许可条件条目化、电子化、流程化，并通过信息化手段对作业全程进行过程和痕迹管理，从而实现特殊作业申请、预约、审查、安全条件确认、许可、监护、验收全流程信息化、规范化、程序化管理，支持同园区及上级监管部门的数据互通。

（5）风险分级管控和隐患排查治理管理。以风险分级管控和隐患排查治理双重预防体系建设为契机，基于《危险化学品企业安全风险隐患排查治理导则》，结合企业实际生产工艺特点，发动全部职工开展岗位安全风险辨识，建立企业各岗位风险清单；按照可能性与后果严重程度将风险清单进行分类分级，按照职责层级与岗位不同，细化各层级安全管理人员、操作人员的安全风险责任清单，并与管理人员、操作人员巡检系统相结合，通过智能化巡检，构建风险分级管控和隐患排查治理的闭环管理系统，与企业日常安全管理工作深度融合，压实操作员、技术员、班组长、车间主任、厂长、董事长等各级岗位责任，实现风险分级管控和隐患排查治理“最后一公里”落实。

（6）智能巡检。帮助公安、应急、企业建设智能巡检系统，实现巡检、巡查全过程数字化管理，管理人员根据工艺流程图、数字化交付资料、风险分析单元划分、隐患排查清单、岗位安全风险责任清单等，分角色制定巡检任务、规划巡检路线，匹配巡检清单及制度规范。巡检人员通过移动终端自动获取巡检任务要求。支持巡检人员按规定时间、规定位置、规定要求完成数据采集，并将设备设施运行状态、设备设施故障以及各类安全生产隐患等信息实时传输回管理后台，从而实现内外操作人员、管理人员、企业各个信息化系统间共享巡检数据。

（7）设备安全管理。帮助企业建立设备全生命周期管理系统，基于工业物联网和人工智能技术构建设备的健康状态实时监控、故障预测和预警管理系统。通过智能监测设备实时监测设备运行的温度、振动、噪声、磁通量等关键参数，开发设备运行状态监测信息系统和建立远程诊断预警中心，从而实现机组振动严重、旋转不平衡失速、储罐渗漏、管道腐蚀、轴承损坏等设备异常工况和失效风险提前报警，转变传统的被动维护、周期性维护和预防性维护为预测性维护，避免停机生产损失、过剩检维修、超量备件储备、过度依赖个人经验，有效减少设备故障，遏制因设备失效引发事故，确保设备服役期间安全可靠长周期运行。

（8）人员定位。帮助企业建立人员定位系统，通过布设多个定位基站与人员携带的信号标签进行通信的方式，结合人员定位算法，计算出信号标签的位置，根据企业实际应用场景建设基站布局合理、定位精度准确的人员定位系统，实现接收与发送报警信息、可视化展示、人员数量统计分析、人员活动轨迹分析、存储和查询等功能，并支持人员在异常情况下实时一键报警。

（9）培训管理。帮助企业建立在线安全教育培训管理系统，根据岗位、职责不同，结合员工的学历、从业经历、特种作业资质等情况，设置相对应的培训考核内容；通过自动积分及奖惩机制，激发企业全员职工积极主动学习，从而实现全行业全员的安全能力提升。

（10）应急管理。帮助应急及企业建立应急指挥平台，实现应急人员、应急物资、应急专家等信息电子化以及应急预案机构化管理，同时集成视频监控系统、融合通信系统、人员定位系统等系统，覆盖应急管理的预防、准备、响应、恢复全部 4 个阶段，实现应急处置辅助资料的精准推送、应急资源的实时更新、应急救援的智能决策、应急队伍的快速联动和应急过程的全程记录。

2.5 应用亮点

区块链危化安全生产软硬件一体化智管平台通过 AI 分析技术，实现智慧化管理，如当前民爆物品管理中，主要依靠人工查阅监控发现违规问题，使用 AI 技术自动识别后，异常情况捕获率将是人工效率 6 倍以上；结合二维码、RFID 标签、区块链安全芯片等物联网技术，对危险物品开展全生命周期管理，物品流向清晰度提升 85% 以上。

平台采用四层架构（图 1）：

图 1　四层架构图例

（1）数据源层。采用了视频监控数据、物联感知数据、第三方系统对接数据以及人工填报数据等多种数据资源。

（2）安全支撑平台。建设可信物联平台实现物联设备数据的统一接入、管理、汇聚；建设 GIS 地理信息平台，构建数字孪生，实现属性数据、实时监测数据上图展示，便于直观查看和应急指挥；建设区块链平台，实现隐患整改记录、安全事故记录、违规操作行为等关键数据的可信存证；建设 AI 智能分析平台，用机器替代人工实时监管，有效解决企业多、监管力量不足问题，实现实时监控、自动发现、主动预警，改变以往安全管理“事后处理”的模式，预防为主、关口前移，防患于未然。建设大数据分析平台，提供了多种风险评估模型以及预警建模算子，实现风险的专业量化评估，辅助应急决策与预警处置。

（3）数据中台层。结合网络通信技术、数据传输技术、数据存储技术、数据分析模型，实现数据的统一处理、存储和应用。

（4）应用层。实现重大危险源管理、隐患排查治理、风险管理、人事风险管理、特殊作业管理、安全检查、安全培训管理、设备安全管理、预警管理等全方位安全闭环管理，构建涵盖人、机、料、法、环的全方位安全管控体系。

3 应用前景分析

3.1 战略愿景

目前，我国危化品行业安全生产管理面临设备的安全及可靠性、信息难以共享和协同合作、业务复杂、数据孤岛、安全生产责任险投保率低等难点，强制监管需求将催生大量的现实应用。

为贯彻落实习近平总书记关于“深入实施工业互联网创新发展战略”“提升应急管理体系和能力现代化”“从根本上消除事故隐患”的重要指示精神，国家有关部门发布了《“工业互联网 + 安全生产”行动计划（2021—2023 年）》，并修订了《安全生产法》，推进新一代信息技术和危险化学品安全生产深度融合，实现数字化转型、智能化升级，强化安全生产基础和技术创新能力，构建“工业互联网 + 危化安全生产”技术体系和应用生态系统，提升安全生产风险感知评估、监测预警和响应处置能力，排查化解潜在风险，牢牢守住不发生系统性风险的底线，为促进企业和监管部门安全管理数字化转型赋能。

公安部在 2020 年及 2021 年的全年工作规划中，均将“加快区块链技术应用”单列为年度工作重点，并着重提出“运用区块链技术探索对重大异常、安全时间的溯源追踪手段，完善执法监督系统中管理日志记录、事中监督、事后审计等工作，提升执法监督的真实性、可信度”。

3.2 用户规模

目前平台注册用户量已达到 78 812 人，节点覆盖数为 16，上链数据多达 5 920 438 条。

3.3 推广前景

1）经济价值

通过可量化的关键指标，描述应用企业在人、财、物、技术、时间、市场和新型竞争优势等方面获得的价值效益。

对企业来说，可以实现重大危险源管理智能化，结合设备设施信息数据库，拓展安全仪表等安全设施状态的实时监控；还可推动企业建立完善的企业安全信息数据库，纳入化学品安全技术说明书、工艺技术等项目，为实现数字化管理奠定基础。

直接经济价值：一般在企业中，人是最活跃的因素，因而会把人的因素作为安全预警管理的重点。这就有了人员培训、巡逻、值班的成本支出，通过平台，虽不能完全替代人力，但可以有效地减少这方面的人力支出。由人工智能算法 AI 分析数据综合研判代替人工巡检，实现安全监测无人化以及大数据分析自动生成安全管理报表，节省企业 50% 的用人成本。

间接经济价值：另外，也会有人力无法及时检查到位的情况，平台实时进行监控，避免了人员疏忽的问题，大大降低了风险的发生。

系统能够对企业实行监测和预警管理，建立安全管理监测平台。系统内部通过各种功能的联动达到监控在线检测的实时性与研判分析的快速反应的能力，提高对相关反馈现象以及数据的分析处理能力，有效控制企业生产管理的关键以及重要位置的风险性，为安全生产提供有力的保障，降低安全隐患和事故的发生。

2）转型变革

相较于传统巡检方法，通过基于区块链技术的可信巡检方法保障了巡检过程的数据有效性，同时实现可信的实时监管能力，降低管理成本，提升管理效率。在有事故发生时，可协同公信机构，根据区块链存证，有助于对事故进行追责定责。基于区块链创新技术，从源头上确保巡检数据可信，整个巡检任务过程可以完整溯源；基于安全芯片的安全保护，给巡检过程增加了巡检点位的确认能力；基于区块链技术和安全芯片的联合使用，将安全芯片内置密钥用于区块链交易的数字签名，保证了区块链上存储可信的巡检数据，做到巡检数据的不可篡改性。

平台落地后，对危化品储存使用、特殊作业各类风险点实行全天候、全过程、全维度管控，对企业潜在的安全风险做到早发现、早预警、早处置，真正做到对企业安全生产监管工作由“以治为主”向“以防为主”转变，由“被动管理”向“主动监管”转变，由“事后查处”向“事前防范”转变。减少了基层人员的工作量和人力需求，同时也降低了专业人员管理成本，可以通过系统远程监控，AI 大数据学习也会提前告警相关责任人，减少了实时监督的困难。

3.4 产能增长潜力

通过自主研发的区块链安全芯片，实现与各种硬件设备的连接，源头数据采集上链、数据的确权、不可篡改及追溯；同时提供数据协同平台、数据存储平台等基础设施，通过隐私计算，推进跨层级、跨部门、跨区域进行数据共享；融合包括大数据、人工智能等新一代技术，依托可视化展示，辅助管理人员完成分析决策。

随着工业数据应用深化，工业数据已逐渐成为企业转型升级的重要战略资源，但同时还存在信息孤岛、数据管理散乱、开发利用不深入、流通不畅等问题，直接制约了数据要素的价值发挥。企业需要着眼保障自身竞争优势、掌握自身数据资源的同时，提高战略、治理、架构、标准、安全、应用、质量、生存周期等方面的数据管理能力，消除企业在数据生命周期中的顾虑，不断加强数据开发利用，挖掘数据这一核心要素的创新驱动潜能，推动和实现数据、技术、业务流程、组织结构四要素的互动创新和持续优化。

平台配备后台管理系统，部署在宇链云 BaaS 平台上，是监管部门对辖区设施设备进行实时、有效、科学监管的应用载体，运用区块链、云计算、大数据等技术，基于区块链可信的数据作为支撑，实现详细的巡检信息的汇聚与管理，通过优化配置各方资源，提升巡检的可靠性，降低管理成本，增强监督服务质量，兑现管理效率，节约管理成本，为安全事业提供可信的大数据决策分析能力。

促进数据共享：利用区块链不可篡改、可溯源、数据加密等特性，将数据的指纹、权属信息、数据共享全过程记录上链存证，并结合隐私计算技术为跨级别、跨部门数据的互联互通提供安全可信的环境，协同多方链上链下数据，为政务部门打通数据孤岛、实现业务协同。

优化业务流程：借助区块链技术，进行数据确权，实现链上授权并全流程记录，保证每一份数据都有迹可循，保障数据流转安全；帮助应急部门及企业建立重大危险源管理系统，主要包括实现重大危险源主要负责人、技术负责人、操作负责人的安全包保履职结构化电子记录，做到使用全过程可查询、可追溯。

降低运营成本：可信数据多端即可查询，降低出警成本以及确权成本。

提升协同效率：实现了数据可用不可见，避免了敏感数据泄露问题。帮助公安、应急部门建立对危险化学品生产、经营、储存、运输、使用等全生命周期信息进行综合管理系统，支撑协同应急处置，对各环节进行全过程信息化管理和监控，实现危险化学品来源可循、去向可溯、状态可控，支持对危险化学品存量、用量以及危险化学品安全技术说明书（MSDS）等信息文档电子化管理。

通过数据库和大数据挖掘技术的综合应用，整合剧毒危化品信息资源，完善并建立信息资源库，对剧毒危化品信息进行规律分析、特征分析、专题挖掘、预警控制分析、涉恐涉稳分析，为剧毒危化品监管部门全面管控剧毒危化品提供辅助决策与技术支持。

4 价值分析

4.1 商业模式

平台拥有绝对领先、自主可控、相对成熟的技术，已迭代建设多个版本，完全适用于目前市场上绝大多数危化品安全生产，可向行业内推广使用。

目前区块链危化安全生产软硬件一体化智管平台已成为海康威视、德邦物流的直接配套，并且与杭州市公安局、宁波市公安局、昆山市行政审批局、焦作市场监督管理局、温州市公安局、嘉兴市公安局、台州市公安局、萧山区大数据局、百合花集团、三江化工、双箭股份、闰土股份、绿科安化学、康龙化成（绍兴）药业、皇马尚宜新材料公司、国邦药业、乐天化学（嘉兴）、帝斯曼中肯生物科技、诺力昂化学品（嘉兴）等20个区县公安及上千家危化品企业达成合作，前景广阔。

4.2 核心竞争力

围绕区块链技术、物联网技术、大数据技术、云计算等核心技术，已经申请并授权国内专利6项，申请国际专利“*A Blockchain-based Supervision System of Hazardous Chemical Production*”1项。其中包括外观专利“巡检盒”；实用专利“一种基于区块链的可信巡检盒”。

公司共申请软著包括《危化安全生产数字化区块链监管平台》《联盟链交易同步优化方法、计算机可读介质和电子设备》《基于区块链技术的电子设备数据可信采集并存证的方法》《赋能安全生产保险的隐私计算系统及方法》《基于区块链的物联网终端验证云端数据的方法和系统》《危化安全生产数字化区块链监管平台－分案》等22项，其中包括本平台。

本平台通过了华为云“沃土云创计划”方案认证，并被授予“华为云（ENABLED）”

“华为云鲲鹏云服务”及“华为云 Stack 8.0（鲲鹏）”技术认证书及认证徽标的使用权。与麒麟、统信操作系统等多种国产基础设施完成兼容性互认证，并被纳入统信桌面操作系统 V20 产品生态伙伴。

项目核心技术体系主要集中在区块链、隐私计算、可信硬件三个领域，打造了全球首个“芯片 + 云 + 链”的落地架构。目前核心技术与国内外同行业对比的大体情况如下：

在可信硬件（包括区块链安全芯片）方面，属于全球引领水平（有绝对领先优势）。提出了一种安全芯片结合区块链的签名生成和验证方式，数字化场景中的源数据多数通过物联网终端如各类传感器或服务端接口上传，认证机制比较简单，安全等级低容易造成数据安全的泄露，像层出不穷的摄像头被破解、服务器密码破解无一不体现着数据安全的重要性。数字化场景中如果无法保证数据源安全，则后续的一切工作都失去意义。而目前多数安全芯片机制较为简单，且多数依赖进口，无论从质量和安全上都无法做到自主可控。因此，需要设计一种适用多种场景、易集成开发的，能够与 RFID 技术、区块链技术协同，支持包括国密在内的多种密码学算法，能够保证数据采集可信、数据传输安全、数据隐私保护的安全芯片。

区块链 + 隐私计算属于全球领先水平（该行业尚处发展早期），区块链技术属于全国领先水平。在隐私计算领域，现有国产密码技术体系已经无法满足区块链的应用需求，本项目实现和现有国产密码安全参数保持兼容的一系列新型密码方案，适配区块链和隐私计算的标准方案。设计实现协同签名系统，依靠国密 SM2 签名算法，将个人证书的私钥进行分割，一部分保留在移动设备上，一部分保留在服务器上；两方进行协同签名才能对消息进行签名操作，通信双方均无法获取对方私钥因子的任何信息，攻击者在入侵其中任何一方的情况下，都不能伪造签名，从而提高私钥的安全性。同时，签名服务器介入，业务应用只验证签名的方式能够很好地保护用户隐私，又对监管方透明。

同时，在场景［区块链 + 工业数字化（含安全生产）］领域为开创者和绝对领先水平。多跨场景中“跨”的过程中保证不同地域、不同层级、不同部门之间建立一套轻量、灵活的协同机制，包括权限管理、多跨业务流程的配置与合约触发、通用数据消息协议、区块链对接、奖惩机制，本项目依赖区块链数据透明、可信的特点，通过业务流的方式构建一套适用多跨场景的政务服务链。

4.3 项目性价比

实现监管人力“降本增效”。通过软硬一体（区块链可信平台 + 前端物联网硬件）可实现全流程全链路可信的数据通路，可大大降低监管人员上门核查的频率，降低警力消耗成本，同时由于数据覆盖了危化品日常使用全流程、全闭环情况，监管范围扩大、监管效能提升。

以浙江某企业为例，2020 年共发生危化品违规事件 28 起，部分时间影响较为恶劣。通过建设危化安全生产工业互联网平台，自 2021 年 3 月危化品工业互联网平台投入使用之后，截至 9 月，危化品管理违规事件仅发生 2 起，有效提高了监管效率，达到降本增效的目的。

优化企业安全管理体系：围绕企业安全体系，通过系统规则推动，规范安全管理操作流程，落实全员安全生产责任。

降低安全事故率：通过人工智能算法，有效识别隐患，提升安全事故隐患检出率，风险关口前移，非计划停产事故率降低 80%。

节省安全管理成本：人工智能辅助安全巡检、安全监测，大数据分析自动生成安全管理报表，节省企业 50% 的安全管理用人成本。

4.4 产业促进作用

1）解决短板痛点

作为流程工业，在危险化学品领域推动工业互联网、大数据、AI 等新一代信息技术与安全管理深度融合，是推进危险化学品安全治理体系和治理能力现代化的重要战略选择，宇链危化安全生产数字化（区块链）监管平台的推出对于推进危险化学品安全管理数字化、网络化、智能化，高效推动质量变革、效率变革、动力变革，在“新冠”疫情时期具有十分重要和积极的意义。

通过工业互联网在安全生产中的融合应用，建立快速感知、实时监测、超前预警、联动处置、系统评估等新型能力体系，加速安全生产从静态分析向动态感知、事后应急向事前预防、单点防控向全局联防的转变，提升工业企业生产本质安全水平。

（1）建设监管平台。整合现有安全生产数据、平台和系统，构建企业级和行业级工业互联网安全生产监管平台，实现安全生产全过程、全要素、全产业链的连接和监管，具备安全感知、监测、预警、处置、评估等功能，提升跨部门、跨层级的安全生产联动联控能力。

（2）建设快速感知能力。围绕人员、设备、生产、仓储、物流、环境等方面，通过增加物联网设备、专业智能传感器、测量仪器及边缘计算设备，打通设备协议和数据格式，实时采集关键参数，构建基于工业互联网的态势感知能力。

（3）建设实时监测能力。通过物联网技术集成视频监控平台，有害气体检测平台以及底层控制系统、人员定位系统等实现关键工艺参数（温度、压力、液位）及视频画面数据等，实现安全生产关键数据的云端汇聚和在线监测。

（4）建设提前预警能力。基于工业互联网平台的物联网数据采集和海量业务数据，建立风险特征库、失效数据库，分行业开发安全生产风险模型，实现精准预测、智能预警和超前预警。

（5）建设应急处置能力。建设安全生产案例库、应急演练情景库、应急处置预案库、应急处置专家库、应急救援队伍库和应急救援物资库，基于工业互联网平台开展安全生产风险仿真、应急演练和隐患排查，推动应急处置向事前预防转变，提升应急处置的科学性、精准性和快速响应能力。

（6）建设系统评估能力。开发基于工业互联网的评估模型和工具，对安全生产处置措施的充分性、适宜性和有效性进行全面准确的评估，对安全事故的损失、原因和责任主体等进行快速追溯和认定，为查找漏洞、解决问题提供保障，实现对企业、区域和行业安全生产的系统评估。

2）项目创新性

（1）区块链技术赋能智慧物管系统的巡检巡查，将区块链巡检盒安装在固定巡检点位，巡检盒内置区块链芯片（EAL4+认证），金融级安全，全球唯一ID并对应区块链上唯一身份，顶级防伪能力，拆卸即损，杜绝了破解、复制、挪用、造假的发生，保障了巡检点位的唯一性、安全性、可靠性；无源安装、即装即用。对巡检人员、巡检记录等数据进行接入。

（2）流向追踪通过蓝牙发射器和蓝牙接收器实施，通过两者之间的通信确定运输工具位置，对运输物品、运输时间、运输人员、运输地点进行跟踪记录。

（3）通过视频结构化技术和人脸识别技术实时分析现场视频，对未登记人员在特定场合出现将自动预警，防止无关人员特别是重点人员接触剧毒化学品。在领取、流转、使用等环节，对人员履职不到位的自动预警，并推送给相关管理部门。

（4）通过视频结构化分析，自动锁定剧毒化学品容器，应用视频“跨镜追踪技术”，实现“全过程”跟踪，容器脱离监控视线将自动报警。

3）项目可推广性

目前该平台已在嘉兴桐乡市全面应用，温州、绍兴、宁波、杭州萧山等多地开展试点工作，数千家危化品企业安装了宇链可信硬件，平台已产生数万条安全管理记录。2022年底落地浙江省26个区县，2023年将覆盖全省，2024年开始向全国推广。平台应用效果主要包含以下几点：

（1）实现现场监控。多层次、多角度地采集和掌控危化品库房、车辆、作业现场、从业人员等监管对象实时信息。通过信息系统实现对监管对象进行管理。利用信息采集、图像监控和地理信息的不同手段同步进行关联和展示。如：同时展示剧毒危化品的库房或关键作业现场基本情况的基本信息、现场监控图像、所处地理位置等。

（2）实现物品掌控。全方位、无缝隙地掌握剧毒危化品流通的各个环节轨迹（流向）信息。通过在销售、出入库、领用发放、作业等环节采集物品数量、品种、日期、单位和人员信息，通过在库房和作业现场采集出入库物品、装卸车辆、接触剧毒危化品人员的实际信息，并加以综合分析、相互印证，实现对危险物品流向轨迹的无缝隙掌控。

（3）实现事件把控。多形式、多途径地掌握危险化学品突发事件报警信息。通过电子地图直观展示突发事件发生地点，远程图像清晰展现突发事件现场状况，手机短信快速告知突发事件相关监管责任人，电脑文字显示突发事件所属单位、人员、物品、安防情况，报警声音提示监管人员收集突发事件有关资料等，为快速处置突发事件提供科学数据，给领导决策提供技术支持。

（4）实现人员管控。通过数据融合形成全息人员信息，一方面与主动布控的或公安部的五大网人员信息比对碰撞，及时发现重点人员，避免不合适的人员接触危险物品；另一方面，绘画人员从业轨迹，分析人员流动情况，特别是重点人员；另外根据人员当前从业位置形成热点分布，达到相应值时形成预警报警。

（5）实现数据调控。通过平台的建设，实现危险化学品流通信息实时报送，解决剧毒危化品违法、违规行为不能及时发现、查处等问题，提升安全监管效率和能力。通过数据库和大数据挖掘技术的综合应用，整合剧毒危化品信息资源，完善并建立信息资源库，对剧毒危化品信息进行规律分析、特征分析、专题挖掘、预警控制分析、涉恐涉稳分析，为剧毒危化品监管部门全面管控剧毒危化品提供辅助决策与技术支持。

供稿企业：杭州宇链科技有限公司

云赛智联政务区块链监管服务平台

1 概述

云赛智联政务区块链监管服务平台属于政务服务领域研发项目（以下简称“本项目”）由云赛智联股份有限公司立项，以电子政务外网和电子政务云集约化建设为基础，以新一代区块链、大数据、容器云、人工智能技术为牵引，以跨部门、跨系统、跨层级、跨业务的应用场景为抓手，以国产化产品适配要求为契机，针对政务区块链基础设施建设分散、区块链多链监管难、区块链应用容易形成信息孤岛等问题，建设政务区块链监管服务平台，旨在实现基础设施集约建设，根据上链的应用及数据的保密等级不同，统一建设信创链和开放链两条底链，避免软硬件资源浪费，提高资源利用率；实现多链统一监管，向下纳管不同体系和架构底层区块链平台资源，保障了同构与异构底层区块链平台之间的跨链交互及数据可信交换；实现统一服务，通过统一的公共服务群，多链强监管和统一服务模式得以实现。同时，为政务服务“一网通办”、城市运行“一网统管”的多个应用场景提供基础的区块链技术保障及功能支撑，利用区块链信用传递的特性有效实现决策科学化、治理精准化、服务便捷化和安全保障高效化，搭建政务区块链监管服务平台，构建政务服务创新模式。

建设单位与团队核心人员信息：云赛智联股份有限公司（周海涛、杨晶、徐松林、常伟、刘昕、唐斌），上海仪电鑫森科技发展有限公司（刘辉、江晓峰、张小刚）。

2 项目方案介绍

2.1 需求分析

针对目前政务领域区块链建设存在的问题，包括建链成本高、多链监管难和服务不统一等，建设统一政务区块链监管服务平台，是一种较为合理的解决办法。基于底层区块链技术，为公共数据管理部门、公共管理和服务机构以及外部应用系统提供向下监管、向上服务的政务区块链监管服务平台。实现基础设施集约建设，避免软硬件资源浪费，提高资源利用率；为底层不同架构的区块链平台提供统一接入标准，纳管同构或异构低层区块链的资源和底层区块链之间的跨链交互及数据交换；通过向下统一监管、向上统一服务解决大量孤立的、未经整合的“应用烟囱”问题；通过智能合约仓库和应用仓库以及配套的管理机制建立丰富的区块链应用生态。

2.2 目标设定

本项目建设目标：以电子政务外网和电子政务云集约化建设为基础，以新一代区块链、大数据、容器云、人工智能技术为牵引，以跨部门、跨系统、跨层级、跨业务的应用场景为抓手，以国产化产品适配要求为契机，通过政务区块链监管服务平台的建设，为政务服务“一网通办”、城市运行“一网统管”的多个应用场景提供基础的区块链技术保障及功能支撑，利用区块链信用传递的特性有效实现决策科学化、治理精准化、服务便捷化和安全保障高效化，进一步推进“两张网”的建设。

2.3 建设内容

政务区块链监管服务平台通过纳管不同的底层区块链平台资源，提供统一服务和底层区块链统一管理功能，平台可分为三个层级：统一监管层、统一服务层和统一接口适配层，政务区块链监管服务平台架构如图 1 所示。

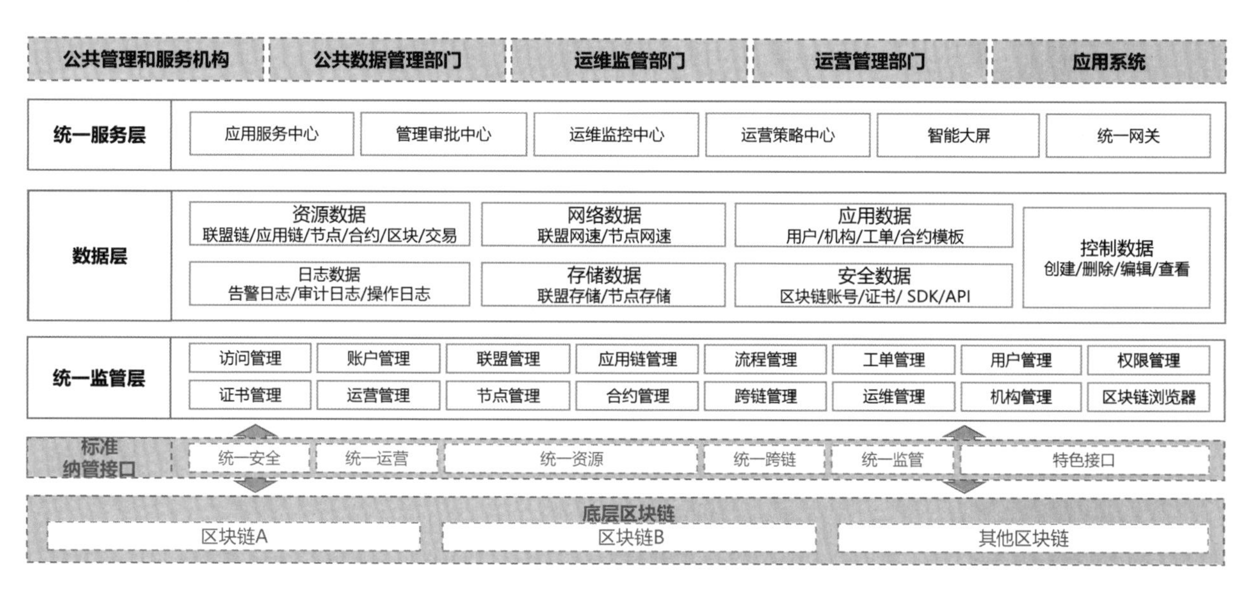

图 1 政务区块链监管服务平台架构

1）统一监管层

（1）联盟管理：支持多链统一的联盟全生命周期管理功能，包括创建联盟、删除联盟、加入联盟、退出联盟等业务的申请及审批。联盟信息查阅、检索和统计等。

（2）应用链管理：支持多链统一的应用链全生命周期管理功能，包括创建应用链、删除应用链、加入应用链、退出应用链等业务的申请及审批。应用链信息查阅、检索和统计等。

（3）节点管理：支持多链统一的节点全生命周期管理功能，包括添加（扩容）节点、删除（缩容）节点等业务的申请及审批。节点信息查阅、检索和统计等。

（4）合约与模板管理：支持多链统一的合约全生命周期管理，包括创建合约、部署合约、升级合约、终止合约等业务的申请及审批。合约信息查阅、检索和统计。支持合约模板生命周期管理，包括创建合约模板、编辑合约模板、删除合约模板。合约模板信息查阅、检索和统计。

（5）流程管理：提供流程引擎，包括平台业务流程中的申请、审批、执行和修订等。

（6）工单管理：基于流程引擎的工单生命周期管理，包括工单申请、工单审批、工单执行、工单终止、工单驳回、工单修订、工单信息检索和工单信息查询等。

（7）安全管理：支持多链统一的区块链账户，区块链证书和SDK管理，实现客户端和节点间的认证及可靠通信。

（8）运维管理：运维管理是为运维人员提供多链运维报告，包括告警日志、审计日志、操作日志管理能力。

（9）运营管理：运营管理是为运营人员提供计费管理、账单管理与通知管理能力。

（10）用户管理：对平台用户进行管理，包括用户登录、用户信息导入、用户信息同步、用户信息查阅、检索等基础功能。

（11）机构管理：对平台机构进行管理，包括机构信息导入、机构信息同步、机构信息查阅、检索等基础功能。

（12）权限管理：提供平台角色与权限细颗粒度管理能力。

（13）区块链浏览器：为用户提供能够兼容多个异构区块链架构的通用浏览器，提供更加全面的区块链数据采集、查询和统计能力。

（14）跨链管理：管理同构或异构应用链之间跨链互通的能力，包括跨链直连和跨链组网。

2）统一服务层

（1）应用服务中心：为公共管理和服务机构提供链上资源操作申请、检索、查阅与统计等能力。

（2）管理审批中心：为公共数据管理部门提供平台资源管理和链上资源操作审核、检索、查阅与统计等能力。

（3）运维监控中心：为运维管理部门提供链上资源操作执行、检索、查阅与统计以及告警、审计和操作等运维能力。

（4）运营策略中心：为运营管理部门提供链上资源检索、查阅与统计以及运营账单管理等能力。

（5）智能大屏：提供各项资源、网络和存储等数据实时采集、统计和分析能力。

（6）统一公共服务群：支持统一网关服务、统一合约在线编辑器、统一合约安全检测服务、合约仓库服务、统一安全审计治理服务、统一文本检测服务、统一跨链服务、统一认证授权服务等。

3）统一接口适配层

为底层不同区块链平台提供一致性的适配服务，主要包括：联盟底层多链适配、应用链底层多链适配、区块链节点底层多链适配、智能合约底层多链适配、区块链账户底层多链适配、运营底层多链适配、运维底层多链适配等。

2.4 技术特点

政务区块链监管服务平台充分考虑到系统的高性能、高可用、高扩展等要求，采用了主流且先进的技术路线，主要包括：

（1）采用关系型数据库和缓存数据库相结合的技术，实现数据资源的高速共享与交互。

（2）使用 Spring Cloud 相关组件，构建分布式微服务架构，实现微服务治理、监控，聚合和业务应用共享。通过微服务 API 网关实现服务的统一管理与验证。采用 Activiti 流程引擎框架，实现对业务流程的全生命周期管理。

（3）运用 VUE 前端渐进式框架，结合 JQuery、ElementUI、JSON 等前端技术，实现门户统一，可视化组件复用，快速支撑应用场景。采用 WebSocket 技术实现通知消息的实时推送与接收。

（4）采用 AK/SK、Token、JWT、数据证书等技术，实现用户访问安全验证，系统间接口访问鉴权，保障区块链监管服务平台与外部系统之间的可信交互。

（5）基于应用服务器实现集群化部署与维护，提升应用系统的可靠性、并发访问、高可用、高扩展的能力。

2.5 应用亮点

政务区块链监管服务平台是国内首创的多链监管服务平台，聚焦政务区块链创新应用和统筹管理，实现政务区块链平台统一规划、集约建设、安全可靠、开放对接，并与云管平台、数管平台、网管平台、安管平台形成五位一体，为公共服务平台和政务应用赋能，对构建数字服务新生态、助力城市数字化转型、树立政务区块链行业标杆具有非常重要的战略意义。

在中国信息通信研究院、中国通信标准化协会（CCSA）、可信区块链推进计划（TBI）共同主办的“2020 可信区块链峰会”上，上海仪电旗下云赛智联联合上海市浦东新区人民政府与中国信息通信研究院正式成立了国内第一个“政务链全栈应用项目组”，上海市浦东新区人民政府担任联席组长单位，中国信息通信研究院与云赛智联担任副组长单位。项目组积极探索区块链在政务服务领域的应用，取得一系列研究成果，荣获 TBI 2021 年度突出贡献项目组，引领了政务区块链建设浪潮，扛起了政务服务领域区块链全栈应用大旗。

截至目前，云赛智联核心参编完成上海市浦东新区地方标准 DB 31115/Z 010—2020《政务区块链建设规范》，这是全国首个政务领域的区块链建设标准，填补了区块链在政务服务领域的标准空白；并在中国信息通信研究院和上海市浦东新区大数据中心指导下，云赛智联牵头编制完成多项政务区块链领域国家级团体标准与应用指南，包括 T/TBI 13—2021《可信区块链：政务区块链技术规范》、T/TBI 14—2021《可信区块链：政务区块链统一接口规范》、T/TBI 30—2022《可信区块链：政务区块链服务能力评价体系》和《可信区块链赋能数字政府应用指南》，为政务领域区块链体系建设提出一整套指导性规范。

3 应用前景分析

3.1 战略愿景

2019 年 10 月，习近平总书记在主持中共中央政治局第十八次集体学习时强调，区块链技术的集成应用在新的技术革新和产业变革中起着重要作用，要把区块链作为核心技术自主创新的重要突破口，明确主攻方向，加大投入力度，着力攻克一批关键核心技术，加快推动区块链技术和产业创新发展。

2020 年 4 月，国家发改委首次明确新型基础设施的范围，基于区块链的新技术基础设施是其中重要组成部分。区块链在新基建中是作为信任构建的基石，是数据可信共享的基础，有了数据的可信共享，才能实现技术面应用的价值最大化，才能更好地发挥区块链在促进数据共享、优化业务流程、降低运营成本、提升协同效率、建设可信体系等方面的作用，才能更好地助力区块链技术和产业创新发展，积极推进区块链和经济社会融合发展。

2021 年 3 月，《国民经济和社会发展第十四个五年规划和 2035 年远景目标纲要》正式发布，“加快数字化发展建设数字中国”单独成章，提出迎接数字时代，激活数据要素潜能，推进网络强国建设，加快建设数字经济、数字社会、数字政府，以数字化转型整体驱动生产方式、生活方式和治理方式变革。其中，区块链首次被纳入国家五年规划，并被列为“十四五”七大数字经济重点产业之一，迎来巨大的发展机遇。

2022 年 9 月，国务院办公厅印发《全国一体化政务大数据体系建设指南》，明确要求坚持新发展理念，积极运用区块链等技术提升数据治理和服务能力，加快政府数字化转型，提供更多数字化服务，推动实现决策科学化、管理精准化、服务智能化，推动“区块链 + 政务服务”“区块链 + 政务数据共享”“区块链 + 社会治理”等场景应用创新。

在国家政策的引领下，云赛智联旗下仪电智慧城市设计研究院和仪电鑫森组成联合团队，探索区块链在政务服务领域的应用场景，建设政务区块链监管服务平台项目。本项目积极响应国家及上海市、浦东新区的区块链发展战略，推动政务区块链应用落地，在政务数据共享和公共信用信息管理中运用最新信息科技发展成果，对政务信息化建设和信用社会建设有良好的促进作用，符合政策导向和科技发展方向，具有较好的社会效益。

建设政务区块链监管服务平台能够有效促进政务服务体系搭建和管理创新，是对国家倡议将政务区块链研发及应用作为重要战略发展目标的积极响应，对推动区块链产业发展具有积极的示范效应。

本项目联合中国信息通信研究院、中国电子技术标准化研究院等多家行业内科研机构及高等院校，开展区块链在政务领域的前沿实践探索工作，同步完成一系列标准规范的制定和编制工作，以此提升项目在全国政务区块链领域影响力。

本项目构建“区块链 + 政务服务”新体系，提高政务数据信息化治理水平，推进政府职能转变和社会治理能力提升。加快政务服务体系建设是完善社会主义市场经济体制、加快经济转型升级、创新社会治理和满足人民群众新期待的迫切要求。现有政务信息资源存在数据利用率低、共享缺乏、监管缺位等诸多问题，其重要原因就是现有体系在数据确权、隐私保护方面存在严重不足。区块链作为新一代信息技术，具有集体维护、不可篡改、可追溯、隐私保护及权限管理等多种特点，可解决传统数据共享模式中数据安全和监管所面临的诸多问题，为政务数据的溯源、监管、审计提供了有力的技术支撑。

3.2 用户规模

本项目创新性地将区块链技术应用于政务监管服务领域，平台用户估计能突破万级，节点覆盖数量规划可达百级，能够有效解决政务协同过程行为和数据内容的安全管控和隐私保护，防止数据非授权使用，提升数据安全，并让数据供求方均可从数据共享中共赢互利，有效推动政务数据资源从“不愿共享”到“放心共享”转变，从而解决当前的痛点；打造基于区块链技术的精准治理、多方协作、有效激励的社会治理新模式，不仅提高共享效率，也极大降低了人力干预的行政成本，有效推动了政府部门之间实现跨部门、跨机构、跨区域的协同作业，从而推动社会治理能力迈上新台阶。

3.3 推广前景

我国已披露的区块链应用案例中，电子政务领域应用案例数量最多，占比达14%。区块链在电子政务领域应用主要涉及便捷政务流程、提高社会治理数字化水平两大方面。中央及各大部委陆续出台推动区块链应用落地政策，“新冠”疫情防控期间，区块链技术为“不见面审批”“一网通办”等政务服务平台项目赋能。

基于区块链点对点分布式账本、哈希指针与时间戳技术，确保数据一旦上链无法篡改，并且具有可溯源的特性。在政务服务监管领域，应用区块链技术具有非常广阔的前景，助力实现政务数据全流程存证，扫清因技术局限无法覆盖的监督盲区，补足监管的缺位，为后期的政务数据核验、举证等提供便利，提升政府公信力。通过将相关监管机构、企业等纳入区块链生态，通过数据上链促使监管机构实现更全面的监管，营造良好的营商环境，并为实现基于数据的科学决策提供坚实支撑，助力提升政府监管机构的监管效力。

3.4 产能增长潜力

加快政务服务体系建设是完善社会主义市场经济体制、加快经济转型升级、创新社会治理和满足人民群众新期待的迫切要求。本项目创新构建“区块链+政务服务”新体系，有助于提高政务数据信息化治理水平，推进政府职能转变和社会治理能力提升。应用区块链技术，可解决传统数据共享模式中数据安全和监管所面临的诸多问题，为政务数据的溯源、监管、审计提供了有力的技术支撑。

本项目创新性地将区块链技术应用于政务领域，打造基于区块链技术的精准治理、多方协作、有效激励的社会治理新模式，不仅提高共享效率，也极大降低了人力干预的行政成本，有效推动了政府部门之间实现跨部门、跨机构、跨区域的协同作业，从而推动社会治理能力迈上新台阶。

4 价值分析

4.1 商业模式

根据“Gartner 五级电子政务成熟度模型”，当前政务服务建设正处于从第三级以数据为中心向第四级完全数字化转变的阶段。建设全国一体化在线政务服务平台、各地政务区块链平台，规范化、标准化、服务一体化、数据流动化、业务创新化、管理集约化、监管协同化将是我国政务服务平台建设工作的重中之重。建设本项目具有非常广阔的商业前景，有助于构建统一政务区块链体系、统一数据管理、统一身份管理、统一接口管理、统一业务管理、统一区块链管理，为融合应用创新赋能等。

4.2 核心竞争力

本项目是国内区块链技术应用于政务服务监管平台的首个创新案例，并获得《国家版权局计算机软件著作权登记证书》（证书号：软著登字第 6454070 号），基于该平台，上海自贸试验区政务区块链监管服务平台及区块链应用项目成功落地实施，并荣获“2020 中国信息通信研究院可信区块链峰会高价值案例奖”等。

4.3 项目性价比

建设本项目有助于增加社会经济效益，有效节省信息化建设成本与信息化管理成本。

1）节省信息化建设成本

本项目将区块链网络基础设施集中建设，解决了多个业务场景需要建设多个区块链网络基础设施且无法复用的问题，避免了硬件资源的浪费，提高了硬件资源的利用率。同时也将不同区块链底层架构和标准统一，保证异构区块链平台资源的管理和互通，为越来越多的区块链应用和数据提供统一的服务接口，使得信息孤岛问题彻底解决。

本项目搭建统一的区块链监管服务平台，有效避免政府各部门区块链基础设施层面的重复建设、盲目投资，充分发挥数据规模优势，避免重复开发，降低系统总体建设成本，预计有效节约建设投资在 25% 以上。随着区块链应用数量的增加，建设成本的节约会越来越多，节约建设成本的效果越来越明显。

本项目建设过程中提出一整套标准、规范和基础设施框架，为后续政务区块链平台之间可以很方便地实现跨链接入和数据交互，实现数据和业务的无障碍协同和共融发展，防止产生新的数据烟囱和数据壁垒统一提供标准通用的模块和服务，支撑各部门区块链服务应用，预计有效节约开发投资在 10% 以上。

2）节约信息化管理成本

本项目建设的区块链监管服务平台采用开放的区块链标准接口，纳管不同的底层信创链、开放链及平台资源，提供统一服务和底层区块链统一管理功能，管理底层其他区块链产品之间的跨链交互及数据交换。区块链监管服务平台通过统一服务解决区块链应用建设的统一访问、统一认证、统一授权等问题，通过智能合约仓库以及配套的管理机制建立丰富的区块链应用生态。

通过建立统一的区块链技术平台运营运维管理体系，全面提高资源利用效率，并利用区块链技术的数据确权、数据追溯、共享存证、共享激励评价机制等特点，促进数据的可信任共享，强化安全管控手段，全面构筑数据共享开放的安全防护屏障，守住安全底线，大大降低建设主题库、专题库和数据安全方面的成本，预计节约信息化管理成本10%以上。

4.4 产业促进作用

本项目已在上海自贸试验区政务区块链监管服务平台及区块链应用项目中落地，是国内区块链应用于政务服务监管领域的首个案例，充分提升城市数字化转型价值，间接促进经济稳定运行，助力产业发展和国家信息安全等。

1）间接促进经济稳定运行

本项目通过区块链监管服务平台，能够实时监管监测各区块链应用实际效能，减少政府各个委办局区块链政务应用基础链条投入，实现对上链应用进行监管，达到对各区块链的实时效能检测，从而能够对全区区块链资源完成准确的监测、分析、预测、预警，提高决策的针对性、科学性和时效性，实现资源的精细化管理，与此同时，通过支撑各部门在教育食安、契约存证等多方面应用，提升其管理效能，保障供需平衡，促进经济平稳运行。

2）助力产业发展和国家信息安全

本项目推进自主可控的前沿先进信息技术落地应用，为产业发展和国家信息安全助力。政务区块链技术实现了对区块链从底层架构到应用模式的增强和创新，解决了区块链应用当中面临的规模制约、性能瓶颈和跨链难题，为区块链技术应用落地打开了新路，拓展了应用空间；密码和安全相关核心代码的完全自主开发，从根本上避免了信息系统安全受制于人，没有安全底数不清、内幕难明的深层困扰，为区块链技术在电子政务领域的应用奠定了坚强的基石；基于区块链的数据安全信使技术的创新运用，使得数据在复杂网络传播环境中获得全面可靠且管理权相关的完整性认证，让数据传递从“复制”变成“交接”，从而建立起对数据共享的精细化管控能力。

供稿企业：云赛智联股份有限公司

保全网

1 概述

保全网是浙江数秦科技有限公司开发的国内首个基于区块链的电子数据司法存证产品，亦为“全国区块链存证第一案”的独家技术支持方。保全网主要提供基于区块链技术的各类电子数据取证与存证能力，可广泛应用于民商事领域中对系统数据、知识产权、线上信息、线下事实等各类已发生事实的证据固定保全场景，从而帮助企业与个人以极低的经济成本和专业门槛即可获取司法可信、隐私有保障的电子证据，为维护权益、敦促守约、社会监督、信用证明、财富继承等场景提供便于获取、便于验证的可信证据。保全网为价值互联网构建和社会违约成本上升持续提供助力。保全网还从各行业实际需求出发，并通过完善软硬件系统建设、侵权监测、司法鉴定与公证、律师资源整合等能力，为各行业提供基于区块链存取证能力的针对性解决方案。目前行业解决方案已覆盖金融、科技、教育、出版、电商等领域，能够满足上述行业中各种规模企业的知识产权保护、合规体系建设、经营风险管控、供应链金融信用积累、数据要素交易鉴权等需求。

负责人：数秦科技联合创始人、副总裁陈豪鸣。

2 项目方案介绍

2.1 需求分析

随着实体经济逐步向数字化经济转型升级，大量由个人或企业创造的数字资产开始在网络中流通，方便数据分享的同时也衍生出了很多棘手的问题。比如用户隐私泄露、版权纠纷、数据盗用等安全事件时有发生。

近年来，伴随司法信息化和数字化的快速推进，诉讼及执法过程中的大量证据以电子数据存证的形式呈现。然而，与传统实物证据相比，电子证据普遍具有取证难、易消亡、易篡改、技术依赖性强等特点，一旦出现单点故障或病毒感染等状况，很有可能会使其原始状态遭到破坏，在诉讼中的司法审查认定难度较大。此外，在司法实践中，当事人普遍欠缺举证能力，向法院提交的电子证据质量较差，存在大量取证程序不当、证据不完整、对案件事实指向性差等问题。

而传统证据保全公证存在预约排队久、流程烦琐、费用高昂等问题；普通第三方存证又存在存证机构少、防篡改能力弱、证据效力低等缺陷。

针对诉讼中电子证据取证难、存证难、认证难的问题，我国已经以互联网法院为试点，积极探索“区块链 + 司法”模式，创新电子证据在线存证方式，以大数据、云存储和区块链技术为基础，利用区块链技术防伪造、防篡改的优势，大幅提高电子证据的可信度和真实性。有利于解决电子证据存证难、取证难、认定难的问题，使法官可以将注意力集中于证据所体现的事实方面。

区块链存证可脱离公证机构和第三方电子存证机构，在不需要第三方机构出具证明的前提下，将需要存证的电子数据以交易的形式记录下来，打上时间戳，同时记录在区块中，从而完成整个存证过程。因此，区块链技术可以打通司法、公证、审计、仲裁机构的信息通道，从数据来源到证据固定和加密保持，数据全链条每个节点都有存证可供随时取证，保证了数据的防篡改度和可信度，达到存证信息具备法律效力的结果（图 1）。

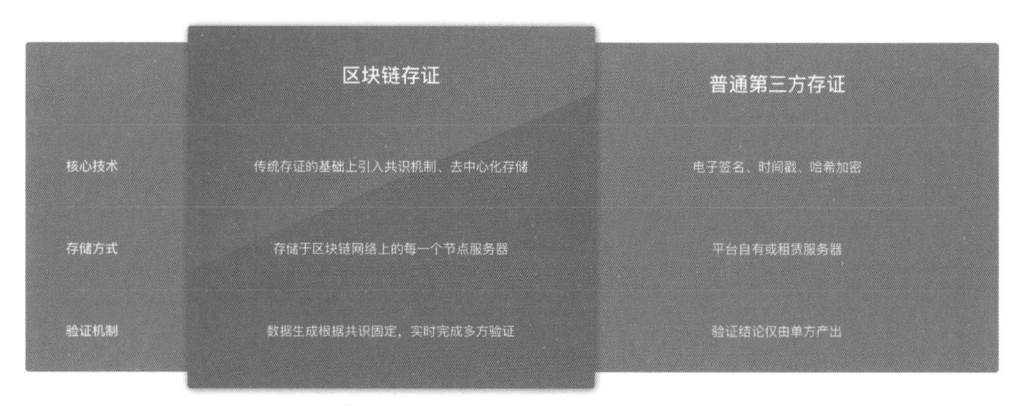

图 1　区块链存证与普通第三方存证的区别

2018 年 6 月，杭州互联网法院对一起侵害作品信息网络传播权纠纷案进行了公开宣判，首次对采用区块链技术存证的电子数据的法律效力予以确认，并在判决中较为全面地阐述了区块链存证的技术细节以及司法认定尺度。保全网为该判例原告方的技术支持，为原告取得电子证据提供了关键助力。

2.2　目标设定

保全网是浙江数秦科技有限公司旗下首个区块链应用产品，提供包括区块链存证、网页取证、过程取证、电商取证、商品购买公证等产品功能，可广泛满足金融、科技、教育、出版、电商等领域中具有司法认可需要的数据保全需求，帮助大量当事人获得了可信有效的电子数据证据，使当事人可在诉讼阶段中使用该电子数据证据有效维护自身权益（图 2）。

2.3　建设内容

2.3.1　区块链存证

结合区块链技术，实时固化电子数据内容形成时间，支持在线签名，确保数据真实，赋予文件法律证明效力。

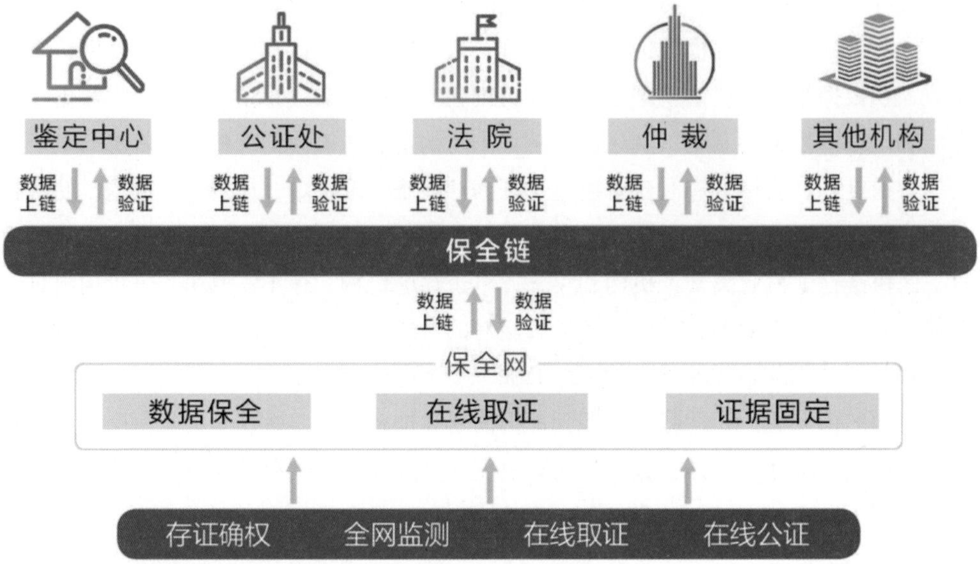

图 2　保全网业务架构

2.3.2　在线取证

支持网页、电商、音视频、直播聊天记录等内容的取证，取证信息实时上链，保障取证环境清洁。

2.3.3　现场取证

支持对现场发生的客观状况进行取证，广泛适用于物业管理、工地施工、物流存证、道路交通纠纷等多种场景。

2.3.4　侵权监测

7 × 24 h 全网监测，有效针对图片、文字等进行相似度对比，对安全内容进行监测，快速发现侵权行为。

2.3.5　公证与司法鉴定

支持在线申请纸质司法文书，提供电子数据保全公证、购买公证、赋予债权文书强制执行效力公证、司法鉴定等服务。

2.4　技术特点

保全网主要功能包括注册登录、实名认证、存证确权、网页取证、证据核验等（图 3）。具有独立式数据库架构，其中业务系统数据库、电子证据数据库、日志信息数据库分别独立运行，还支持自定义存储数据库，客户端可以自由选择所信任的第三方数据库存储完整的电子证据信息，并且只需将电子证据哈希摘要与提取电子证据所需密钥上传至区块链系统。电子证据保全逻辑部署在智能合约之上。通过智能合约完成权限校验、证据保全、证据监管等关键逻辑，能够有效保障代码透明性、系统公信力。

（1）数据存证：该功能为用户提供数据存证服务，用户从本地上传原创作品，可包含文件、图片、视频、音频等多种数据类型。也可以通过 API 接口将数据文件 SHA256 值存证上链。

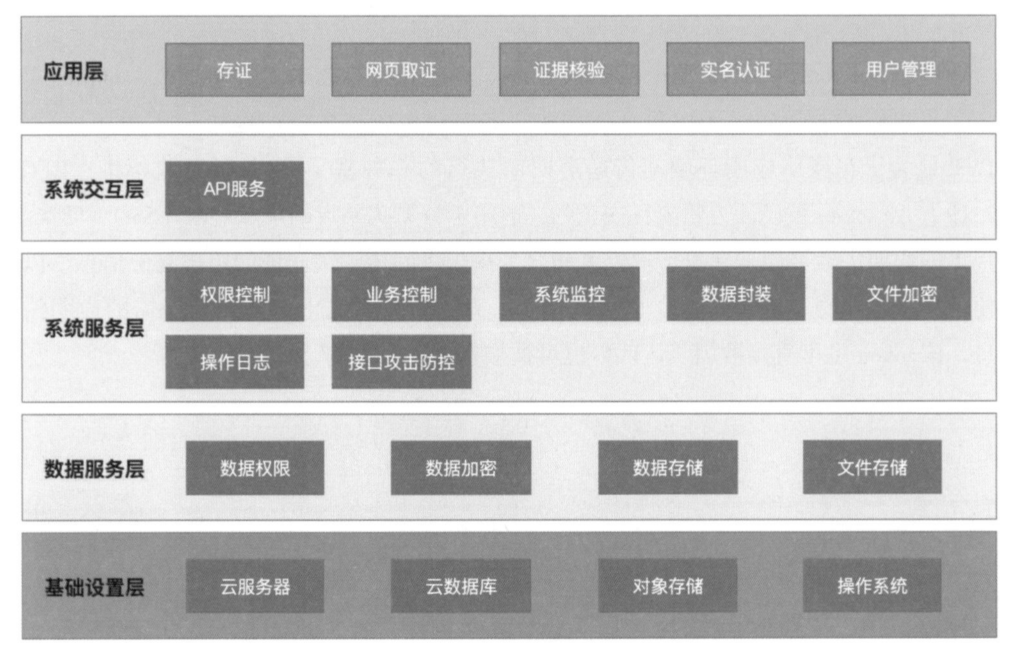

图 3 功能架构

（2）新增存证：用户将文件上传提交至保全网，平台记录存证时间、主体信息，自动计算文件哈希值并将其存储至区块链。

（3）存证记录查询：用户存证后，可以查询存证的所有记录，包括文件信息、版权存证书等。

（4）侵权取证：侵权取证可针对互联网静态页面进行一键取证，当用户进行取证时，保全网会自动清洁取证环境，自动获取当前标准时间，取证结果包括网页截图、网页源代码、资源文件、取证日志等。取证结果打包后，进行哈希加密，再加盖时间戳实时上链。

（5）新增取证：用户仅需输入取证网址等信息，点击“立即截图”，系统将通过 API 接口自动完成批量取证。系统单次支持提交 10 个网址进行截图，全部网页截图成功后支持用户预览后再提交支付。用户支付后，系统打包取证结果及区块链证据证书，关联主体信息，实时上链。

（6）证据核验：证据核验可选择证据文件核验或证据编号核验。

（7）实名认证：个人实名使用支付宝人脸识别认证或证件拍照上传这两种方式；企业认证需上传营业执照等相关信息。

（8）管理后台：包括权限管理、用户管理、存证管理、取证管理、订单管理五大模块。

（9）权限管理：分成员列表和角色列表两部分，成员列表用于分配账号并设置角色，角色列表管理角色权限。用户管理包括企业用户认证列表、个人用户认证列表。存证管理，用户的所有存证数据均在该模块展示。取证管理展示用户的所有取证数据。用户所有的功能使用情况都通过订单一一对应，并在订单管理中展示。

（10）系统技术架构：系统采用前后端分离架构，后端基于 PHP CodeIgniter 框架、

Json web token（JWT）、MYSQL 架构实现服务化，提供统一标准的 RESTful 接口为前端业务系统提供服务，前端采用 vue、vuex、vuerouter 等技术（图 4）。CodeIgniter 是一个小巧但功能强大的 PHP 框架，作为工具包可以为开发者们建立 Web 应用程序。JWT 是为了在网络应用环境间传递声明而执行的一种基于 JSON 的开放标准（RFC 7519）。该 token 被设计为紧凑且安全的，适用于分布式站点的单点登录（SSO）场景。JWT 的声明一般被用来在身份提供者和服务提供者间传递被认证的用户身份信息，以便于从资源服务器获取资源，也可以增加一些额外的其他业务逻辑所必需的声明信息，该 token 也可直接被用于认证，也可被加密。

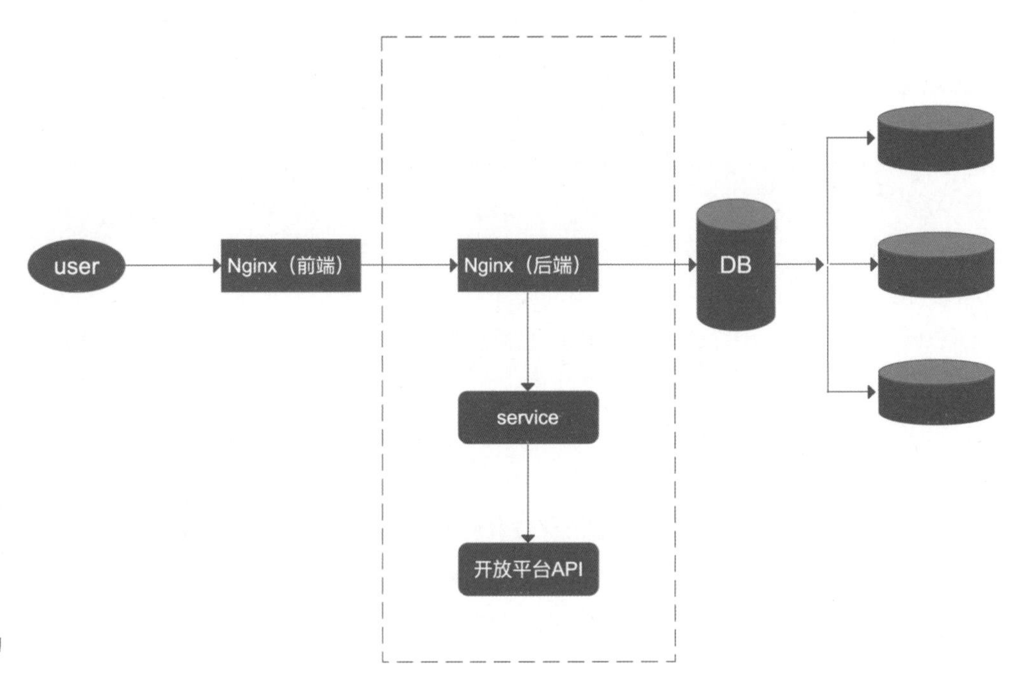

图 4　系统技术架构

（11）API 接口集成实施：API 接口基本遵循 RESTful style。请求中的业务数据以 JSON 格式传递，认证数据以普通 HTTP 参数传递。处理结果 HTTP Status Code 表示请求成功（200）或者失败，如果失败，会在 response body 中给出 JSON 格式的详细错误信息。

技术亮点：

（1）自研区块链技术：保全链基于 Fabric 分布式账本系统架构，在实际业务场景需求等方面具有很好的灵活性，具备支持多通道、可插拔的共识能力。

（2）自研取证系统：支持多场景在线取证，可针对互联网页面、动态音视频、操作行为全过程、模拟移动端平台内容等目标证据进行在线取证，快速固证。

（3）保全网为用户提供闭环存证验证流程、有效合法的取证技术方案，固化用户数据文件的形成时间和内容至保全链上，并周期性与公链锚定，确保数据不可篡改。

（4）用户自主上传数据文件，或操作取证功能产生数据文件进行存证，保全网将数据源文件加密存储至阿里云，同时计算该文件数据指纹（SHA256 哈希值）并实时将其固定至自有联盟区块链上，保全后台存储相关信息。

2.5 应用亮点

保全网可以满足丰富的场景应用需求

2.5.1 版权存证

对于大量的互联网作品（例如微视频、图片、网络文学等）而言，要在中国版权保护中心进行版权登记的门槛较高，存在登记周期长、登记价格偏高的难点。采用保全网区块链存证技术，为每个原创作品生成版权指纹，不仅可以达到极低成本的数据记录，而且还能实现秒级确认的确权验证，有效解决传统版权登记模式的痛点。

2.5.2 侵权固证

公开信息作为案件的重要证据的情况比比皆是，如微信、微博、QQ 等社交平台，都是常见的电子数据证据来源平台。当遇到网络侵权、合同纠纷、电商维权等情况时，及时对侵权行为取证固定，是诉讼维权的决胜关键。保全网为解决当事人举证困难、维权成本高、司法认定复杂的问题，基于区块链提供电子数据固证服务，客观真实地还原事实真相，防止证据灭失，使证据勘验简单快捷。

2.5.3 溯源防伪

区块链溯源技术的使用一方面使得商家可以保障自身权益，清晰了解产品生产过程的来龙去脉；另一方面也优化了用户体验。其对产品的具体信息有了精准的记录来源，从而使得用户可以更加放心使用产品。

供应链跟踪区块链技术可以被广泛应用于食品医药溯源、艺术品买卖、公益慈善等领域，提高了社会效率，给生活带来了极大便利。

3 应用前景分析

保全网自 2015 年上线以来，严格遵守《民事诉讼法》《最高人民法院关于民事诉讼证据的若干规定》等法律法规，积极参照司法鉴定领域、信息安全领域相关规范，并于 2021 年 7 月发布《保全网电子数据证据使用指南（2021—2022）》，为全网用户提供专业支持。

2018 年 6 月 28 日，保全网作为“全国区块链存证第一案”的独家技术支持方，所提供的区块链存证技术获得杭州互联网法院采信，成为司法体系认可的可信电子证据保全方式。

当前，保全网已与互联网法院、公证处、鉴定中心、仲裁委等司法机构建立深度合作关系，共同探索区块链司法应用落地场景。目前保全网已对接三大互法，另外保全网和浙江、四川、上海等地高级、中级人民法院展开合作，赋能新司法。目前保全网用户遍布全国，在浙江、北京、广东、上海、江苏等地均有案件进行，并在多地获得胜诉判例。

4 价值分析

保全网区块链电子数据保全体系已获得司法鉴定机构、公证处等机构认可，广泛满足金融、科技、教育、出版、电商等领域中具有司法认可需要的电子数据保全需求，帮助当事人在诉讼、仲裁、政府监管等场景下便捷取得与提交电子数据证据，有效维护自身权益。相比传统证据保全途径，用户通过保全网线上取证，可节约超 90% 的时间成本，取证费用降低超 50%，可更高效、更低价地维护合法利益。

保全网已接入杭州互联网法院、广州互联网法院电子证据平台，诉讼时保全网存证证据无须二次核验，可直接受互法采信；此外，保全网与上海、四川、新疆等地高级人民法院达成合作，共同建设电子证据平台。通过区块链连接司法机构，将证据实时上链固化并同步至各节点，法院及公证处等链上机构得以高效协同，使证据流转更高效，对接电子证据平台比传统纸质证据递交可缩短约 80% 的等待时间，不仅保证证据的公正性和真实性，更将证据真实性认定所需耗费的时间缩短至几小时乃至几分钟，使互联网法院的判案速度达到传统法院的 2 ~ 3 倍，大幅提高司法效率。

截至目前，保全网在全国各地已累计超 1 000 份判例，积极利用区块链技术为当事人解决电子数据“存证难”“认证难”的困境。

供稿企业：浙江数秦科技有限公司

城市轨交供电智能运维系统平台

1 概述

“城市轨交供电智能运维系统平台”项目主要建设内容为设计开发中央级运维系统、车站级运维系统、现场级采集系统、数据传输通道等，通过区块链技术，将集成和分析设备运行状态和管理过程中的各类多元化数据进行存证和溯源，融合供电设备智能巡视、智能管理、智能诊断、智能决策模块，形成基于供电专业全业务场景的运营管理系统。用户为各城市轨道交通运维管理单位，应用于城市轨道交通供电全业务场景。该项目由海尔数字科技（上海）有限公司独立设计开发，来源于业主委托，项目组核心成员拥有多年的区块链开发和运维管理经验，目前共有 178 人，研发人员占比近 50%，均为本科以上学历，专业覆盖计算机、软件工程、电子信息技术、工业自动化等相关领域，研发实力和技术水平达到国内领先水平。

2 项目方案介绍

2.1 需求分析

区块链技术已经与人工智能、量子信息、云计算等同等重要，并被预测为可以产生颠覆性的新一代信息技术基础设施。新型技术的产生逐步与工业互联网领域相结合，为传统工业生产问题提供新的解决方式和应用探索。区块链技术的去中心化、不可篡改、全程留痕、可追溯、多方维护、公开透明等技术特点，可以在工业领域的供应链管理、信息交互、产品全生命周期管理、物流溯源等业务场景创造新的价值。

工业生产领域存在设备、系统、服务之间的信息交互，保障关键信息参数在交互始末的一致性非常关键，影响业务的多个方面。本项目深入分析现有业务场景与解决方案，明确在数据交互、存证过程中仍然存在的痛点，进行技术研发、应用推广，解决实际问题，做到技术真正落地赋能。

2.2 目标设定

本项目包含某城市轨交供电智能运维系统区块链应用模块软件以及系统设备、调试和集成服务（图 1）。

设备的故障和维修记录是非常重要的数字资产，将这类数据通过区块链存储，利用区块链的数据防篡改特性、可追溯性，可以增强数据安全性与多方互信。利用区块

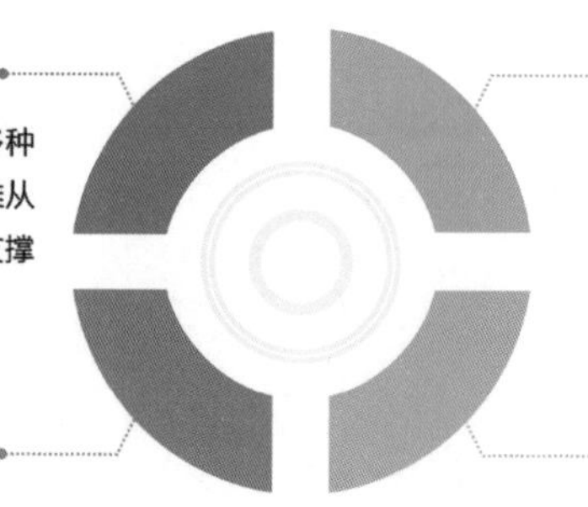

图 1　建设目标

链的数据记录机制，将设备故障和运维记录以数据指纹形式存入区块链，构建运维监控数据多方共享平台，以实现供应商履约质保考核与管理、委外管理与结算、设备故障率评价、运维效率评价等。

2.3　建设内容

本项目结合区块链的技术特征，提出基于区块链构建新型信任架构，研究数据在多方交互场景中，可信数采、传输验证、审计溯源、自动修复等技术创新性应用。

需要解决的行业痛点问题如下：

痛点一：设备运维数据来源真实性无法保障

传统运维数据存储以纸质化，线下存储为主，电子文档为辅。数据经过网络传输获取，其初始来源是否真正的业务系统，在传输过程中是否被篡改，缺少强有力的保障。

痛点二：故障维修数据一致性验证结果缺少公信力

当前依靠单一系统的数据交互验证，给出的结果易受系统权限泄露、业务员恶意篡改、系统自身故障等多重潜在问题的影响，在安全等级要求严格的情况下，难以保证结果的公信力。

痛点三：维修记录、数据授权以及审批结果等数据溯源难

在发现数据交互过程不一致的情况下，定位引起错误结果的原点，由于系统间交互存在潜在的网络故障、人为干扰、系统不稳定等因素，无法准确明确数据交互过程中的各个状态，从而给结果溯源带来障碍。

2.4　技术特点

模块设计共分为 4 层，自上而下分别为用户层、应用层、数据层以及区块层（图 2）。

（1）用户层为智能运维系统，本模块所有功能均与该系统直接交互。

（2）应用层提供 API 服务、区块链浏览器以及加密工具三个核心功能。

① API 服务为智能运维系统提供上链和链上数据查询相关 API。上链接口包括：运维数据上链、委外考核数据上链、审批数据上链、故障清单上链；查询接口包括：运维数据查询、委外考核数据查询、用户空间数据查询、故障清单查询。

② 区块链浏览器部分为可视化运维界面，页面提供链状态查询、交易列表查询、

用户层 智能运维系统
应用层 API 运维数据上链 运维数据查询 委外考核数据上链 委外考核数据查询 审批数据上链 用户空间数据查询 故障清单上链 故障清单查询
区块链浏览器 链状态查询 合约查询 交易列表查询 区块列表查询 交易详情查询 区块详情查询 节点查询 交易统计
加密工具 指纹提取 数据签名 签名验证
数据层 用户访问空间 运维数据 考核数据 审批数据 故障数据
区块层 账本管理 智能合约 证书管理 节点运维 联盟治理 加密算法
智能运维系统区块链模块

图 2　架构设计

交易详情展示、节点查询、合约查询、区块列表查询、区块详情展示以及交易统计。

③ 加密工具是基于 SM2 和 SM3 算法提供的指纹提取、数据签名以及签名验证功能。

（3）数据层的数据存储分为三类，一是非结构化信息存储，加密存储在用户空间内；二是结构化数据，存储供查询的区块链、合约数据；三是区块链的账本数据。

（4）最底层为区块链服务层，该层为核心技术层，提供区块链的账本管理、智能合约管理、证书管理、节点运维、联盟治理以及加密算法等核心技术。

如委外单位或供应商需验证考核结果和故障率的可信度，可以通过系统用户申请访问链上的考核信息、故障记录和供应商故障率统计信息，访问申请需经过人工审批，如已申请过该数据的访问权限，则系统可自动识别，跳过审核，直接在用户空间中访问该数据。用户使用数据申请和审核记录需进行加密，生成数据指纹，同时将指纹写入区块链（图 3）。

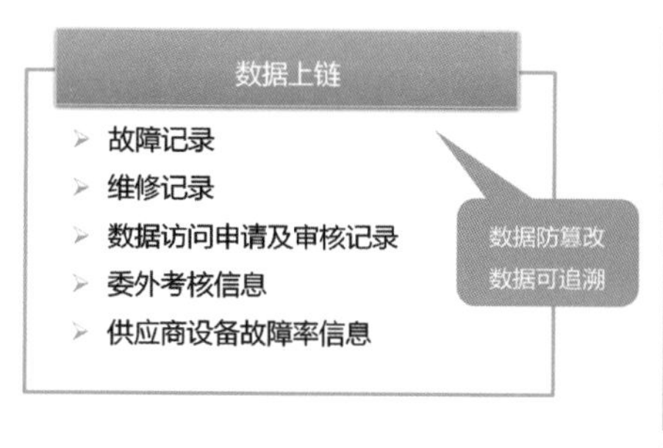

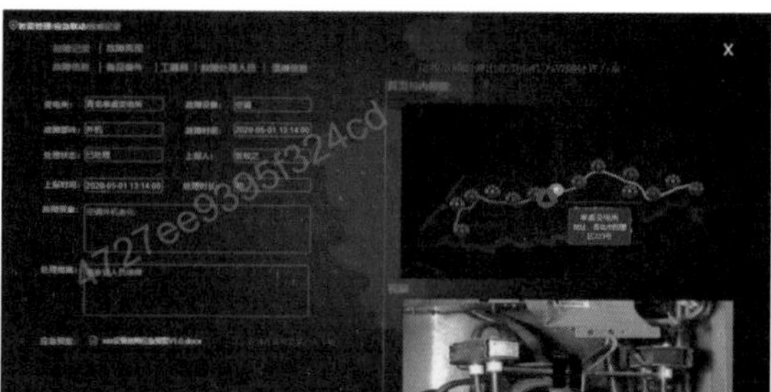

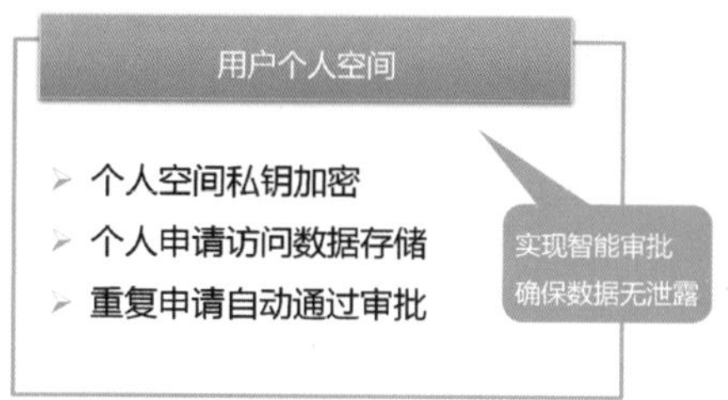

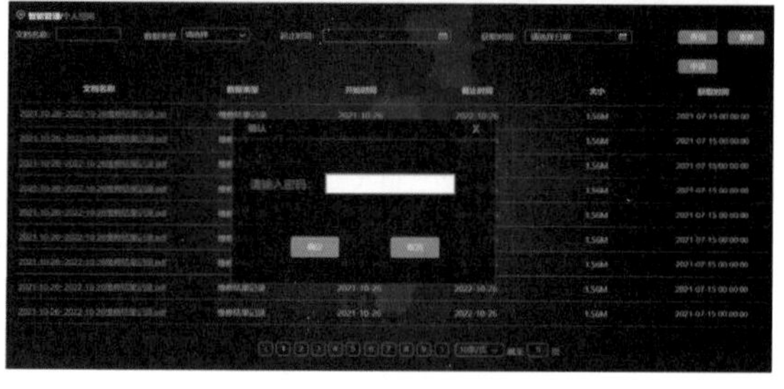

图 3　数据安全

数据集成功能以业务实现为出发点，主要包括与综合监控系统进行数据集成、智能运维系统直接采集、与保护定值模块内部集成、与区块链模块内部集成、与视频巡视子系统集成，因与维修系统不在同一网络环境中，目前采用导入导出施工计划、维修记录的方式进行数据集成。

2.5 应用亮点

区块链是一种按照时间顺序将数据区块以顺序相连接并以密码学方式保证的不可篡改和不可伪造的分布式账本（也称数据库）。它具有不可篡改、防伪的特性。在区块链中，每个区块都包含上一个区块所有数据包的数据指纹（哈希值），计算当前区块的数据指纹（哈希值）时，同时包含了上一个区块的数据指纹（哈希值），形成链接关系。所以，任何一个区块发生了变动，后面相连的所有区块数据指纹（哈希值）都会有所变动，所有人都能看见和发现数据被篡改，并且所有人都会不认可这种无效的数据。这就保证了区块链中区块数据的不可篡改。借助该特性，可以很好地解决设备运维数据来源真实性问题。

合约是区块链技术体系中尤为重要一环，可以在一致性校验方面起到至关重要的作用，通过深入分析业务系统数据交互格式，提取关键参数，抽象规则化合约，实现信息流的自动解析与实时比对，结果进行链上存储。同时，区块链的共识机制是基于协商一致的规范和协议，使得整个系统中的所有节点能够在去信任的环境自由安全地交换数据，使得对人的信任改成了对机器的信任，任何人为的干预不起作用，这样能有效避免人为产生的数据干预。在智能合约和共识机制的加持下，系统中的数据一致性问题便可迎刃而解。

基于身份标识的溯源技术：建立基于区块链的全局唯一标识，支持链上可验证。进一步研究哈希默克尔树（Merkle tree，MT）机制，实现基于摘要的数据快速检索机制，支持链上数据的有效输出。在此基础之上，还可以建立一套用户唯一身份标识与链上公钥地址的对应关系，通过分布式账本客户端实现基于硬件算法的数据签名，以交易形式提交数据，配合区块链的验签机制，确保数据来源的可靠与防篡改。

3 应用前景分析

3.1 战略愿景

海尔数字科技（上海）有限公司主要运营海尔卡奥斯 COSMOPlat 工业互联网平台项目，基于卡奥斯在追溯体系的创新实践，先后参与工业和信息化部主导的现代供应链国家标准 TC 573. 35. 240. 50—2022《数字化供应链 追溯体系通用要求》、中物联主导的《食品追溯区块链平台服务能力要求》等标准，取得行业领先地位。在“新冠”后疫情时代，卡奥斯工业互联网平台将继续开放生态，推动追溯体系进一步扩容，打造覆盖全球的冷链追溯防疫大数据平台，赋能全球商品贸易安全、高效流通。

3.2 用户规模

目前，卡奥斯 COSMOPlat 已打造 15 个行业生态，在全国 12 大区域和 20 多个国家推广复制，主导制定 ISO、IEEE、IEC、UL 大规模定制国际标准，并连续四年入选国家双跨平台。截至 2022 年累计注册用户数为 109 152 个，累计服务企业数为 23 711 家。

2021 年 5 月，卡奥斯 COSMOPlat 海企通平台就在青岛市全面推广电子劳动合同和集体合同，累计为 2 000 多家企业提供了电子劳动合同和集体合同的签署服务。以青岛经验为样板，胶东五市也就此达成《胶东经济圈推动电子劳动合同高质量发展“青岛共识”》。烟台市举行电子劳动合同和电子集体合同启动仪式，则是“青岛共识”在胶东五市的首次落地。作为推进胶东五市电子劳动合同和集体合同平台建设、推广的技术服务商，目前，海企通平台已为青岛地铁集团、中青建安集团、黄岛区人力资源公司、新华友建工集团等多家企业提供电子劳动合同支撑，助力企业实现了人事管理全流程线上化，实现了劳动合同的零成本快速签署，保证了企业、职工隐私以及签署安全。

在电子合同安全性上，卡奥斯 COSMOPlat 海企通平台打造了集储存、应用、生态和运营于一体的纵深防御安全体系。例如，借助区块链分布式、不可篡改特性，海企通平台可对电子签章全流程追踪，并将签章结果在授权允许下实现数据节点同步。同时，通过海企通电子签签署的合同，均能收到对应的签约存证页，具备完整的签约证据链，有效避免了纸质劳动合同签署中可能存在的代签、假章及合同篡改等安全问题。

3.3　推广前景

与同类业务相比，卡奥斯 COSMOPlat 在此基础上叠加一层 BaaS 引擎，强调商业逻辑和最佳实践，向下接入海量设备，向上生长无限应用，打造共性基础技术平台，形成差异化优势。基于工业机理模型、数字孪生体、数字空间、知识图谱等技术创新，BaaS 引擎主张运用新技术“输入数据，输出价值”，将数据生产力高价值转化，为企业提供更核心的赋能动力。

结合企业所需，卡奥斯 COSMOPlat 以工业场景为切口，推出软硬一体化的解决方案，提供包括机房、存储、网络等私有云硬件设施，也搭载“天工 OS”操作系统等，实现工业软件 /APP 的灵活订阅。目前，已探索 D3OS 数字孪生、工业视觉应用、设备物联管理等数字化解决方案，覆盖模具、化工、能源等多个行业，为上平台企业提供更多元的赋能切口。

3.4　产能增长潜力

卡奥斯 COSMOPlat 创新研发三大类产品。一是应用类产品，如产品研发、生产作业、仓储配送等；二是 AIoT 类产品，如终端设备、感知设备、模组等；三是平台级产品，如网络安全平台等。通过软硬件组合打造成产品图谱，实现轻量化、模块化产品部署，在做强赋能企业生产力的同时，为企业提供更丰富的赋能载体。面向不同行业领域，卡奥斯 COSMOPlat 通过“大企业共建，小企业共享”，与大企业共建垂直行业平台，与中小企业共享 SaaS 应用，帮助企业提质增效降本。面向不同区域，卡奥斯通过“$1+N+X$”工赋模式，与青岛、德阳、芜湖等城市共建 1 个区域工业互联网综合服务平台、N 个垂直行业平台和 X 个产业示范园区，助力城市数字经济发展。

4 价值分析

卡奥斯 COSMOPlat 是海尔集团基于“人单合一”和“大规模定制”模式自主研发的工业互联网平台。秉承“为用户增值，创共赢生态”的使命，卡奥斯 COSMOPlat 不断做实基础、做厚中台、做强应用、精准赋能，致力为不同行业和规模的企业提供基于场景生态的数字化转型解决方案，构建“大企业共建、小企业共享”的产业新生态。

早在 2019 年“新冠”疫情初发之时，在卡奥斯 COSMOPlat 企业复工增产服务平台上，平台中的区块链节点以及被授权的用户，可以通过输入交易哈希码（TxHash），查验某条信息由谁发起、发给了谁、既定规则是什么、运行结果如何、运行各环节都记录到了哪个区块上，每个区块的时间戳是多少等，从而得到物资全流程的信息。所有参与方都可查看区块链上的存证信息，也使得供需双方之间信息更真实透明，合作更踏实。而通过查看供应商的以往履行情况，也可以准确判断出供应商的实际交付能力，更好地选择供应商以满足物资需求。

4.1 商业模式

卡奥斯 COSMOPlat 项目于 2017 年 6 月落户临港松江科技城，成为落户松江区的第一家工业互联网平台公司。目前，已经布局了智能制造、人工智能、虚拟现实 / 增强现实（VR/AR）、大数据等关键领域，进行关键共性技术的研发，孵化出一系列核心科技产品，借助全球首个智能 +5G 互联工厂落成、迭代及全面复制，为创世界级的工业互联网生态品牌抢占科创引领先机，用于支撑工业互联网与智能制造的可持续发展。

2019 年 12 月 3 日，在首届全球供应链数字经济峰会暨 2019 中国物流与供应链产业区块链应用年会上，卡奥斯 COSMOPlat 荣获 2019 中国物流与供应链产业区块链应用“双链奖”：获评“十佳区块链技术服务商”，同时其“基于区块链技术的跨境‘双链平台’赋能”案例，获评“十佳区块链应用案例”。

2021 年，卡奥斯 COSMOPlat 联合日本 LOZI、挪威 Kezzler、中国皇朝马汉、太平洋保险公司（上海）共同签订战略合作协议，围绕全球冷链追溯防疫场景解决方案达成合作。同年，（第四届）中国产业区块链峰会在湖南长沙成功召开，“2021 中国产业区块链创新奖”在峰会上公布并表彰。卡奥斯 COSMOPlat《基于区块链和标识解析——食品安全码追溯跨境冷链食品方案》入选“2021 中国产业区块链创新奖十佳案例”。

4.2 核心竞争力

卡奥斯 COSMOPlat 创建于 2017 年 4 月，是海尔集团基于三十多年的制造经验打造的国家级“跨行业跨领域”工业互联网平台，并连续 4 年位列双跨平台“国家队”榜首！平台定位为引入用户全流程参与体验的工业互联网平台，为全球不同行业和规模的企业提供面向场景的数字化转型解决方案，推动生产方式、商业模式、管理范式的变革，促进新模式、新业态的普及，构建“政、产、学、研、用、金”共创共享、高质量发展的工业新生态。

在业务板块上，卡奥斯 COSMOPlat 覆盖工业互联网平台建设和运营、工业智能技术研究和应用、工业软件及工业 APP 开发、智能工厂建设及软硬件集成服务、采供销数字化资源配置等板块，面向家电家居、能源、医疗、服装、装备、电子、汽车等行业提供智能制造、数字化创新等服务，并为产业园区、区域政府提供数字化管理及综合服务平台建设、产业咨询规划等服务。

截至目前，卡奥斯 COSMOPlat 已累计申请发明专利 57 件，目前已授权 10 件，实用新型专利 10 件，软件著作权 86 件，依托以上核心知识产权在工业互联网、区块链领域与其他企业形成技术壁垒，同时，公司与清华大学、复旦大学、上海交通大学、同济大学等高校建立了产学研机制，依托其现有人才培养条件，培养技术研发、标准制定、应用推广、服务咨询等领军型、科研型、复合型、创新型人才，形成多层次组合的人才结构，进行关键技术的攻关。

4.3 项目性价比

海尔数字科技（上海）有限公司自 2017 年 6 月落地上海。2019 年营收 24 亿元，2020 年营收 39 亿元。其主要运营的卡奥斯 COSMOPlat 项目品牌价值突破 760.29 亿元。

4.4 产业促进作用

2022 年 9 月，为响应国家工业互联网开源生态发展的系统布局，卡奥斯 COSMOPlat 发布“天骄”开源社区，通过“硬件开放、软件开源、增值分享”的一体化模式，“天骄”开源社区群组已覆盖智能制造、云计算、物联网、大数据、云原生、边缘计算、人工智能、微服务、区块链、标识解析、安全等技术领域，打造了开发者技术交流共享的平台，为企业、开发者等 9 类用户提供代码托管、技术交流、项目合作、需求定制等 8 大开源场景服务。助力我国在工业互联网关键技术上“弯道超车”，致力于促进工业互联网开源生态繁荣发展并赋能企业数字化转型及创新落地。

供稿企业：海尔数字科技（上海）有限公司

文化和旅游部艺术发展中心文化艺术链

1 概述

“文化艺术链”由文化和旅游部艺术发展中心数字艺术与区块链实验室主导开发，零数科技承担建设和商业化运营，是专门面向文化艺术行业的首个国家级区块链基础设施，它的部署得到了文化和旅游部，以及高等院校、艺术院校、媒体等的认可和支持。建设部署分布式“文化艺术链”是建立国家文化数字化战略的基石。

以国家文化数字化战略为牵引，平台可支持多元文化艺术资产数字化、链上链下可信交互，为复杂异构系统跨链协作提供一键式对接，面向全国数字文化艺术的管理者、开发者、创作者、经营者等提供服务，助力数字文创企业简便快捷地构建分布式商业应用，将更多精力专注于业务创新与推广。

2 项目方案介绍

2.1 需求分析

当前，文化产业与数字技术协同推进、融合发展，新型业态蓬勃兴起，为产业高质量发展注入新动能，数字文化产业成为优化供给、满足人民美好生活需要的有效途径和文化产业转型升级的重要引擎。

据国家统计局数据，2021 年数字文化新业态特征较为明显的 16 个行业小类实现营业收入 39 623 亿元，比 2020 年增长 18.9%；占文化企业营业收入的比重为 33.3%，比 2020 年提高 0.8 个百分点。据业内预测，到 2035 年我国数字经济将达 16 万亿美元，数字文化产业也有望开启万亿级市场空间。超大规模市场优势为数字文化产业发展提供了广阔空间，随着互联网和数字技术的广泛普及以及网民付费习惯的养成，数字文化产品的消费潜力和市场价值将得到进一步释放。

同时，数字文化产业发展也面临数字化水平不高、供给结构质量有待优化、新型业态培育不够、线上消费仍需培养巩固、数字化治理能力不足等新问题。

与区块链等新兴技术相结合，有利于深化供给侧结构性改革，扩大优质数字文化产品供给，提高质量效益和核心竞争力；有利于以文化创意和科技创新培育新型业态，促进产业提质升级，增强发展新动能；有利于激发文化消费潜力，引领消费潮流，不断创造新的消费场景、满足消费需求；有利于推动数字经济格局下文旅融合发展，与数字经济、实体经济融合发展，提升中华文化影响力和国家文化软实力；有利于引领文化消费，增强民族自豪感和文化自信心。

2.2 目标设定

零数科技作为文化和旅游部艺术发展中心数字艺术与区块链实验室共建单位之一，提供自主可控的领先区块链底层技术支撑文化和旅游部“文化艺术链”的建设，旨在成为数字经济时代国家文化数字化战略的重要基础设施，同时也是文化艺术与科技融合的重要应用场景。

本平台依托区块链为数字资产线上交易提供可信环境，为应用开发者开放了支持元宇宙账户体系以及资产数字化流通的应用场景的核心服务内容。同时在基础服务之上持续提供更加精准和专业化的场景服务功能，比如资产账户体系、数字化发行流通体系、交易体系、清算结算体系以及风险控制体系等专业化的服务工具与功能，为元宇宙场景下的资产数字化流通提供更加专业的配套服务。

2.3 建设内容

1）文化艺术链

“文化艺术链”底层链网体系由主链、地方子链、行业子链组成，通过跨链方式与版权链、司法链等其他具有文化产业核心服务能力的区块链平台打通，并与相关地方链、行业链打通，形成服务于文化数据共享和文化资产确权、流通的新一代数字文化网络基础设施（图 1）。基于“文化艺术链”，同时打造“全国数字文化市场公共服务平台”和“全国数字艺术孵化平台”两大赋能平台，构建数字化技术能力、市场服务能力和资源整合互通能力，面向数字文化艺术的管理者、开发者、创作者、经营者等提供服务，推动文化产业数字化转型升级。

2）全国数字文化市场公共服务平台

全国数字文化市场公共服务平台是以服务文化和旅游部中心工作的“数字文化新型基础设施”。围绕新型数字文化产品、技术的研发和市场规范，通过科技手段整合登记确权、授权交易、司法存证、内容生产等能力建设，以通用的智能合约协议及统一接口、统一账户、统一资产管理、统一风控等标准化的服务模块，帮助各类元宇宙数字资产流通应用快速接入使用，快速导入全国数字艺术资源构建元宇宙数字艺术生态（图 2）。

3）全国数字艺术孵化平台

全国数字艺术孵化平台是以数字艺术双年展为核心，以数字文化产业基金、数字文化产品研发、产业规划与培训等一系列服务能力共同组成的产业服务平台，是凝聚和培养优秀文化艺术科技人才，组织文化艺术科技创新，开展学术交流，促进艺术应用科研成果转化的重要载体（图 3）。同期举办的博览会将会是元宇宙相关企业对外展示品牌形象以及合作需求的产业综合博览会。

2.4 技术特点

区块链底层平台的目的是构建自主可控、安全、高性能的区块链网络，并为数据开放平台、资产监控系统以及其他需要可信数据的各类外部应用提供基于区块链的底层支持（图 4）。

区块链底层平台整体架构划分成三层：组件层、区块链层、运维管理层。区块链内核是区块链系统的核心，底层平台具备存证、数字身份、NFT、隐私保护、主机监控、网络监控、系统监控、数据治理、日志管理、预警报警等功能。

区块链数字资产服务平台是基于区块链底层核心技术以及支持复杂分布式商业应用的自主研发的多链和跨链服务平台。可支持多元资产数字化、链上链下可信交互，为复杂异构系统跨链协作提供一键式对接，助力企业简便快捷地构建分布式商业应用，将更多精力专注于业务创新与推广。基于零数众合信息科技自主运营的零数开放式许可链，通过基础服务工具封装复杂的区块链底层交互逻辑，为应用开发者开放了支持元宇宙账户体系以及资产数字化流通的应用场景的核心服务内容。

同时，在基础服务工具的基础上，持续提供更加精准和专业化的场景服务功能，比如资产账户体系、数字化发行流通体系、交易体系、清算结算体系以及风险控制体系等专业化的服务工具与功能，为元宇宙场景下的资产数字化流通提供更加专业的配套服务。

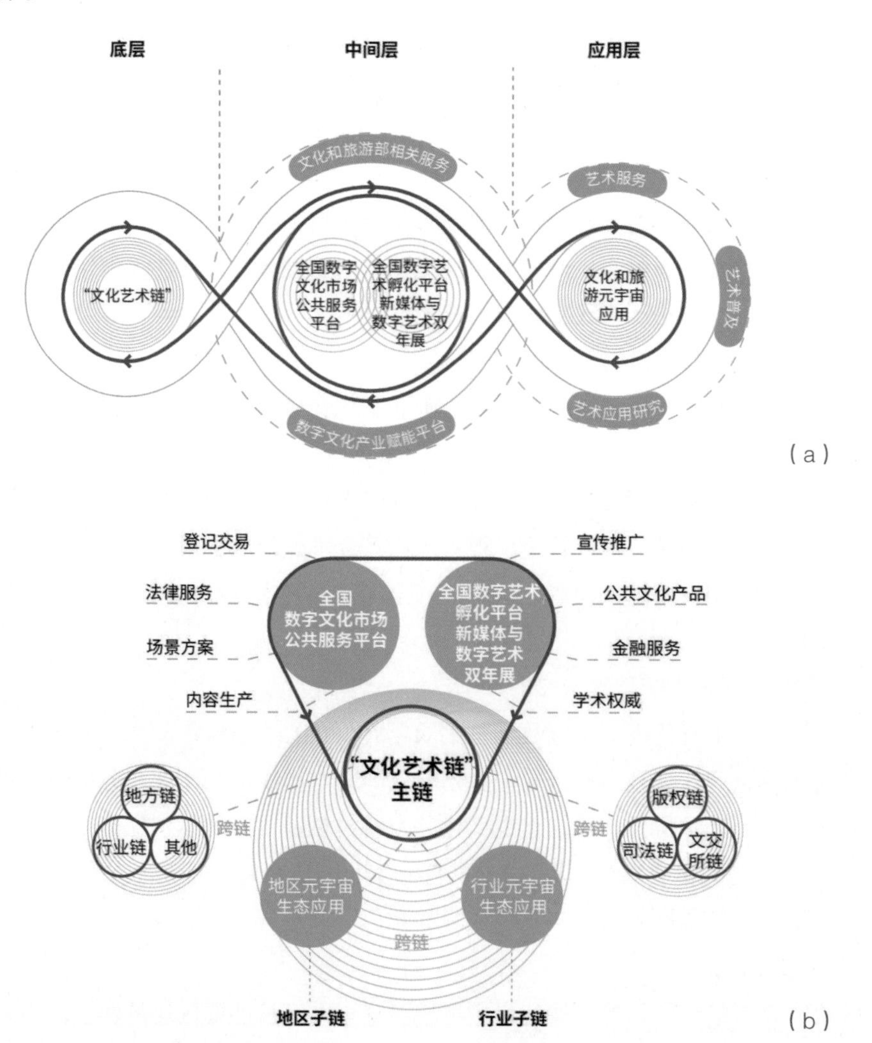

图 1 "文化艺术链"结构示意

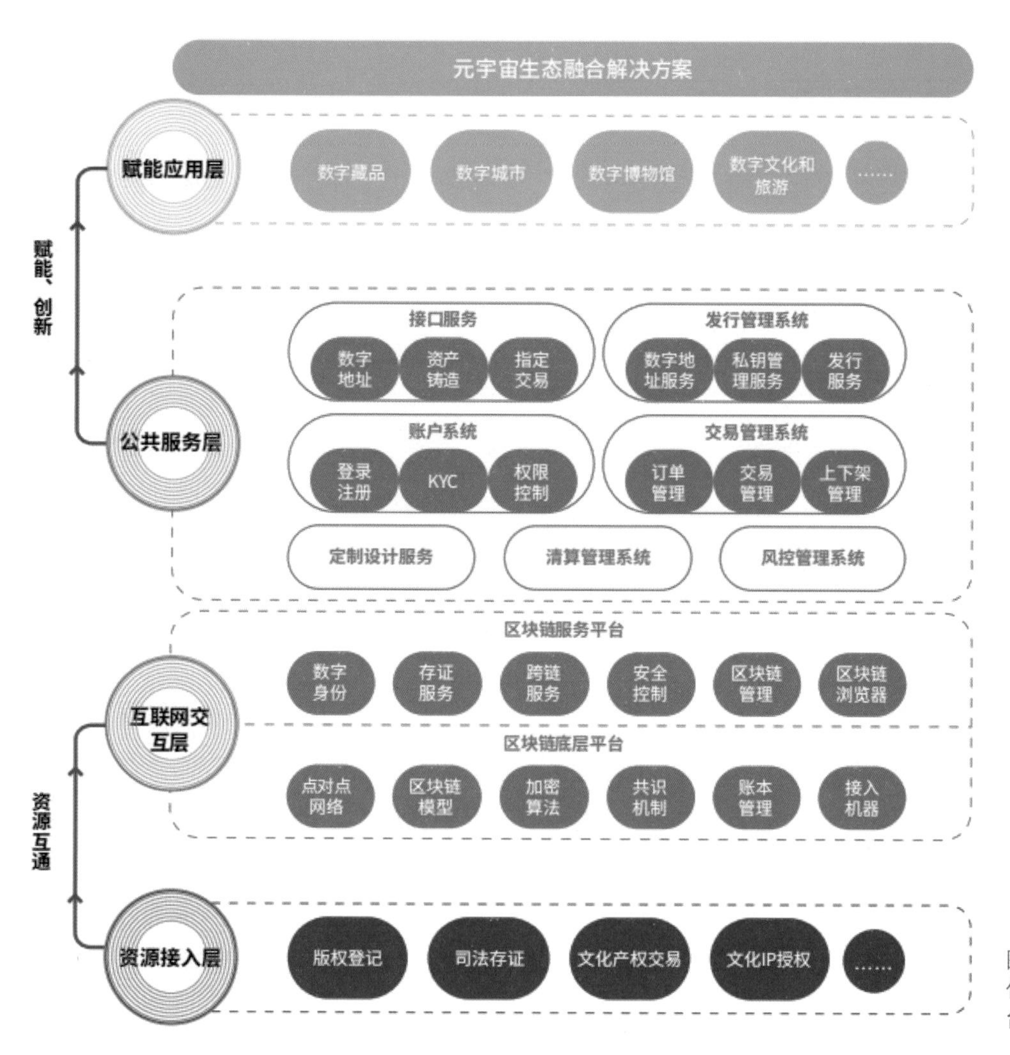

图 2　全国数字文化市场公共服务平台架构

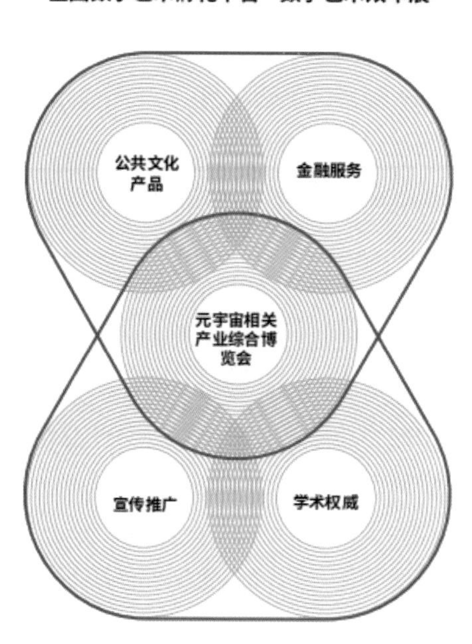

图 3　全国数字艺术孵化平台架构

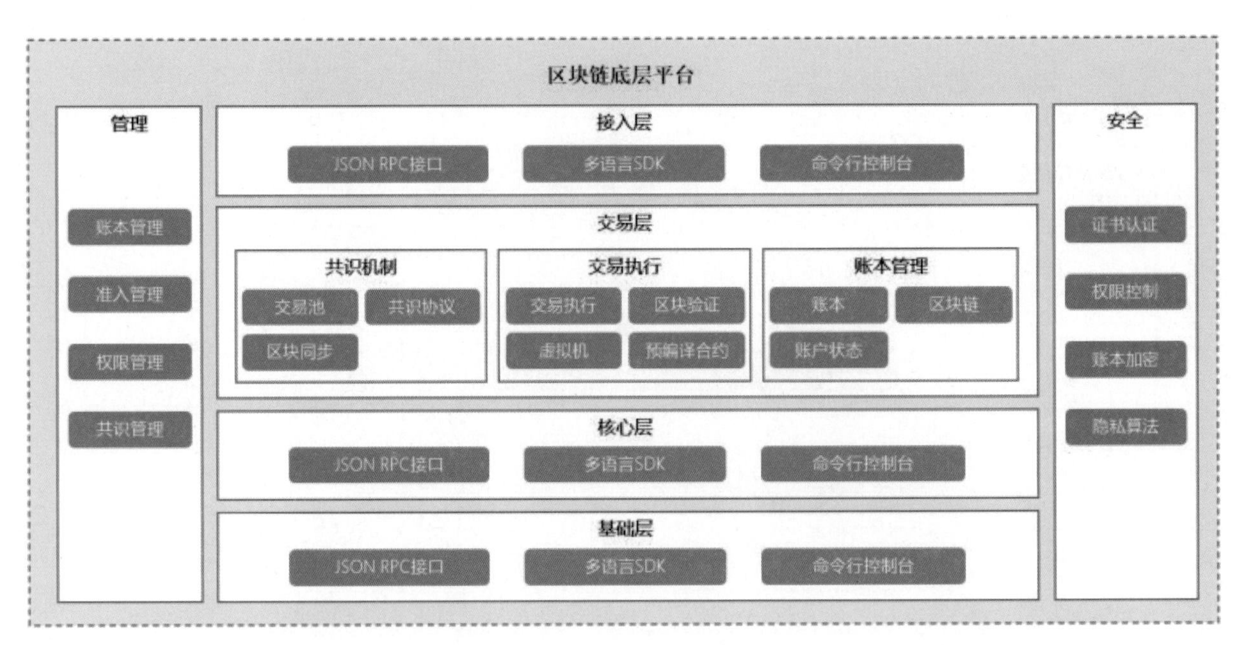

图 4 “文化艺术链”的区块链底层平台的技术架构

区块链数字资产服务平台在为企业及开发者持续提供安全、简单、高效、鲁棒的区块链基础服务工具之外，围绕基于区块链的账户管理和数字化资产的安全、高效流通，坚持提供自主可控、高效易用的产品理念，不断迭代推出多链和跨链支持能力，助力生态伙伴在分布式商业应用领域持续创造价值：

1）区块链智能合约

本项目中区块链智能合约主要针对区块链数字资产服务平台所需要的基于区块链的用户账户体系以及数字资产流通体系的智能合约内容。智能合约允许在没有第三方的情况下进行可信交易，这些交易可追踪且不可逆转。

2）基础服务工具

在服务层集成了区块链的智能合约并且使其更安全和容易使用与封装，从而形成基础的服务性工具。基于区块链能力搭建的利用数字商品技术实现数字资产的发行与管理的平台，助力客户在分布式商业应用领域持续创造价值。

用户可以基于零数开放许可链的底层接口技术搭建数字资产登记与流通平台，比如数字典藏品、数字音乐、版权登记交易等类型平台，以及其他以数字资产形态在区块链上登记生成并且流通的业务场景。

用户可以通过链账户的接口在零数开放许可链上创建唯一的账户地址，通过数字资产生成接口将其资产的信息在零数开放许可链上进行数字化的铸造，并且可以在零数开放许可链上查询到此资产信息，保证了信息的公开透明。

可以提供以下服务内容：数字资产相关合约管理、链上数字资产登记、数字资产管理、链账户管理、业务开发支持、数字资产管理后台等。

3）数字资产业务系统

基于国家监管和行业管理要求，以及统一标准以规范数字资产应用的必要性，依托底层区块链、智能合约以及服务层的数字资产基础服务工具，提供标准化的各分支子业务系统，在对于数字资产登记、发行、流通、风控、监管等主要业务流程上要求统一标准以规范区块链数字藏品应用，从而提供高效、合规、安全、标准的服务模块。

数字资产业务系统主要包括资产账户（含 KYC 和适当性管理）、数字资产发行管理、数字资产交易管理、交易 / 非交易类业务清算管理、风险控制等业务子系统。从数字资产的内容、生成、发行、交易、管理等核心流程环节入手，加上市场参与人的准入、识别、信息收集管理、交易适当性管理和保护等内容形成符合行业规范要求的标准化服务体系。

3 应用前景分析

3.1 战略愿景

“文化艺术链”是贯彻落实文化和旅游部党组工作部署，以服务文化和旅游部中心工作为目标，专门面向文化艺术行业的首个权威区块链基础设施。它的部署得到了相关地方政府、艺术院校的大力支持。同时，在后续的建设中将通过接入国家版权局、国家知识产权局、北京互联网法院、中国法学会等权威机构，进一步为强化“文化艺术链”服务能力提供支撑。

“文化艺术链”推动内容、技术、模式、业态和场景创新，提高视觉艺术行业的自主创新能力。以数字技术与文化产业融合发展，为国家数字经济高质量发展注入新动能，是顺应数字产业化和产业数字化发展趋势的重要基础设施，是加快发展新型文化业态，改造提升传统文化业态，提高质量效益和核心竞争力的不可缺少的新型基础设施，是满足人民美好生活需要的有效途径和文化产业转型升级的重要引擎。通过新兴科技平台打造，构建开放互通的技术资源网络，提供新型产业数字化的基础设施；通过联通高端智库、艺术院校、会议会展品牌联动，推动元宇宙产业生态建设；通过推动部省联动，助力地方相关政策设计，赋能地方数字经济的产业发展。

3.2 用户规模

目前，已加入“文化艺术链”节点单位的高校及机构有：清华大学、北京大学艺术学院、中国传媒大学、文化和旅游部艺术发展中心、北京科技大学、苏州大学、中国美术学院、四川美术学院、广州美术学院、天津美术学院、西安美术学院、鲁迅美术学院、湖北美术学院、南京艺术学院、山东工艺美术学院等 30 多家节点。

“文化艺术链”节点委员会倡导各节点单位积极开展并深化对艺术发展、普及、传播的应用研究，推动研究成果的转化利用，开展新艺术门类研究，把握文化创意与数字艺术创新研究的规律，探索符合艺术之美的文物“活化”服务模式，积极做好相关年鉴的编辑工作，并倾力做好承担文化和旅游部各类重大项目、重要任务的研究工作。

3.3 推广前景

零数科技自主可控的领先区块链底层技术，为文化和旅游部“文化艺术链”的建设提供了全面的技术支撑。“文化艺术链”是面向文化艺术行业的首个权威联盟链，其拥有“全国数字文化市场公共服务平台”，能提供标准化的智能合约、完善的功能产品模块及丰富的资源入口，让各大文化内容方、数字文化创新服务机构、监管部门等以低成本、高效率且十分便捷的方式使用“文化艺术链”，并据此构建活跃、开放的数字文化产业服务生态。

4 价值分析

4.1 商业模式

1）运营方式

“文化艺术链”服务平台由零数科技团队运营，包括商务、售前、品牌与技术四个部门，通过 B2B 或 B2B2C 模式，运营内容包括服务数藏发行平台接入、品牌联动营销、艺术文化院校接入、创作团队接入等服务。

2）盈利模式

盈利模式主要为：平台接入服务费、数字藏品登记服务费、数字版权登记服务费等。

3）推广方式

一是通过联动国家“文化艺术链”各项活动及参展中国数字艺术展（线上、线下展）为主要渠道进行推广；二是在全国举办沙龙活动，邀约产业相关平台与团体参与，进行推广。

4.2 核心竞争力

1）自主研发的领先技术

公司自主研发了具备领先性能的区块链底层平台，通过了工业和信息化部、中国电子技术标准化研究院的权威测试，TPS 超过 15 万 /s（目前全国最高性能），可满足大规模项目落地的性能需求；先进的安全控制机制，保证系统、数据运行安全，并支持大部分国产设备的信创兼容；灵活的可扩展架构及良好的动态伸缩能力，提供友好的技术服务能力。公司已申请发明专利 66 项，其中授权 7 项，获得软件著作权证书 17 项。在 IEEE 会议期刊发表了 2 篇高水准论文。

2）国家数字文化发展战略早期布局者

2022 年 5 月初，在国家数字文化发展战略文旅部内分工文件刚刚形成阶段，零数科技就已经与文化和旅游部艺术发展中心联合成立数字艺术与区块链实验室。零数科技作为实验室唯一数字文化基础设施技术合作单位，承担了文化产业第一条国家级联盟链“文化艺术链”的建设任务，正在遵循“文化艺术链—数字文化资产服务平台—文旅元宇宙应用”的建设路径逐步实施，并邀请艺术院校和综合院校艺术专业等数十家节点的参与，运营中国最大规模的数字艺术创作生态。

3）拥有中国数字文化艺术的权威宣传资源

零数科技参与合建的数字艺术与区块链实验室掌握数字艺术行业最权威展示窗口和宣传推手，实验室筹办的首届中国数字艺术展是中国第一个汇聚全方位艺术家及作品，并为中国元宇宙生态企业对外展示品牌形象和寻求商业合作的权威窗口。超过

50 家艺术院校和综合院校艺术专业，在完成背景调查的前提下，超过 2 000 个艺术创作团队和 200 家数字藏品发行平台以及十余家生态培育基金均受邀参与本次盛会。本次展会包括线下和线上两个场景，还将向区域展和行业展延伸。

4）参与数字文化行业标准和监管课题

参与国家工业信息安全发展研究中心《数据要素安全流通白皮书》、中国信息通信研究院《可信区块链：数字藏品应用技术要求》《数字藏品合规发展研究》，中国电子技术标准化研究院《区块链数字藏品服务应用指南》《区块链数字藏品应用技术要求》等相关课题和标准制定。在上海文化艺术链服务平台建设过程中，零数科技团队将与权威部门共同推动相关技术和业务标准规范落地，从而掌握行业标准和交易合规一手信息。

5）财务保障

零数科技自 2016 年成立以来，收入和利润都保持快速增长，2022 年 7 月，获浦东投控下辖浦东科创基金数千万元 B1 轮融资，将用于加速推进文化、金融行业平台级服务能力升级。

4.3 产业促进作用

文化和旅游部艺术发展中心数字艺术与区块链实验室推动建设的“文化艺术链”，是文化艺术元宇宙发展的重要基础设施。作为实验室共建单位之一，零数科技自主可控的领先区块链底层技术，为“文化艺术链”的建设提供了全面的技术支撑。基于“文化艺术链”，同时打造“全国数字文化市场公共服务平台”和“全国数字艺术孵化平台”两大赋能平台，构建数字化技术能力、市场服务能力和资源整合互通能力，面向数字文化艺术的管理者、开发者、创作者、经营者等提供服务，推动数字文化创意产业发展、助力文化产业转型升级，构建完善健全的数字文化生态体系。

“文化艺术链”推动内容、技术、模式、业态和场景创新，提高视觉艺术行业的自主创新能力。以数字技术与文化产业融合发展，为国家数字经济高质量发展注入新动能。“文化艺术链”是顺应数字产业化和产业数字化发展趋势的重要基础设施，是加快发展新型文化业态，改造提升传统文化业态，提高质量效益和核心竞争力的不可缺少的新型基础设施，是满足人民美好生活需要的有效途径和文化产业转型升级的重要引擎。通过新兴科技平台打造，构建开放互通的技术资源网络，提供新型产业数字化的基础设施；通过联通高端智库、艺术院校、会议会展品牌联动，推动元宇宙产业生态建设；通过推动部省联动，助力地方相关政策设计，赋能地方数字经济的产业发展。

除此之外，在国家文化数字化战略、国家创新驱动发展战略，文旅融合大背景下，“文化艺术链”将高质量促进文旅产业从量向质的转型，同时借助区块链及隐私计算等新技术，推动文旅融合向纵深发展，并全方位整合文化旅游与相关产业的资源和技术，推动产业发展模式创新，扩大文旅消费市场，形成新的消费热点。

供稿企业：上海零数科技有限公司

基于区块链 + 信创智加无纸化智慧会议系统

1　概述

基于区块链 + 信创智加无纸化智慧会议系统是一款基于区块链及信创大数据技术的会议管理系统，能够实现会务治理能力的大幅提升，降低会务和管理成本，推动政府决策机制的数字化、高效化。系统主要是为了有效减少大型会议中海量的纸张消耗量，提升会务工作的组织效率，优化会议的议事、决策和表决机制，强化会议落实成效，从而建立起一套无纸化、智能化、简易操作、高效安全的全闭环智慧会议系统。本项目已连续多年为宁波市“两会”提供服务，并广泛应用于其他党政机构，在宁波地区覆盖率近 100%，用户近 150 家，包括宁波市委市政府、宁波市经信委、宁波市大数据发展管理局等多个部门单位。本项目由浙江智加信息科技有限公司核心团队研发。公司的研发团队包括浙江省的专家 1 人，海归硕士 2 人，教授级高级工程师 1 人，核心研发人员近 80 人，其中大专及以上学历占到 98% 以上。团队负责人施寅杰是浙江智加信息科技有限公司总经理，瑞典克里斯蒂安斯塔德大学学院数字通信设计专业硕士，宁波市区块链委员会专家库专家，长期致力于研究区块链应用和行业数字化技术，是宁波区块链产业先导区建设的主要推动者，通过将区块链和无纸化技术相结合，带领智加团队自主研发出基于区块链技术的“智慧会议系列”“大数据系列”“智慧人大”及“智慧政协”等四大核心系列产品，在政企事业单位及多个行业进行了广泛应用。

2　项目方案介绍

2.1　需求分析

1）应用场景

基于区块链 + 信创智加无纸化智慧会议系统主要适于政府、企事业单位，特别适用于党政和企事业单位的数字化智能化会议场景，能够适配会前、会中、会后的各个会议环节，并能与相关办公、管理场景协同应用。

2）支撑业务

本系统基于区块链技术框架，符合信创标准，围绕会议管理及应用环境构筑实现。该系统充分利用物联网、大数据、人工智能等技术，提供数字化、智能化、社会化、安全可信、闭环融合的会议解决方案，打造一体化公共数据平台，构建多元丰富的会议生态圈，推进智慧城市的创建。

3）需求分析

本系统主要根据以下需求内容予以建设：

（1）内部数据壁垒导致会商及决策效率低下。传统电子政务 / 办公系统往往由各部门独立规划、分散建设，这就在部门间形成数据壁垒，造成会议效率和决策速率迟缓的局面，也在无形中增加了成本。

（2）传统投票表决机制欠缺匿名性和公平性。传统的加密和中心化的电子投票系统，需要在服务器上进行解密后才能进行票数统计，没有实现真正的匿名性，无法完全满足现代政务决策科学化、信息化的要求，也无法真正确保投票表决结果的公平性、公正性。

（3）纸张消耗巨大造成资源浪费和高额成本。大型政务会议往往需要消耗大量纸张，产生惊人的经费成本。这一情况既不符合我国建设数字政府的发展方向，也不符合当前实现双碳目标推进绿色转型的发展要求。

（4）与会参会人员信息掌握不充分决策失能。大型政务会议需要全体参会人员都能充分掌握信息，做出合理科学的会议决策。但实际工作中，大型会议会程长环节多，存在“议而不决、决而不行”的难题。

（5）会议流程复杂会程组织和会务管理困难。不同的会议规模具有不同复杂程度的会议流程，这其中涉及对不同部门各个人员的协调安排、信息采集、任务分配等工作。现代公共事务的复杂程度越来越高，如果会务管理的信息化智能化程度没有随之提高，则必然影响参会体验和会议效果。

（6）重要会议数据信息存在泄密风险和漏洞。政务会议会产生大量涉及国计民生的重要数据信息，但当下不少数字化会议系统的硬件设备都没有实现全面信创国产化，从而破坏了会议信息的安全保密环境，为数据信息的存储带来风险和漏洞，严重的可能带来重大的政治、经济、社会损失。

4）建设内容

本系统根据上述需求，基于客户 – 服务器的会议 + 文件分配、共享和共治的生态系统，具备统一、稳定、可靠、安全、易操作的特性，以数据流为核心，集成会议管理、会议协同、文件推送、投票表决、同屏协同、终端管理和定制阅读等功能模块，为会议系统提供规范、完整、安全、去中心化、不可篡改和可追溯的会议数据中台生态，由智能合约自动化处理全流程交互，全面实现无纸化的会议体验。

2.2　目标设定

基于区块链 + 信创智加无纸化智慧会议系统力图实现会议全流程的无纸化模式，通过区块链的部署使用让每次开会的主办方和参与部门或人员在一个非信任的环境下共同参与会议全流程管理，将与会议有关的数据资料上链，通过智能合约，共享给智能合约中有使用该资料权限的节点，由各方节点参与合约的背书。

该系统根据会议的参与方需要增加或减少，可以方便地在已创建的联盟链中增加或删除节点，会议结束后可保存会议创建时建立的联盟链，数据将永久保存在链上，可以在下次开会的时候使用。如果需要重新建立新的合约，可将修改好的智能合约重新提交到链上由各节点背书和通过，来为新的会议全流程服务。本系统可以让政府在治理能力快速发展的同时享受信息化系统带来的便捷，能够很好地适应政务数字化治理需求增加、信息化资金受限、缺少专业信息化人才的实际情况，从而提高会议效率、简化办事步骤、加快办公速度，实现会议过程的全追溯。

2.3 建设内容

本系统重点建设内容如下：

（1）区块链和同态加密结合。针对投票系统，使用部分同态加密算法，密文在链上计算，整个计算过程对密文不会进行解密，再从链上获取运算后的密文，对该密文进行解密获取投票结果，实现了投票匿名性。

（2）共识算法。使用 Raft 信道可信条件下共识算法作为共识机制，使联盟链中所有参与节点的身份都是已知的，确保每个节点有很高的可信度。

（3）分布式核算和存储。使用分布式核算和存储，不存在中心化的硬件或管理机构，任意节点的权利和义务都是均等的，系统中的数据块由整个系统中具有维护功能的节点来共同维护。

（4）提升系统开放性和自治性。提升联盟链内的数据透明度，加强数据统合能力，采用基于协商一致的规范和协议使整个系统中的所有节点能够在去信任的环境自由安全地交换数据，降低人为干扰。

2.4 技术特点

1）架构设计

本系统总体架构分为展示层、应用层、服务层、数据层（区块链层、共识算法、大文件数据分布式存储层）和基础层（网络层、硬件层），如图 1 所示。

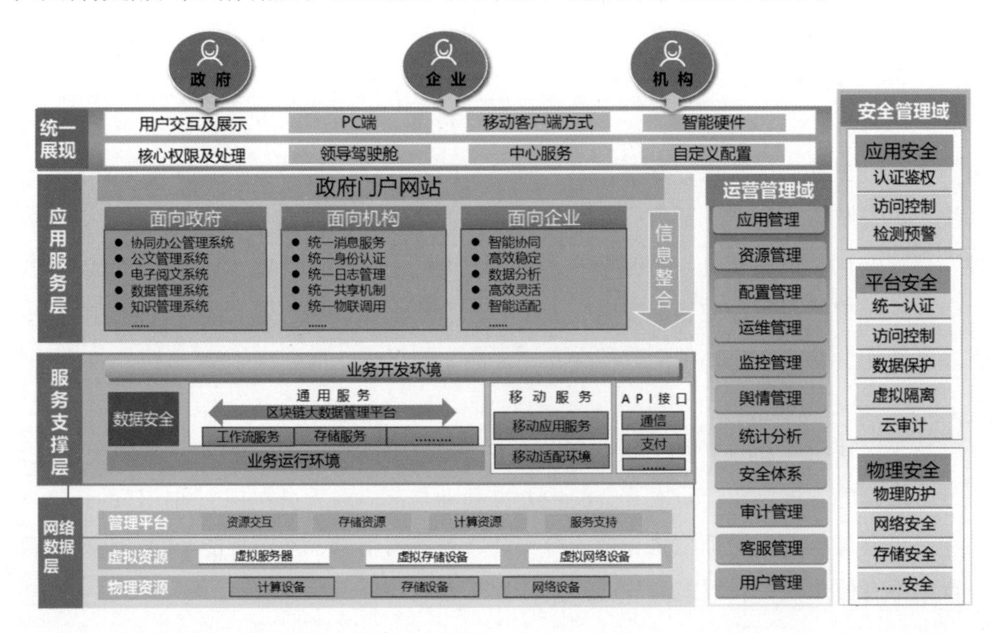

图 1 系统技术框架示意

（1）本系统基于区块链的数据层。区块链基于开源的企业级区块链 Hyperledger Fabric 2.2（最新长期支持版本）开发（图 2）。

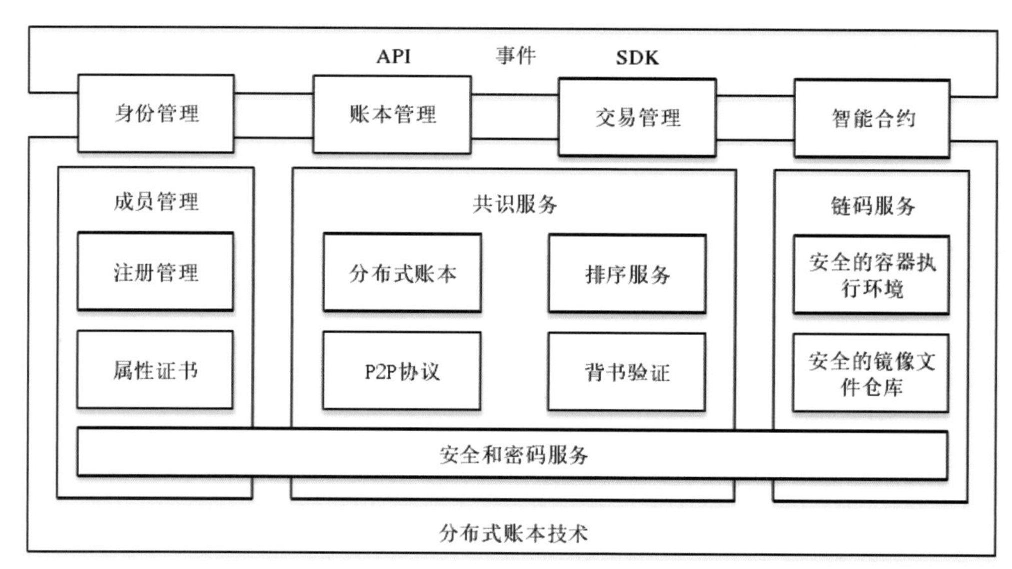

图 2　Fabric 系统逻辑架构

（2）共识算法。本系统使用的共识机制是 Raft 信道可信条件下共识算法。本系统中所有的节点都是以 Raft 节点的 Follower 角色启动（图 3）。

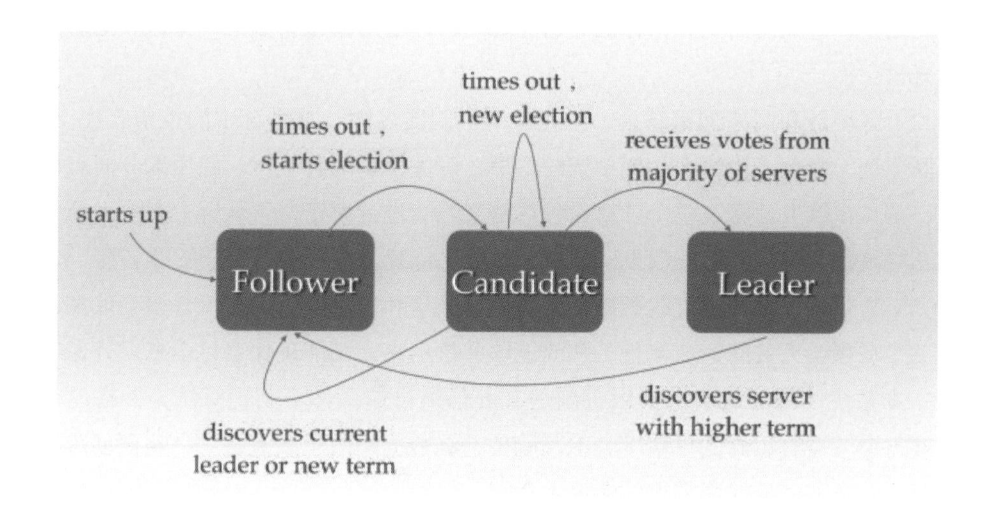

图 3　Raft 节点三状态

（3）本系统的区块链网络层。在一个联盟链区块链网络中会有多种不同类型的节点。图 4 的网络节点架构中基本包括了所有的节点种类。

（4）数据加密处理。在本系统中的投票表决模块中采用区块链 +Paillier 加法同态的架构，用以实现匿名投票和链上计票。

（5）数据保存。对大文件的保存使用了 IPFS 分布式存储，数据的安全性更高，并大大降低数据的存储成本。

（6）硬件层。在硬件方面主要使用了信创平板和加密芯片。从而解决与数据相关

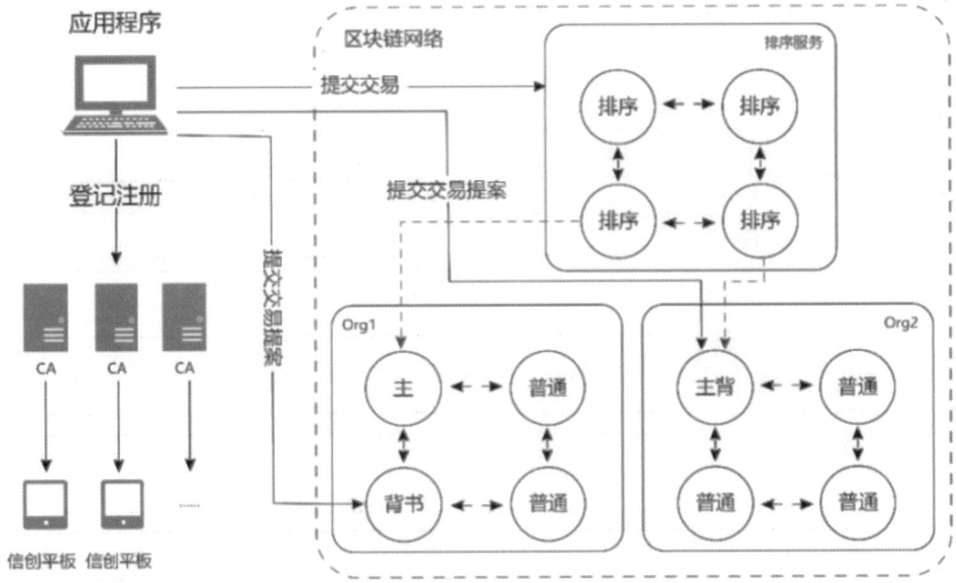

图 4　本系统的区块链网络节点架构示例

的核心环节问题，构建“可信数据采集”“存证与数据互通账本”“可信中台”等内容。

2）主要特点

（1）“信创”硬件实现数据“可用不可见”。本系统使用信创平板和加密芯片，实现跨部门、跨地区之间数据的共同计算的业务，让数据“可用不可见”，能够实现用于责任划分、自证清白、数据存证等功能的同时，不暴露原始数据，保护数据的隐私和所有权。

（2）区块链和同态加密结合，强化投票机制匿名性。本系统中的投票表决模块，使用联盟链，避免了传统中心化系统的约束，确保投票的公平性。使用部分同态加密算法，密文在链上计算，整个计算过程对密文不会进行解密，再从链上获取运算后的密文，对该密文进行解密获取投票结果，从而比传统投票机制有更强的匿名性。

（3）采用共识算法搭建联盟链，平衡信息共享和信息保密需求。许多会议都需要创造一个在参会人员间达成信任，从而能够共享信息，又能确保会议信息对外保密的场景。本系统使用的区块链共识机制是 Raft 信道可信条件下共识算法，并搭建联盟链，使每个节点有很高的可信度，但又能使上链数据局限于联盟链中，从而创造一个平衡信息共享和信息保密需求的会议生态。

（4）信息不可篡改，强力保障会务数据稳定性。由于本系统采用了区块链技术框架，而区块链的特点就在于一旦数据上链，就难以篡改。应用到政务会议中，就能确保会议数据信息的稳定性，使任何与会人员都能查询到可靠的信息资料，并能在会后进行数据溯源，无须担心信息数据被篡改。

2.5　应用亮点

1）应用创新优势

系统采取一站式会议管理模式，贯穿会前、会中、会后，打通会务各环节流程及各部门单位的信息壁垒。本系统基于区块链技术框架，实现 AI 会议通知、会议签到、笔记批注、投票表决、执行督办、统计分析等适应政务会议的会务功能（图5），并具有以下应用优势亮点。

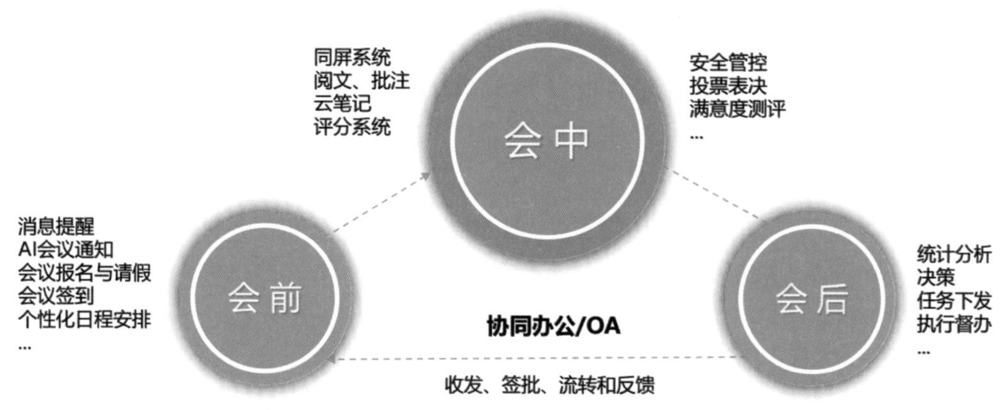

图5　系统在会议各环节实现的功能

（1）全程无纸化低碳环保。会务人员及参会人员均无须使用纸笔，完全通过智能化信息化应用设备参会议事，降低会议成本，实现绿色会议。

（2）信息数据化协同高效。使用区块链技术，构建庞大的会议数据库，打破参会各部门信息壁垒；运用智能合约实现数据存储，实现多方数据共存共享，提高审批验收效率，解决“议而不决、决而不行”的难题。

（3）流程智能化精益快捷。实现会议创建、会议协作、会议签到、会议记录、投票表决等会议流程的全面智能化管理和操作，大大缩短会议周期，确保会议能够快速切实地得以开展。

（4）系统模块化灵活拓展。本系统可进行模块化开发，根据需求对应不同规模不同类型的会议场景，构建不同的功能应用，并能与各类智慧平台、OA办公系统、场馆信息化系统及智能硬件设备进行完美融合，形成生动完整的会议生态环境。

（5）设备国产化安全可控。在硬件层面，系统应用的平板、服务器、操作系统、加密算法和加密芯片等全面实现国产化，安全稳定，以区块链技术框架结合符合信创标准的设备平台，在国内尚属首创。

2）专利成果

本系统已开发完成，并获得核心自主知识产权25件（包括3件专利和22件软件著作权）。

3　应用前景分析

3.1　战略愿景

我国“十四五”规划已明确要求加快数字社会建设步伐，提高数字政府建设水平。2021年6月，浙江省人民政府发布《浙江省数字政府建设“十四五”规划》，提出要建立整体高效的运行管理体系，完善开放共享的数据治理体系。同年，浙江省还发布

《浙江省区块链技术和产业发展“十四五”规划》，要求充分发挥区块链在社会治理能力提升方面的技术支撑作用。2022 年 7 月，浙江省人民政府印发《关于深化数字政府建设的实施意见》，更进一步提出以数字政府建设助推数字浙江发展，构建“平台 + 大脑”支撑体系。另外，我国于 2020 年 9 月提出了 2030 年“碳达峰”与 2060 年“碳中和”目标，这标志着我国的产业结构和治理模式进一步深化发展。

通过本系统的实践使用，政府及相关职能部门的服务水平得到有效提高，深化了浙江省“最多跑一次”的行政目标，进而提升了公共服务满意度。同时，本系统的实施符合“双碳”目标实现的实际需求，大大降低了日常办公和政务履职过程中的碳排放量，减少了消耗资源较大的纸张、油墨等使用情况，契合我国绿色治理、绿色发展的理念。

3.2 用户规模

本项目已实施研发完成，并在多家部门单位进行了部署。2019 年起，宁波市“两会”开始采用基于区块链 + 信创智加无纸化智慧会议系统。迄今为止，系统在宁波市两会期间已经得到近千位参会人员近 6 000 人次的使用，并使原本 5 天半的会程缩短为 3 天，大幅提升会议效率。

目前本项目在宁波地区覆盖率近 100%，用户近 150 家，包括宁波市委市政府、宁波市经信委、宁波市大数据发展管理局多个等党、政部门，同时已拓展省外市场，包括辽宁省移动、内蒙古电信、青海省移动和江西省人社厅等；采用了本项目系统作为主要功能应用的智加智慧人大系统和智加智慧政协系统也已在宁波市本级及各县市区人大、政协系统全面推广应用，已具备充分的市场成熟度，受到了用户良好的市场反馈。

3.3 推广前景

（1）会议在线化、无纸化，符合环保和经济需求。系统使用区块链进行信息存储，将会议相关文件上传至云，可在线进行查看、下载、应用，进而提高会议效率，符合国家绿色低碳的环保需求和市场降本增效的经济需求。

（2）模块化、个性化、可定制，适应多场景应用。系统采用微服务架构进行模块化开发，对应不同需求，建设模块化的功能应用池。用户可根据自己角色需求，添加自己所需要的功能，完成个性化的定制，适应当下多元的会议、办公场景。

（3）会议工作标准化，会务管理人性化。将会议工作的标准进行规范，使所有参会人员通过平台了解会议安排，明确已经进行的步骤和还需进行的步骤。应用本系统的会议工作将更加简单高效，具有很高的使用价值。

（4）会议工作数据化、可视化，形成会务管理良性循环。本系统对会务管理人员的工作环境更友好，能够对会议工作进行统计分析，对与会各方进行多维度画像，并做出可视化展示，从而为会务管理者提供准确的工作依据，形成会务管理的良性循环。

（5）响应机制常态化，确保高效能保障服务能力。实施全年常态化的维护服务，制定了对系统的定期售后服务计划及售后专门小组，定期通报情况，并建立了维护响应机制，最快需在用户提出服务请求 1 h 以内予以回复，并安排专人排除故障。

综上所述，本系统能够在区块链技术框架下，针对当前会议工作的痛点和难点，提供一套高效、安全、环保的智慧会议解决方案，从而大幅优化会议的管理和决策效率，推进数字政府的治理能力，降低治理成本，具有广阔的推广前景。

3.4　产能增长潜力

1）业务增长规划

未来本项目的市场将继续以宁波为中心，并向全国辐射。以长江以南地区为主要拓展区域，立足浙江，加速引进多元化的人才和资源，抓住机遇广泛拓展湖南、湖北、云南、四川、贵州、广东、广西、福建、江苏、安徽、江西等区域，快速增加业务体量。

2）产业生态建设

产品秉持数字化改革的“小功能、大应用”的核心精髓，融合旅游、餐饮、商场、酒店、金融等周边生态和多种产业打造无纸化智慧会议生态系统，拉动会展产业链的发展，打造会议 + 旅游、会议 + 创业、会议 + 生活等新模式，面向全国、走向世界。

4　价值分析

4.1　商业模式

1）标准化产品收费——主要盈利方式

标准化产品收费包括项目收费和使用收费，项目收费包括软硬件一体化收费，使用收费通过用户数和使用时间进行收费，按 50 元 /（个 · 天）计算，2021 年标准化产品用户数已达 10 000 个，年收入可达 500 万元。2022 年达 20 000 个，2023 年预计可达 30 000 个。

2）定制化服务收费——主要客户拓展方式

在标准化产品的基础上根据客户的需求对软件进行二次开发。定制化产品更具针对性，更贴合用户体验。

3）生态化融合收费——主要市场拓展方式

与上下游和设备供应商加强生态融合，搭载其平台或系统为客户提供服务，这种方式面向涉及的应用场景会更多，市场潜力巨大。

4.2　核心竞争力

本系统由公司总经理、首席技术官施寅杰直接负责主导，目前已获得 25 件核心知识产权，并在宁波地区无纸化政务会议领域实现全覆盖，已在宁波市场占据主导地位，具有雄厚的本土市场竞争力。

本系统贴近用户需求，以客户为导向，针对目前大型会务和办公管理中存在的痛点进行研发，帮助用户降本增效，形成有力的竞争优势，具体表现在以下几方面：

（1）无纸化降低会务成本。通过本系统的应用，大大降低了纸张、油墨等物质性成本，精减了会务组织、人员安排、文件分发等时间成本，优化了信息沟通、分析决策、预算分配等管理成本。

（2）规范化提升会议效率。本系统将会议流程进行规范化，帮助参会人员及时掌握会议安排，打破信息壁垒，明确会议要点，提高议事效率，推进会议有序高效进行。

（3）易扩展适应各类场景。本系统可实现灵活的系统和功能扩展。尤其在“新冠”疫情期间，帮助宁波市两会在优化流程的同时，确保了会议成果的高质高效，证明了本系统应对各类会议场景的灵活性和稳定度。

（4）产业带动激活引会效应。本系统围绕会议服务，以创新和智能带动会议经济，有效融合了文创、旅游、交通、购物、餐饮等生态设施，利用大数据充分发挥引会效应，创造了智能会务新模式。

（5）“信创”标准保障数据安全。在硬件层面，平板、服务器、操作系统、加密算法和加密芯片等全面实现国产化，实现安全稳定，是国内基于区块链结合信创的首创。

4.3 项目性价比

智加对本项目进行持续的研发投入。2021 年，公司用于本项目的研发投入为 380 万元，2022 年预计达到 500 万元。通过在市场上的推广应用，2021 年本项目已为公司实现 500 万元的营业收入，2022 年该项目的营业收入预计会达到 3 000 万元。

4.4 产业促进作用

1）促进区块链技术在会务、办公领域的运用

本系统以区块链技术为核心框架，发挥区块链技术“去中心化”和“不可篡改”的属性，更加科学合理地配置数据资源，使区块链技术在现代会务办公领域得到更加有效的运用。

2）促进区块链产业链的生长和成熟

本系统以会议场景为核心，推动国产“信创”硬件的运用，并与其他国产办公系统、一体化智能化公共数据平台有机融合，形成产业链共赢共生的局面。

3）促进区块链行业人才的引进和培育

通过本系统成熟的市场化运作，为区块链行业人才提供锻炼的平台，并吸引行业优秀人才，为长三角地区区块链产业发展打造人才储备高地。

供稿企业：浙江智加信息科技有限公司

印记区块链电子印章

1 概述

印记区块链电子印章是国内首创基于区块链技术构建的电子印章服务，主要满足政府发行电子印章、监管印章使用以及满足企业用户线上用章的需求，目前印记已全面覆盖各类场景，如电子政务、行政审批、内部办公、金融、教育、供应链以及各类B2C领域。产品由安徽高山科技有限公司自研，高山科技是安徽省专业从事区块链技术研究与应用研发的国家高新技术企业。企业核心研发团队具备丰富的区块链技术研发与应用经验，坚持自主创新，拥有多项自主可控核心技术，企业2021年入选中国区块链百强企业，2020年入选中国区块链典型企业名录，入选腾讯区块链加速器全球32强。企业产品“印记区块链电子印章及合同签署平台”入选2022年首批合肥市数字经济经典应用场景。2022年3月，企业联合申报“区块链+版权”项目入选国家区块链创新应用试点。项目总负责人杨宁波是高山科技创始人、董事长，合肥市高层次人才，合肥市区块链产业创新战略联盟副理事长/专家，区块链行业资深从业者。2013年接触并研究区块链，精通区块链技术架构，是区块链应用先行实践者和业务专家，曾受邀主笔2020年、2021年《合肥市区块链产业发展报告》。

2 项目方案介绍

2.1 需求分析

1）传统印章使用痛点

随着数字经济的发展，新基建的加速推进，传统用章的方式给企业带来的成本高、效率低、管理难、风控弱等痛点日益明显，电子印章作为数字应用的基础设施，因其便捷高效、安全环保、无纸化、全线上等优势，呈现强势发展态势。

加之受“新冠”疫情影响以及“双碳”目标的要求，近两年数字化转型速度加快，越来越多企业和政府部门选择拥抱数字化转型，线上无接触办公和服务迅速普及，电子印章接受度明显提升，在国家政策的鼓励支持下，加速向各行业渗透。

2）现有解决方案的痛点

在现有的电子印章解决方案中，大部分都是采用CA证书的技术路线来构建电子印章系统。如此一来，电子印章系统依赖于数字证书认证系统来实现电子印章的签章和验章，用户在使用时，受制于CA的兼容性，影响使用效率。而目前市面上主流的电子印章系统，为了提高使用效率，几乎都是采用中心化托管的方式，平台将用户的CA统一管理，用户每次签字或用章时实际上是中心化平台代用户进行签名，存在人为干涉、恶意篡改、冒名顶用的风险，给用户的文件安全、用章安全、签署安全带来重大安全隐患。

在数据安全方面，传统签章平台将用户的数据、文件存储在中心化系统中，数据的安全得不到有效保障，可能存在隐私泄露、文件丢失、数据篡改、伪造等风险。

此外，采用CA方式的电子印章、电子合同需要为每一个用户、每一个组织去申领认证一个CA证书，用户需要支付额外的认证费用，增加了用户的使用成本。

3）建设内容

为解决现有中心化电子印章法律效力存疑、数据安全风险以及成本相对较高的问题，安徽高山科技有限公司决定采用去中心化的区块链技术结合智能合约、分布式数字身份、数据加密等多项技术，形成一套高可信、强安全、低成本的全新解决方案。

2.2　目标设定

采用分布式数字身份技术＋智能合约技术构建区块链电子印章。

区块链具有去中心化和不可篡改的特点，可以在不依赖第三方可信机构的情况下建立同行之间的信任转移，解决互信互认问题，将区块链技术应用于电子印章应用领域，这有助于建立一个电子印章验证体系，降低电子印章管理服务成本，提高电子印章验证效率。

由智能合约发行电子印章，电子印章的全生命周期逻辑上链，印章的发行、授权、使用、校验、吊销等过程，全部的行为数据都是在链上产生，从根源保证了数据的可靠、无法篡改。

同时，采用分布式数字身份DID以及智能合约生成的区块链签章，将签署逻辑进行上链，可以有效解决中心化服务依赖的现状，从根本上解决盗签、冒签的问题，结合隐私计算和IPFS，可以很大程度上保证数据的安全。

在使用经济性方面，由于不需要向CA认证机构申领认证，可为用户节省一定的使用成本。

2.3　建设内容

印记区块链电子印章包含可信数字身份服务平台、区块链电子印章发行平台和区块链电子合同签署平台三大核心部分。

1）可信数字身份服务平台

身份自认证体系，为不同场景、不同需求提供不同层级的身份认证服务，不依赖于第三方的CA认证体系，还可以支持更多的认证方式，如政府认证、公安认证、银行及电信运营商认证等。将认证资料确权、数字身份、实名身份三者进行唯一绑定，进一步提高身份的可靠性。完成身份认证后，会在链上为用户颁发可信身份凭证来保证身份的唯一性和真实性。

2）区块链电子印章发行平台

使用智能合约在区块链上发行电子印章。印章从生成、授权、管理、使用、校验到冻结和注销，全生命周期逻辑上链，每一次操作全程在链上产生行为数据。区块链去中心化、公开透明和不可篡改的特性，保证了印章的唯一性和用章的真实性，无人为干涉的可能。

3）区块链电子合同签署平台

为用户提供在线用章、在线文件签署服务，签署过程全程加密处理，签署完的文件采用分布式加密存储技术来确保文件的完整性和安全性。根据不同的使用习惯和业务需求，提供不同的产品形态，如 SaaS 云平台服务、私有化部署以及开放标准 API。

2.4　技术特点

2.4.1　架构设计

从系统架构上看，本系统分为区块链层、能力层、服务层、接口层与应用层五个大层级（图 1）。

1）区块链层

支持多种底层链，如长安链、Fabric、蚂蚁链、百度超级链、趣链、Ethereum 等，系统可在不同链之间实现平滑迁移。

2）能力层

区块链综合服务平台，包括智能合约、分布式数字身份及可信凭证、隐私计算和分布式存储技术，为数据中台和上层应用提供技术支撑。

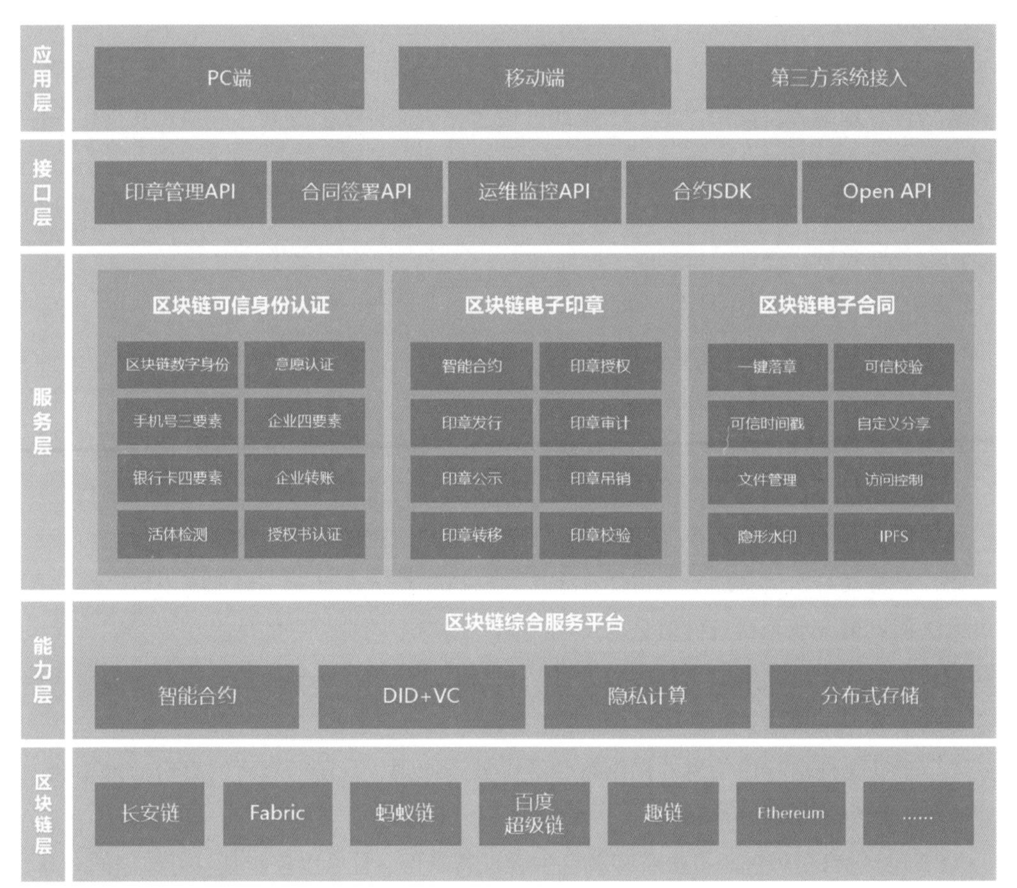

图 1　印记区块链电子印章系统架构

3）服务层

服务层包含三大核心模块，分别是可信数字身份服务平台、区块链电子印章发行服务和区块链电子合同签署服务。

（1）可信数字身份服务。身份自认证体系，为用户提供多层级的可信的身份认证服务；提供多种身份认证模式，对于个人提供手机号三要素认证、银行卡四要素认证等；对于企业提供企业四要素认证、营业执照真实性核验、对公转账认证、法人授权书认证等；在意愿认证方面，平台提供多活体检测、签署密码、手机短信认证等多种方式。

（2）区块链电子印章发行服务。基于区块链智能合约发行电子印章，印章的发行、授权、用章全逻辑在链上进行，每次用章行为都有详细的链上记录，所有记录不可篡改、可追溯。提供印章可信校验平台，一键检验印章的有效性。

（3）区块链电子合同签署服务。为用户提供智能合同管理服务。不仅赋能客户合同管理能力，而且帮助客户进行合同范本、分类管控、合同分析统计等功能，让用户从烦琐的纸质传统管理事务中解脱出来。另外，平台还提供完善的企业管理模块，使企业管理者能够高效地把控各类管理元素，提高整体办公效率。

4）接口层

接口层提供印章管理 API、合同签署 API、运维监控 API、合约 SDK 等，方便其他第三方平台接入区块链印章、电子合同及其配套功能。

5）应用层

在应用层，软件系统支持 PC 客户端、微信小程序、安卓 /iOS APP、企业管理端、政府平台管理端等，使用户足不出户即可快速完成文件线上签署，并提供文件可信验证，发生司法纠纷时，司法机关可调取链上数据进行审判。

此外，由于开放 API 与 SDK，本系统可快速与第三方 ERP、OA、CRM 等系统打通，为各种领域、各种场景赋能。

2.4.2　关键技术

1）分布式数字身份

用户实名和企业认证过程中，平台为其颁发符合 W3C DID 规范和 W3C VC 规范的分布式数字身份。分布式数字身份以区块链技术的分布式账本和 DID 协议为基础进行构建，在分布式数字身份系统中，用户对自己的若干个身份拥有绝对的控制权。用户可根据不同场景需要，自主选择使用不同的身份信息。应用个人身份信息进行身份验证，是将其身份信息的哈希值储存于区块链以供他人验证，一经加密上链，任何用户无法擅自篡改或否认身份信息与声明。同一用户不同身份下的信息相互分离，无关联关系，由用户自主生成、分配和管理。根据上述流程，基于区块链技术的分布式数字身份具有以下优势：

（1）安全性。身份信息的提供符合最小披露原则，身份所有者的身份信息不会无意泄露，且身份信息可长期保存。

（2）身份自主可控。身份所有者自主管理其身份，且可以控制其身份数据的分享，无须依赖可信第三方。

（3）身份的可移植性。身份所有者能在多种场景下任意使用其身份数据，而不需依赖特定的身份服务提供商。

2）智能合约

智能合约是在区块链数据库上运行的计算机程序，可以在满足其源代码中写入的条件时自行执行。智能合约一旦编写好就可以被用户信赖，合约条款不能被改变，因此合约是不可更改的。区块链智能合约有三个技术特性：

（1）数据透明。区块链上所有的数据都是公开透明的，因此智能合约的数据处理也是公开透明的，运行时任何一方都可以查看其代码和数据。

（2）不可篡改。区块链本身的所有数据不可篡改，因此部署在区块链上的智能合约代码以及运行产生的数据输出也是不可篡改的，运行智能合约的节点不必担心其他节点恶意修改代码与数据。

（3）永久运行。支撑区块链网络的节点往往达到数百甚至上千，部分节点的失效并不会导致智能合约的停止，其可靠性理论上接近于永久运行，这样就保证了智能合约能像纸质合同一样每时每刻都有效。

印章映射成区块链智能合约，印章发行、授权、用章等管理通过调用智能合约完成，操作过程全部上链。

3）区块链账本分析

存储模块负责持久化存储链上的区块、交易、状态、历史读写集等账本数据，并对外提供上述数据的查询功能。区块链以区块为单位进行批量的数据提交，一次区块提交会涉及多项账本数据的提交，比如交易提交、状态数据修改等，所以存储模块需要维护账本数据的原子性。支持常用的数据库来存储账本数据，如 LevelDB、BadgerDB、MySQL 等数据库，业务可选择其中任意一种数据库来部署区块链。

账本数据主要分为 5 类：

（1）区块数据，记录区块元信息和交易数据。区块元数据包括：区块头、区块 DAG、区块中交易的 txid 列表，additionalData 等；交易数据即序列化后的交易体，为了提供对单笔交易数据的查询，对交易数据进行了单独存储。

（2）状态数据，记录智能合约中读写的链上状态数据。

（3）历史数据，对每笔交易在执行过程中的状态变化历史、合约调用历史、账户发起交易历史都可以进行记录，可用于后续追溯交易、状态数据的变迁过程。

（4）合约执行结果读写集数据，对每笔交易在执行过程中所读写的状态数据集进行了单独保存，方便其他节点进行快速的数据同步。

（5）事件数据，合约执行过程中产生的事件日志。

针对上述 5 类账本数据，分别实现了 5 个 DB 类，分别是：Block DB、State DB、History DB、Result DB 和 Contract Event DB。采用多个数据库之后，就需要维护数据库之间的数据一致性，避免仅有部分数据库提交后，发生程序中断而导致不同数据库间的数据不一致，因此引入了 Block binary log 组件来持久化存储区块的原始内容，用于重启过程中的数据恢复，类似于数据库中的预写式日志（wal）的功能。需要注意的是，历史数据、结果数据并不是每个节点必须保存的，节点可以根据自己的业务需要在配置文件中启用或者关闭历史数据库和结果数据库。

2.5 应用亮点

1）创新优势

（1）技术创新。采用公民网络身份识别服务，结合 W3C DID 规范和 W3C VC 规范，为用户颁发具有法律效力的身份凭证。

采用智能合约颁发区块链电子印章，印章全生命周期逻辑上链，授权、签署使用 ECDSA 签名技术，签名私钥与用户一对一绑定，由用户保管，杜绝平台作恶风险。

区块链 + IPFS + 隐私计算 + 隐形水印技术全方位保护数据的完整性和安全性。

（2）模式创新。实名认证环节不同于常规的仅身份认证的模式，而是在身份认证之前加上了认证材料的确权，先保证所提交的材料是属于某个用户的，再进行用户身份的实名认证，既确保了用户的信息实名，也证明了所提交的材料确实是用户本人提交。

2）技术成果

区块链电子印章产品已通过安徽省软件测评中心软件产品登记检测；通过安徽省信创适配验证中心产品登记测试；入选合肥市首批数字经济经典应用场景；入选国家区块链创新应用试点项目。

3）获奖情况

（1）2022 数字中国创新大赛区块链赛道二等奖。

（2）2022 长三角区块链应用创新大赛创新组二等奖。

（3）第二届中国可信区块链安全攻防大赛卓越优秀案例奖。

（4）第五届长三角国际创新挑战赛（安徽赛区）最佳解决方案二等奖。

（5）入编《发现中国区块链创新应用》。

（6）入编《2022 数字中国区块链创新应用精品案例集》。

（7）入编《2022 全球区块链创新应用示范案例集》。

4）相关知识产权

目前，印记区块链电子印章已申请发明专利 6 项、软件著作权 4 项。

专利如下：

一种基于可验证凭证 VC 和区块链签章的合同签署方法　登记号：202111095468.X

一种基于区块链和 CA 证书双重认证的电子签章方法　登记号：202111095452.9

一种保护隐私的合同传输签名方法　登记号：202111095466.0

一种基于区块链智能合约的合同签署方法　登记号：202111094117.7

一种基于区块链智能合约的文件分布式存储方法　登记号：202010847039.2

一种基于区块链云计算的数据安全保护方法　登记号：202010737346.5

软件著作权如下：

区块链电子印章及合同签署平台　登记号：2021SR2040790

基于区块链技术的高山可信云平台　　登记号：2020SR0748066
高山数字证照管理后台软件　　登记号：2020SR0892443
高山数字证照核验小程序软件　　登记号：2020SR0893418

3 应用前景分析

3.1 战略愿景

自 2005 年《电子签名法》实施以来，政府各部门出台了多项政策及文件支持电子印章在各个领域的推广和使用，2021 年 12 月中央网络安全和信息化委员会印发《“十四五”国家信息化规划》中明确指出“提升电子文件管理和应用水平，深化电子证照、电子合同、电子发票、电子会计凭证等在政务服务、财税金融、社会管理、民生服务等重要领域的有序有效应用”。2022 年，国务院印发的《“十四五”数字经济发展规划》中也表明“加快数字身份统一认证和电子证照、电子签章、电子公文等互信互认，推进发票电子化改革，促进政务数据共享、流程优化和业务协同”。

与此同时，在全球“新冠”疫情环境以及“双碳”目标的背景下，也进一步加快了企业数字化转型的步伐，电子印章价值得到了充分的释放，使用电子印章进行线上签约，已成为不可改变的趋势。

而在技术层面，通过科技创新，证明了印记是国内首款真正基于区块链技术构建的电子印章服务，通过这种技术创新，对比市面上同类型的产品，印记具备可靠的法律效力、更高的安全保障以及更低的使用成本。此外，印记已经申请了多项知识产权，筑造产品的技术壁垒。

3.2 用户规模

目前已为超 4 万家企业发放超 20 万件区块链电子印章；开放联盟链上拥有由政府、网信、公证处及重点企业组成的节点共 20 个；落地建设电子印章发行平台的市级政府 3 家。

3.3 推广前景

电子印章的应用从诞生之初至今已经经历了三个时代的发展。在 1.0 时代，电子印章只是将物理印模电子化，并不具备法律效力；2.0 时代，使用 ukey 等物理介质存储电子印章，使用较烦琐、兼容性较差并且无法形成有效的管理体系；到了如今的 3.0 时代，在线用章云服务为用户提供了一站式的印章管理和使用解决方案，但是却因为中心化托管的模式，产生了法律效力存疑的问题。为了保障用章及文件的安全，现有的电子印章服务商也纷纷拥抱区块链技术，利用区块链技术不可篡改的特性，为平台进行安全加固，目前市面上几乎所有和区块链相结合的产品，仅仅是将结果数据上链存证，只能保证上链后的数据无法被篡改，却无法表明原始数据的可靠性。

而印记区块链电子印章则是利用区块链智能合约发行电子印章，所有的行为数据都是在链上产生，全流程逻辑上链，对比现有的同类型或技术路线产品，安全性、可靠性更高，同时通过一系列技术手段的创新，在使用成本方面也比同类型产品降低了约 70%。

目前印记已经商业化运营，已为超过 4 万家企业提供了安全、可靠、经济的电子印章服务，受到了社会各界的一致赞誉，具备较高的业务成熟度。

3.4 产能增长潜力

传统的物理印章及线下业务模式，每次文件的签署，从纸张打印、快递运输到后期的归档管理，一次完整的业务闭环往往需要超过 30 元的经济成本，以及 10 天左右的时间成本。而使用电子印章，可极大节约整个流程当中的打印成本、运输成本及管理成本，单次业务的使用成本可降低 90% 以上，时间上也缩短至 3 天左右。

印记区块链电子印章通过区块链技术的赋能，在现有电子印章使用成本节约的基础上，能够进一步降低 70% 的使用成本，能够为用户带来巨大的降本增效。

4 价值分析

4.1 商业模式

1）市场规模

“十四五”规划和 2035 年远景目标纲要提出要加快推动数字产业化，推进产业数字化转型。而电子签名恰恰是产业数字化的基础，是企业业务全面电子化、数字化的“最后一公里”。自 2005 年《电子签名法》出台后，法律法规和行业层面的政策陆续出台，强化了电子签名的合法地位。2015 年以后，相关政策的出台更加倾向于电子签章在具体情景的落地，允许电子签章在政务、房地产、人力资源、金融等垂直领域进行应用，电子签章在细分场景下的应用得到了保障。

2016 年来，受企业数字化转型需求刺激及国家政策红利支持，我国电子签名行业实现了飞跃式发展。根据艾媒咨询数据，行业规模由 2016 年的 8.5 亿元快速增长至 2020 年的 108.2 亿元，年均复合增长率高达 66.3%（图 2）。

“新冠”疫情对推动企业数字化具有积极意义，显著表现在协同办公、财税等领域，而电子签名作为企业数字化的“基础设施”之一，关注度与认可度也大大提升。由于部分地域封锁，企业在线签约需求大大提升，电子签名需求峰值出现在 2020 年 2 月 1 日复工后，厂商新增需求可达 2019 年同期 10 倍以上（图 3）。因疫情无法线下

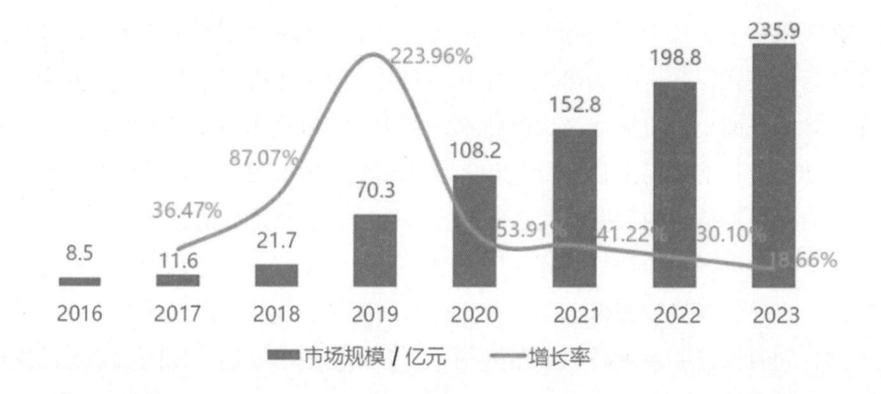

图 2 2016—2023 年我国电子签名行业规模及预测
注：2021—2023 年为预测数据。

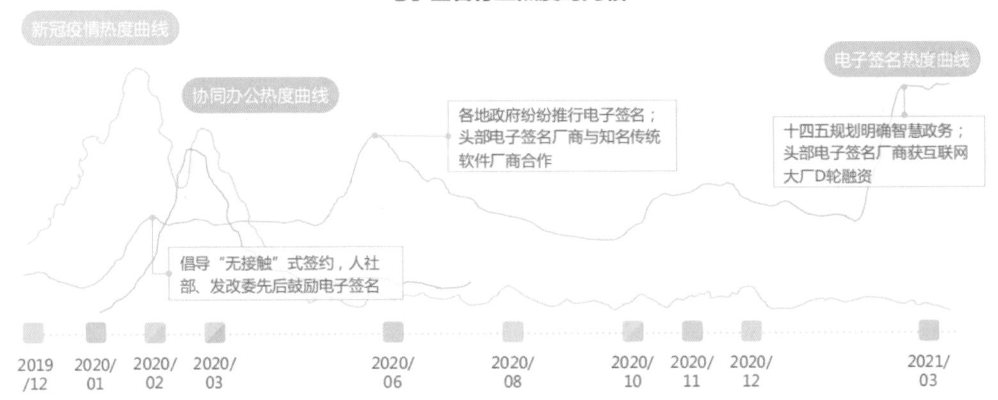

图 3 电子签名行业热度时间轴

签订合同，对电子签名需求最强的场景有人力、金融、房地产、供应链等。现今疫情已经得到良好的管控，但其余温仍在推动电子签名行业热度高居不下。

艾媒咨询数据显示，近五年是中国电子签名市场飞速发展时期。2020 年的“新冠”疫情更是成为电子签名行业发展的直接推动力，进一步推动了电子签名行业发展，行业将维持稳定增长。预计 2023 年，中国电子签名市场接近 250 亿元，未来的 3 ~ 5 年内，将形成一个千亿元级别的市场。

从电子签名签署次数来看，2020 年，得益于远程线上办公，我国电子签名签署次数已突破 500 亿大关，较上年同期实现了 317.51% 的增长。用户对电子签名的使用频次及认可度的提升，将持续为电子签名行业的增长注入动力。

与电子签名行业规模增长趋势基本相同，资本在 2015 年前后纷纷入局电子签名赛道。2015—2017 年，电子签名行业投资达到小高峰，随后，行业竞争格局逐渐发生变化，头部企业跑出，资本回归理性。目前，中国电子签名市场的格局较为集中，头部五家厂商 e 签宝、CFCA、数字认证、契约锁及法大大的市场占有率为 30.4%，存在 69.6% 的增量市场。

2）商业模式

通过直销、渠道等方式建立联系，帮政府端建设电子印章发行管道——区块链电子印章发行平台，给企业端发行电子印章，同时政府也可以使用电子印章；在企业端，通过营销、推广等方式导入流量，快速布局小 B 端市场；通过直销、渠道等方式与大 B 端实现长久稳定的合作关系，为企业提供线上用章及合同签署服务（图 4）。

通过帮政府建设电子印章发行平台，收取建设费和维护费，企业在使用印章时，针对不同的场景、需求及行业特点提供不同的服务，如私有化部署、SaaS 平台、各类增值服务等。这种以 B 端为主、G 端为辅的商业模式，给企业带来长久持续的盈利能力。

4.2 核心竞争力

技术优势：涉及区块链、密码学、智能合约等复杂学科知识，专业知识和行业知识交叉应用，具备较高的门槛。

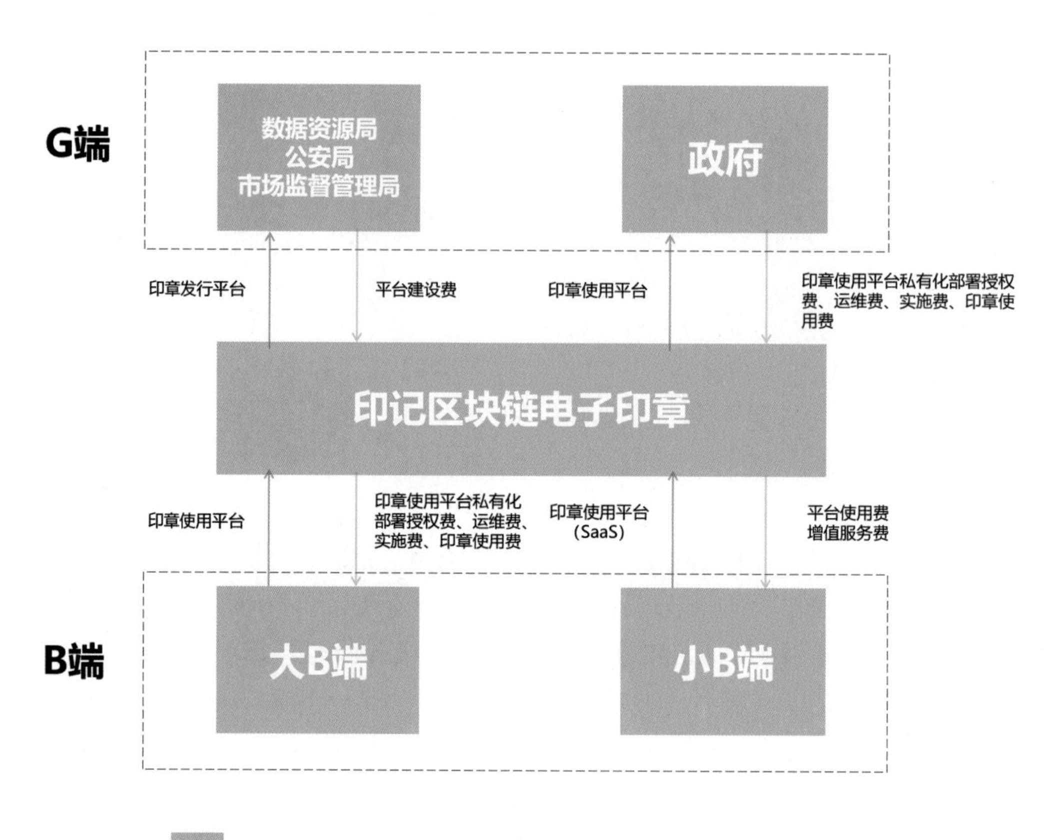

图 4　印记区块链电子印章商业模式示意

市场优势：由国家一级查新机构认证，国内第一款真正意义上基于区块链技术打造的电子印章产品，具备市场先发优势。

产品优势：通过技术创新，对比市场上现有的电子印章产品，印记降低了 70% 的使用成本，并通过大量的流程和技术上的优化，为用户提供更经济、更高效、更极致的产品使用体验。

4.3　项目性价比

（1）项目性价比，见表 1。

表 1　竞品对比

平台	法律效力	数据安全				零售成本
		防泄露	防丢失	防篡改	防伪造	
印记	有保障	高	高	高	高	最低仅为同类型产品的 70%
其他平台	存疑	中	中	低	低	7 元以上

（2）增长预测，见表 2。

表 2　营收预期

年　份	营收增长率 /%	利润率 /%
2023	36	31
2024	47	38
2025	54	42

4.4　产业促进作用

1）社会效益

印记区块链电子印章通过区块链技术的应用，不仅能够保证合同内容的完整性、签署过程的真实性和有效性，有利于构建诚信社会，同时也是企业数字化转型的重要基础设施。近年来在国家“双碳”任务目标以及全球“新冠”疫情的背景下，电子印章的价值更是得到了充分的释放，既能够节约能源，推进双碳目标的达成，更能够帮助企业在“新冠”疫情冲击的困境中渡过难关。

2）经济效益

传统线下用章场景如合同签署，完成一个闭环的流程往往需要 30 元以上的成本，而使用电子印章，单次仅需 3 元甚至更低，节约 90% 以上的成本。根据 36 氪研究院数据统计，我国电子印章签署次数已突破 600 亿大关，并且整体市场以年 66.3% 的复合增长率快速增长，未来 3 ~ 5 年将会形成一个千亿元规模的市场空间，由此可见，使用电子印章将会为社会节省大量经济成本。

供稿企业：安徽高山科技有限公司

金融科技

基于区块链的证券数据管理及安全共享平台

1 概述

目前金融业中存在数据孤岛现象，特别是大量高价值数据不能有效流通，导致数据价值不能有效发挥。海通证券创新性地应用了区块链、隐私计算、分布式存储等多种技术，研发了基于区块链的证券数据管理及安全共享平台，通过对接多条行业联盟链，构建电子数据存证、投行业务自评数据报送、高风险客户共享等重要应用，有效解决了行业数据管理的可信溯源、数据共享的隐私安全等问题，促进提升数字化底座技术能级。本项目积极响应国家“十四五”规划及证券期货业科技发展“十四五”规划，推动区块链技术创新，创建“海通e海智链”品牌，打造自主可控、业务创新、技术领先、行业示范的可信服务平台，同时也是2022年上海市科创中心建设重点工作“加快推进金融区块链技术平台建设”、海通证券十四五科技规划重点工作“持续建设区块链金融平台”的重要计划内容。项目在集团内已推广20余个应用场景，覆盖客户适当性管理、客户权益保护、风险管理等方面，在14个业务部门及2个子公司落地应用，上链数据管理总量已超过2 000万，行业内排名前列，并且已在海通证券总部和子公司推广应用，对行业经营机构间的高价值数据的管理及共享极具借鉴和参考意义。项目建设团队为海通证券金融科技创新团队。

2 项目方案介绍

2.1 需求分析

项目需求主要体现在如下四个方面：

1）传统电子数据管理模式的效率较低

随着互联网的发展，非现场的业务越来越多，业务范围也越来越广，证券公司在为互联网上客户服务的同时，也保存着与客户签订的大量的电子文档、协议、合同。如何管理好这些电子文档，是证券公司非常关注并且正在大力探索的事情。证券行业传统的电子存证模式有着诸多问题，如：未形成全流程电子化，部分流程需要线上和线下协同存证；由于数据均存储在本地，存证取证各环节的公信力存疑；司法鉴定过程低效，取证过程繁杂；中心化存储的数据有着被篡改或丢失的风险等。

2）数据共享的合规性和隐私性

在数字化时代的大背景下，企业之间的交流合作无法避免数据的交流与共享。数据共享无疑能够帮助企业拓宽数据规模，缓解数据垄断，促进推动数据资产对全行业的价值贡献。但是，在重视个人信息隐私安全已经成为世界性趋势的当前，数据共享往往会为企业带来极大的商业风险。

3）风险数据管理及共享的迫切需求

大部分证券公司当前的高风险客户管理系统主要按照业务牌照和对口部门的维度独立建设，缺乏统一规划和足够的自主掌控能力，且不同部门对客户信息数据的定义和使用往往存在较大差异，造成了标准无法统一、数据不能互通共享、“数据孤岛”问题普遍存在，可全面覆盖各部门、各子公司的集团化统一高风险客户管理系统仍然缺位。如何在切实保障客户权益的前提下实现风险数据境内外的互通共享，则是建立集团化高风险客户管理系统的另一大挑战。

4）基于区块链的数据管理及共享在证券行业应用面较窄

《证券期货业科技发展“十四五”规划》中指出，证监会将推动行业建设基于“监管链－业务链”双层架构的区块链基础设施，组织行业机构“共研、共建、共治、共享”。证券行业应用区块链技术已无争议，但和业务场景结合仍有难点。一方面，区块链技术属于新型金融基础设施，建设周期长、涉及参与方多，一些中小券商难以独立建设，需要较长时间才能形成行业联盟生态；另一方面，证券行业属于强监管行业，特别重视客户权益和隐私保护，对于数据安全要求很高，所以在数据共享应用场景上往往会存在法律合规问题，导致应用推广缓慢。

2.2　目标设定

项目的核心目标是建设集团的区块链金融数据管理和安全共享平台，促进行业整体数据生态发展。

1）“数据管理”提升链上数据质量与价值

加强链上和链下的数据管理，建立有效的区块链管理体系，通过业务全流程的链上记录，保护自身和客户权益的同时，满足监管要求。

2）“安全共享”夯实行业数据治理基础

采用多方安全计算技术，实现数据的“可用不可见”，保障数据的开放、共享和安全，提升行业的数据治理水平，提高金融行业中的综合竞争力。

3）“可信联盟”构建行业共研、共建、共治、共享开放生态通过自研的应用集成器和跨链协议模型，为行业提供借鉴，打造分层统一、互联互通、安全可靠的行业区块链基础设施。

2.3　建设内容

项目基于区块链底座可信环境进行上层应用搭建，包括业务全流程数据存证，多方安全计算模式下的隐私保护数据共享等业务。平台已完成信创改造单轨上线，实现自主可控。行业首创的数据共享集成器 DSS_Hub，可使平台自由对接多条不同技术框架的联盟链，结合星际文件系统（inter-planetary file system，IPFS）中的大文件切片、分布式存储和内容哈希寻址等技术，在安全高效处理区块链业务的前提下，提升读写区块链分布式账本的速度和效率，使得平台可以在更大范围内扩展，发挥区块链技术优势推动业务创新。

平台技术原理如图 1 所示，主要分为区块链基础设施层、业务服务层及应用层。区块链基础设施层主要提供区块链技术能力服务，包含运行环境、区块链技术（区块链底层技术、加密传输、安全管理）、区块链 BaaS 服务、多链管理、接口管理等服务。业务服务层包含存证管理服务、业务管理服务、数据管理服务、统计分析服务、用户管理服务。应用层包含数据存证、风险客户共享服务，同时可扩展区块链服务至私募签约、债券业务、可信信息披露等业务领域。

图 1　平台技术架构

1）区块链基础设施层

区块链基础设施包括运行环境、区块链底层、安全管理、区块链 BaaS 服务、多链管理、接口管理等。运行环境包括信创金融云、KBS 容器管理、资源防护、网络资源等基础软硬件环境。区块链底层包括分布式账本、共识机制、成员管理、智能合约等功能。加密传输主要包括基于 Gossip 协议的 P2P 网络分发环境。安全管理包括 CA 证书、国密算法、通道隔离等功能组件。区块链 BaaS 服务基于联盟链 Fabric 架构构建，支持一键部署、资源管理、节点管理、通道管理、CA 管理等管理类的功能。多链管理服务支持对接多条不同技术框架的联盟链，支持私链对 Fabric、BCOS 等异构联盟链的连通，实现多链统一管理。接口管理实现上链接口、统计接口、文件接口、查询接口的统一，基于标准化的接口服务应用层。

2）业务服务层

业务服务层提供区块链基础服务业务，涵盖基础区块链存证配置、区块链业务配置服务。基于区块链服务实现数据管理及共享应用的搭建，通过海通企业服务总线提供标准 API 接口给业务系统调用，该种方式可降低业务系统接入平台应用的难度。同时提供区块链层面的数据管理及统计分析功能，能够从多个维度掌控区块链使用情况及业务服务进展。为业务系统及区块链应用提供便捷管理能力。

3）应用层

区块链服务主要应用于数据存证、数据共享、投行监管报送等场景。未来还将扩展应用至私募签约、债券业务、可信信息披露等业务领域。

数据存证利用区块链的数字资产唯一性与链上数据不可篡改性，将电子数据存储在证券公司私有区块链上，以实现对上层业务系统个性化电子存证的需要。同时接入互联网司法机构进行电子信息指纹上链共享，使得电子数据和流程具有司法公证效力，实现司法机构对电子原件的认证可信，最终让电子数据也具有真实可信的司法证明。

数据共享应用结合多方安全计算技术，解决数据隐私问题，实现数据的“可用不可见”，在助力多条线业务数据互通的同时，有效保障了客户的数据隐私，保护了客户的合法权益不受侵害。

2.4　技术特点

项目基于开源区块链基础框架 Hyperledger Fabric 自主研发，并部署于海通证券金融混合信创云中，融合应用区块链、隐私保护算法、分布式存储等多种创新技术，平台功能完备，具备高可用性、高稳定性、高可扩展性、低维护成本等特性，具有透明、分布式、可信溯源、安全共享、自主可控等技术特性。主要技术特点如下：

1）基于区块链的数据安全共享体系

海通证券结合国际标准 ISO/IEC 38505-1《基于 ISD/IEC 3850 的数据治理》中数据治理模型和框架，设计了基于区块链的数据安全共享框架，主要包括数据获取层、存储层、区块链层、共享层四大模块，具体如图 2 所示，为数据安全共享提供可信、可靠、可溯源的技术基础。另外，基于自研优化的 Shamir 三次传输协议，利用隐私保护算法对数据传输过程进行加解密操作，实现共享过程中的敏感信息不出库、不披露。基于设计的数据安全共享体系，能够在保障信息隐私的前提下实现数据安全共享，有效提高数据获取和信息共享流动性，从而保证数据共享质量。

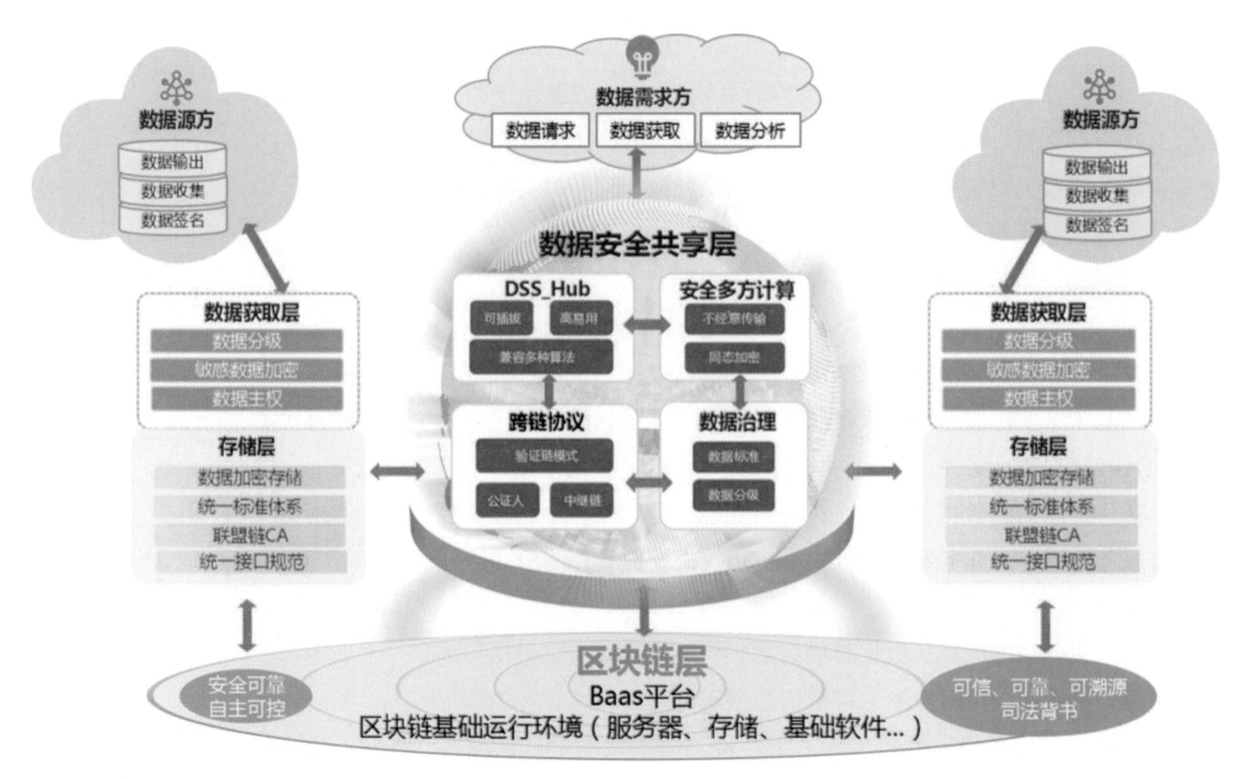

图 2　数据共享架构

2）数据安全共享集成器 DSS_Hub

DSS_Hub 包含不经意传输协议、适配器等一系列解决方案，其中不经意传输协议提供数据的隐私保护，适配器可用来适配不同的机构环境，减少业务系统和区块链架构的配套改造工作。DSS_Hub 具有以下特性：①高安全性：DSS_Hub 所选用的隐私保护算法，采用不经意传输、同态加密等成熟的隐私保护方法，符合金融证券行业数据隐私保护要求；②高拓展性：DSS_Hub 支持自由定制，可根据区块链平台和隐私保护要求将适配器嵌入不同的隐私保护方法，实现统一隐私保护方法进行交互；③高易用性：DSS_Hub 以独立进程的方法与原有系统实现了分离部署，简化信息安全保护与交互过程，实现“非侵入式”的设计。

3）区块链信创应用适配改造

根据安全和自主可控的要求，使用国产密码算法替换国际密码算法，适配国产主流的基础软硬件，覆盖芯片、整机、操作系统、数据库、中间件等，实现在信创软硬件环境中平稳运行，同时为满足未来业务需求建立根基，具备各种组合国产环境调优能力。通过建设基于信创体系的符合证券金融行业规范的区块链平台，建立起海通证券及业务合作方的安全、自主、可信的数据生态体系。完成了华为泰山服务器、麒麟操作系统、宝兰德中间件以及达梦数据库的适配。

4）基于验证链的跨链算法模型优化

验证链的设计思路为当某条链拿到了对方链的执行结果后，即可在本地进行验证。在验区块连续上，透过比对区块头中父区块散列和真实的父区块散列，证明此区块是对方链的区块。在检验区块共识上，经过校验当前区块中的标签列表数据，确定合法标签数量是否符合 PBFT 共识要求，从而证明了当前区块代表的对方链的整体意图。透过检验从交易哈希通向交换根的 Merkle Path 的准确性，可确定交换已产生在整个区块链上。

2.5 应用亮点

项目基于区块链基础设施搭建，支持业务的快速扩展，构建了电子数据存证、投行业务数据报送、风险客户共享等重要应用，助力业务数据管理及安全共享，提升风险管理水平，促进高价值业务数据高效流通。平台业务使用范围广、数量多，已覆盖公司总部 14 个业务部门和 2 个子公司，同时对接 5 条行业联盟链，实现链上业务场景的共建共享。主要业务特点如下：

（1）积极探索、挖掘区块链应用，行业首创落地了多个应用场景。行业首创并落地了基于数据安全共享集成器的区块链的数据安全共享平台，促进数据流动和价值释放；行业首创区块链财务电子发票管理，助力财务电子化；行业首批通过投行执业质量评价测试对接，主动拥抱监管，推动投行业务高质量发展；行业首创结合 RPA+AI 技术落地托管履责监督应用，采用对原系统无侵入方式实现数据的可信管理；在投资者权益保护方面，梳理并上线了多种客户协议，实现了客户积分变动、产品购买全流程等与客户切身利益紧密相关的场景存证管理，上链数据种类和数据量位于行业领先地位。

（2）全流程可信上链，有效解决存证难题。通过区块链技术实现业务全流程数据存证管理。平台借助区块链全流程可追溯、不可篡改的特性，解决审计留痕和数据可信的难题，对接司法，提高集团公司与审判机构的数据流动效率，提升数据司法效力，降低企业违约风险。在客户适当性管理、客户权益保护、托管监督履责、风险管理、信息技术审计等重要业务场景广泛应用。

（3）整合集团风险数据，完善统一管理服务机制。通过集团层面的风险数据梳理整合，形成统一的风险管理数据库，有利于丰富自身数据，形成数据安全管理机制。同时，数据来源得以扩大，风险信息利用率进一步提高，极大程度上解决了过去高风险客户管理“标准割裂、维护割裂、使用割裂”的三大痛点。

（4）建立数据共享机制，加强集团风控建设。通过风险数据共享，助力海通证券风控体系建设，进一步完善了集团的高风险客户名单管理及客户准入机制，有效降低信用风险、市场风险及合规风险，在充分保护客户隐私和金融机构商业秘密的基础上，全面助力提高海通反欺诈和风控水平、降低金融机构的经营风险和资金成本。

3 应用前景分析

3.1 战略愿景

金融科技的变革将对行业未来发展产生深远影响。作为证券行业领先企业，海通证券一直秉承“集团化、国际化、信息化”的发展战略，不断加速公司数字化转型。

海通证券基于区块链的证券数据管理及安全共享平台是海通在区块链技术领域打造的金融科技创新类项目，也是海通十四五科技规划中的一个重要内容。

为了满足资本市场诚信监管“全覆盖”要求，保护投资者和公司的切实利益，及时、准确、全面地流转公司高价值数据信息，统一规范电子数据存证、数据共享等内部资源业务流程，降低操作风险，打造证券公司可信基础设施，提高公司可信数据内部控制和内部管理水平，海通根据自身的整体战略目标和信息技术发展规划，在广泛汲取国内外同业成功经验的同时，结合公司的资源现况，启动和实施了基于区块链的证券数据管理及安全共享平台项目。

通过该项目的实施，将会统一并优化全公司的可信数据管理和共享流程，初步建立了集团标准化、集成处理的区块链技术平台，为下一步的区块链应用场景的建设和形成可信数据管理能力创造了必要的前提条件，对提升海通证券的产品创新能力和业务竞争能力具有积极的意义。

3.2　用户规模

在集团内已有 20 余个应用场景，包括客户适当性管理、客户权益保护、托管监督履责、风险管理、信息技术审计等，覆盖运营中心、零售与网络金融部、证券金融部、风险管理部、质量控制部、权益投资交易部等 14 个业务部门及海通恒信、海通资管等子公司，上链数据管理总量已超过 2 000 万，在行业内排名前列。项目梳理了网上开户委托、风险揭示书、知识测评、高龄客户、风险承受能力问卷等 60 余种客户协议，覆盖普通、期权、贵金属、两融、股票质押等 10 余种业务，形成区块链电子存证相关应用标准以及最佳实践推广共享给行业。集团高风险客户管理应用上线后，业务覆盖证券金融部、权益投资交易部、债券融资部等 5 个部门和海通恒信子公司，平台用户数量超过 1 100 名，累计高风险客户上链记录近 7 000 次。

3.3　推广前景

近年来，随着区块链技术的进步和金融科技的蓬勃发展，联盟链已经成为金融行业数字化可信生态建设的下一发展趋势。2021 年 3 月发布的“十四五”规划及 2035 年远景目标纲要中提出，“推动智能合约、共识算法、加密算法、分布式系统等区块链技术创新，以联盟链为重点发展区块链服务平台和金融科技、供应链管理、政务服务等领域应用方案，完善监管机制”。《证券期货业科技发展“十四五”规划》在 2021 年 10 月发布，“十四五”期间，证监会将推动行业建设基于“监管链 – 业务链”双层架构的区块链基础设施，组织行业机构“共研、共建、共治、共享”。证监会科技局局长姚前表示，基于区块链的可信数据是高质量数字化转型的关键，要探索数字化要素市场和可信生态，打造“规范、透明、开放、有活力、有韧性”的金融新型基础设施，以此夯实多层次资本市场基石。

区块链技术是分布式账本、密码学、共识机制、智能合约等多种技术的融合，具有多中心、防篡改、安全可靠和隐私保护等特性，这些特性对于解决证券行业如可信存证、函证互认、数据共享、科技监管等多项业务痛点具备高度适配性，并对证券行业相关领域的底层基础架构的优化升级具有重要的远期意义。

3.4 产能增长潜力

项目上线以来，通过统一规划建设、风险集中管控、科技提质增效，为公司减少重复建设，避免业务损失，降低人力成本，搭建在海通自研信创容器云平台上，利用 Kubernetes 容器化技术按需灵活调度资源，节省区块链应用的基础软硬件等资源成本约百万元。统一的系统规划建设减少各业务部门重复建设费用数百万元。通过金融科技赋能，节省人工近 60% 的业务客户维护及查询时间，节约 30% 的系统运维工作量，据不完全统计，2021 年共计节约总部和分公司数百万元的人力成本，提升了风险管理效果和工作效率。

4 价值分析

本项目属于 2022 年上海市科创中心建设重点工作，在区块链领域实现多个行业首创，技术自主可控，应用场景广泛，处于国内领先水平。数据管理及安全共享相关研究成果通过课题申报、系统展示、成果分享、论文公开发表等方式在行业内进行分享和推广，对同类应用形成较好的示范效应，推动行业区块链数据生态发展。

（1）打造可信基础设施，持续引领行业发展。平台自上线以来积极打造了海通新型区块链可信基础设施。应用场景多、应用范围广泛，上链数据管理总量多，行业内排名前列。行业首家完成区块链信创应用改造单轨上线，对行业区块链的信创建设工作有较好示范效应。

（2）践行共建共享理念，推动行业标准制定。海通证券通过该平台已对接 5 条行业联盟链，积极参与行业区块链共建共治，共同挖掘落地业务场景，牵头推广协会创新试点项目，起到了良好的示范效应。另外，协助证券业协会统筹标准组工作，加入证标委金融科技工作组，共同制定数据存证和数据共享的相关标准，持续推动行业区块链的标准研究工作。

（3）积极投身行业共研，探索金融科技新发展。在本项目的建设过程中，项目组对区块链、隐私计算等技术及融合应用进行前瞻性研究，主动承担行业区块链研究攻关课题，先后完成了证券业协会重点研究课题、上交所研究课题、深交所研究课题、上海市国资委研究课题等，积累了深厚的技术基础，为行业区块链技术发展添砖加瓦。

（4）激活行业创新繁荣，培育壮大发展动能。获得 2 项软件著作权、1 项发明专利，获得第八届证券期货业科学技术奖三等奖、2021 年上海市国资委系统企业优秀课题成果奖、2021 年上海市国资国企数字化转型场景案例等相关 10 项奖励。研究成果在行业内进行分享和推广，有效助推行业区块链技术和应用的发展，提升行业总体的数据管理及安全共享的水平。

供稿企业：海通证券股份有限公司

基于区块链的跨境贸易金融服务

1 概述

针对当前全球跨境贸易信用证结算融资领域的信任、安全、效率等问题，中国宝武旗下华宝投资欧冶金服自主研发建设区块链大宗商品跨境金融服务平台EFFITRADE，实现供应链协作及贸易融资数字化，在大宗商品金融科技领域树立行业标杆，助力我国在跨境贸易领域进一步提升结算主动权并参与数字化规则制定。

作为区块链贸易金融平台，EFFITRADE以信用证为切入点，覆盖国际供应链上、中、下游多种结算融资场景，统筹运用区块链解决方案赋能跨境贸易生态圈，致力于促进大宗贸易数字化转型，以打造更为安全、高效的跨境供应链体系（图1）。

2020年10月起，跨境金融产品经理孔紫瑾带领团队成员推动EFFITRADE平台完成架构搭建、主体功能部署等，并与银行、企业、相关机构互联互通，实现电子信用证上线运营。

平台始终以服务跨境贸易生态圈为使命，围绕信用证结算、融资的主体流程，基于区块链技术解决方案，针对物流、资金流、单据流、信息流过程及其关键环节，依托“金融科技+服务”打造综合协调服务能力，从基础产品到解决方案，一站式精确适配跨境贸易参与各方需求，打造安全、高效、一站式、全流程、降成本、低风险的跨境交易服务。

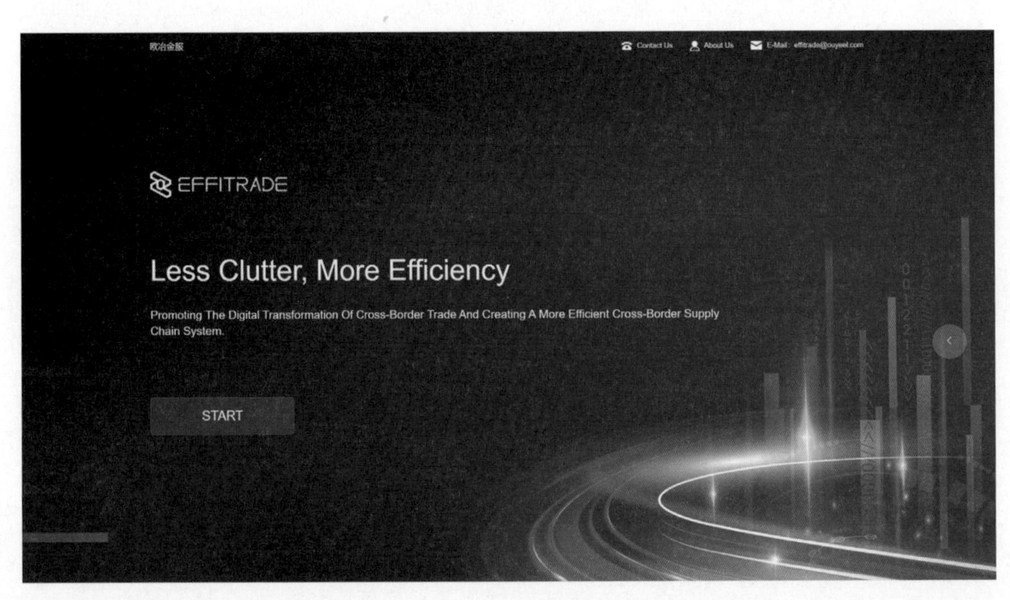

图1 EFFITRADE区块链跨境贸易金融服务平台

2 项目方案介绍

2.1 需求分析

信用证（L/C）作为国际结算中最普遍的结算工具，因其把商业信用风险转移到银行信用之上，解决了贸易买卖双方信任问题，受到全球进出口商一致欢迎，成为国际贸易结算的重要结算工具。但是随着时代发展，信用证也伴随着业务形态的变化不断展现其弱点。

（1）信用证的三大特点使银行的付款责任同买卖双方国际贸易合约项下的履约责任分离开来，银行无法对基础交易过程进行有效监控。

（2）传统信用证业务的传输效率已经不能满足信息时代的商务需求，特别是2019年全球“新冠”疫情的暴发，使得传统信用证的低效邮路传输方式逐渐变成了阻碍跨境贸易发展的新的弊端。

2.2 目标设定

EFFITRADE平台实现跨境交易全流程一站式数据共享，助力传统贸易信息流中的纸质单证交互完成数字化转型，建立更为可靠高效的数据共享信任体系。

利用区块链不可篡改的特性，平台以数字化单据和流程为载体，将全流程业务通过区块链进行存证和校验，形成真实、有效、不可篡改的数据记录，同时通过区块链可控共享方案保障数据隐私。跨境贸易涉及多个参与方，涉及的信息系统数量繁多，信息流通存在阻断环节。通过区块链技术的应用，一方面为平台中数据传输的真实性、可靠性提供技术保障手段；另一方面实现了多方交互、信息共享、隐私保护的要求。

通过建立信息交互系统、资金流动闭环、供应链保障以及IT底层支撑，平台帮助银行、贸易链上下游以及监管部门在可信、高效、安全的网络体系中进行跨境支付结算、贸易文件传输、港口卸货、电子口岸通关、货物流向追踪。同时，平台对接协调其他服务公司，如船运公司、货代公司、保险公司，以及非银金融机构、监管部门等合作方，促使业务链条更加完备、可靠。通过物流、信息流、现金流一站式全过程验证，帮助政府监管平台、平台企业和实际承运人实现信息即时传递、信任共享，助力跨境贸易供应链安全性、有效性极大提升。

此外，作为一个专为企业设计的多银行、多产品、管辖地区的跨境金融服务平台，EFFITRADE可以在单一平台上集成和使用相同用户界面，可自定和使用多个不同的功能。目前，EFFITRADE还支持跨境贸易中其他信息的传输与校验，通过与第三方单据平台对接，将其电子单据签发流转功能嵌入EFFITRADE中。电子单据传输支持全流程实时查询，也避免了单据遗失的问题，使数据传输更加安全。此外，电子单据具有数据实时传递的特点，从而加快了单据流转，提高了贸易处理速度及资金周转效率。此外，平台将单据处理标准化，基于电子单据统一的格式标准，银行的单据审核与制作大为简化。对于出口商而言，可以改善制单流程，并减少单据出现不符点的概率。

2.3 建设内容

针对国际贸易信用证场景下的种种痛点，EFFITRADE 区块链平台完成重点板块建设，助力跨境业务数字化提效（图 2）。

图 2 EFFITRADE 平台重点板块建设

（1）流程数字化，助推业务提速。用户可通过平台与各大银行实现线上信用证流程，涵盖开立、通知、交单、承兑等环节，较传统模式下最高可缩短 9 天时间，提升资金周转效率。

（2）开证结构化，助推人工减负。用户可通过平台简化信用证起草、开立、改证等环节，借助标准格式录入、草本模板管理、版本比对批注、进度实时跟踪等功能，减少信用证业务的人工成本。

（3）交单电子化，助推单据避险。用户可通过平台对信用证项下全套电子单据进行流转、验证和处理，较传统模式下代表货权的纸质提单，数字化可缩短单据传递时间，无纸化可减少制单错误、邮寄断点，同时，经由第三方认证机构及加密技术保障，可大大规避单据伪造欺诈风险。

（4）信息集成化，助推贸易增信。用户可通过平台启用 ERP 直联交互、电子口岸通关、货物流向追踪、航运轨迹监控、碳足迹计算等功能，通过多方数据交叉匹配，帮助贸易方、金融机构更好验证贸易背景真实性。

2.4 应用亮点

作为跨境金融服务平台，EFFITRADE 聚焦大宗商品跨境贸易结算融资领域，链接买卖双方、金融机构（银行、保险、担保等）、服务供应商（货运、货代、港口等）及监管体系（海关、外汇管理局等），致力于打造以信用证结算、融资及国际贸易航运、清关等多场景于一体的可信数字化平台体系，解决跨境贸易结算融资中的流转低效、信任缺失问题。

（1）高效率。通过使用区块链技术，将传统纸质文件处理工作转化为数字记录加工动作，借助平台完成单据线上传递，实现各类贸易单据在开证、通知、交单、承兑等关键环节的传递效率大幅提升。

（2）低成本。平台对接国内外多家知名金融机构，通过规模效应、交互增信、模式创新等方式提升贸易主体与金融机构之间的融资匹配效率，大幅减少融资渠道的信息不对称性问题，全面推进各参与方形成协作互惠的合力，实现开证、结算、融资等各项金融服务降本增效。

（3）数字化。平台根据用户需求，对关键控制数据实行结构性处理、标准化管理，减少多系统对接中数据转换难度。同时，多环节、多层级的数据逻辑校验，帮助用户进行自动预警，确保信息准确，降低审核难度，减少流程时间。随着经济全球化不断深化、信息基础设施持续完善及供应链物流网络的快速发展，跨境交易规模逐年递增。因此，只有大力推进传统业务的数字化水平，才能更好支撑企业实现线上跨境结算常态化，促进跨境业务的增量转型。

（4）全流程。信息流、资金流、物流三流合一，全业务流程跟踪，验证贸易真实性背景，帮助银行、监管部门完成高效信息对接。平台用户可在平台内查验自发起支付到业务完结的全部业务状态，清楚了解当前业务进度，同时，三流合一也确保了用户在进行业务操作时可以实现不同维度的信息校验匹配，大大提升业务安全程度。

（5）一站式。平台可定制化开证草约模板，直连业务系统取数，提升业务自动化程度。同时，通过与海关等机构的对接，用户可自动获取海关、商检、卸货等数据报表及分析报告，实现报关单、通关状态、卸港航次状态、商检报告等在线查询获取，实现一站式登录取得多方信息，改变多平台信息分散问题。

（6）风险闭环。平台规避了传统业务中线上信息与线下信息交互混杂的风险，一站式的服务将原本数量繁多的信息过程统一管理，根除了信息流通中存在的阻断环节。同时，各业务参与方系统信息不再独立，而是通过一个可信系统进行数据交互，降低信任成本，提升交易效率，协同各方构筑新型数字信用体系。

3 应用前景分析

3.1 战略愿景

面对全球跨境贸易数字化浪潮，EFFITRADE 平台积极响应国家外贸方针政策，参与助推跨境结算融资基础设施国产自主化水平进一步提升。

EFFITRADE 平台基于区块链、大数据等前沿金融科技，在国际贸易、结算融资各参与方之间实现高效快捷的数字化交互、透明化监管，在优化业务流程、改善用户体验、推广单证无纸化流转、促进跨境结算便利化等方面发挥引领性作用。

EFFITRADE 平台在服务跨境贸易用户、降本增效的同时，也会立足产业生态，依托技术创造价值，助力贸易方式创新发展。平台借助区块链等金融科技技术，连接业务的各方参与者，提供一站式、全流程、多渠道的信息解决服务方案，为生态圈伙伴赋能。

同时，通过整合全链条贸易信息，为贸易主体提供不同维度的数据服务，为金融机构提供增信服务，实现贸易信息向数据资产的转型升级。在未来，平台还将基于数据的价值发现和基于技术的信息交互形成合力，优化业务流程，规避贸易风险，帮助企业和金融解决传统贸易方式下的痛点问题。

3.2 用户规模

平台业务覆盖中国（内地及香港地区）、英国、澳大利亚、俄罗斯、巴西、新加坡、瑞士、印尼等国家或地区。

3.3 推广前景

与其他境外同类平台不同的是，EFFITRADE 认为，在原有生态圈中，信用证作为主流贸易模式，其结算模式结算成本已经形成基本商业平衡，信息化技术在提升交易效率的同时，不应增加供应链企业的结算成本，因此平台将信用证主流程服务作为基础，实施免费服务。同时，围绕信用证基础服务，平台利用集成的资源优势，为客户提供一站式的航运、海关、碳排资讯服务，并通过引入创新融资结算产品，为供应链企业实现降本，并将此类增值服务作为平台营收来源。

平台成立以来，主要以铁矿石进口作为核心场景，逐步推广至其他大宗贸易领域。得益于产品定位及场景挖掘，EFFITRADE 得到跨境贸易生态圈用户及金融机构的广泛支持。

4 价值分析

4.1 商业模式

EFFITRADE 平台以信用证为切入点，建立安全可信的第三方跨境单证结算平台，并逐步覆盖到托收、汇付等结算功能。

平台通过建立专项单证信息渠道，为合作银行、交易诸方建立可视化的信用证交易通道。通过区块链技术及电子单证化，一方面提高传统单证传递效率、安全性；另一方面，平台的单证通道结合人民币的清算通道，有利于保护企业信息安全，形成了支撑人民币国际结算业务的辅助途径。

4.2 核心竞争力

EFFITRADE 平台团队成员均来自中国宝武华宝投资旗下金融科技平台公司欧冶金服。

华宝投资是中国宝武全资设立的产业金融板块一级子公司，始终聚焦钢铁生态圈，依托金融牌照资源，以现代科技赋能，“产业金融”+“金融科技”双轮驱动，打造生态圈综合金融服务平台，共建高质量钢铁生态圈（图 3）。

作为上海市高新技术企业、央行数字人民币试点合作平台，欧冶金服也是国资委确定“科改示范企业”中的第一家金融科技企业，形成了以科技为核心驱动力的“金融科技 + 金融服务”商业模式，平台科技竞争力依托公司知识产权输出逐年提升，在区块链领域拥有雄厚的技术积累（图 4）。

欧冶金服形成了以科技为核心驱动力的“**金融科技+金融服务**”商业模式，具备”**一站式解决方案能力+专业的技术实施能力+强大的运营服务能力**“的**三位一体**的综合服务能力。

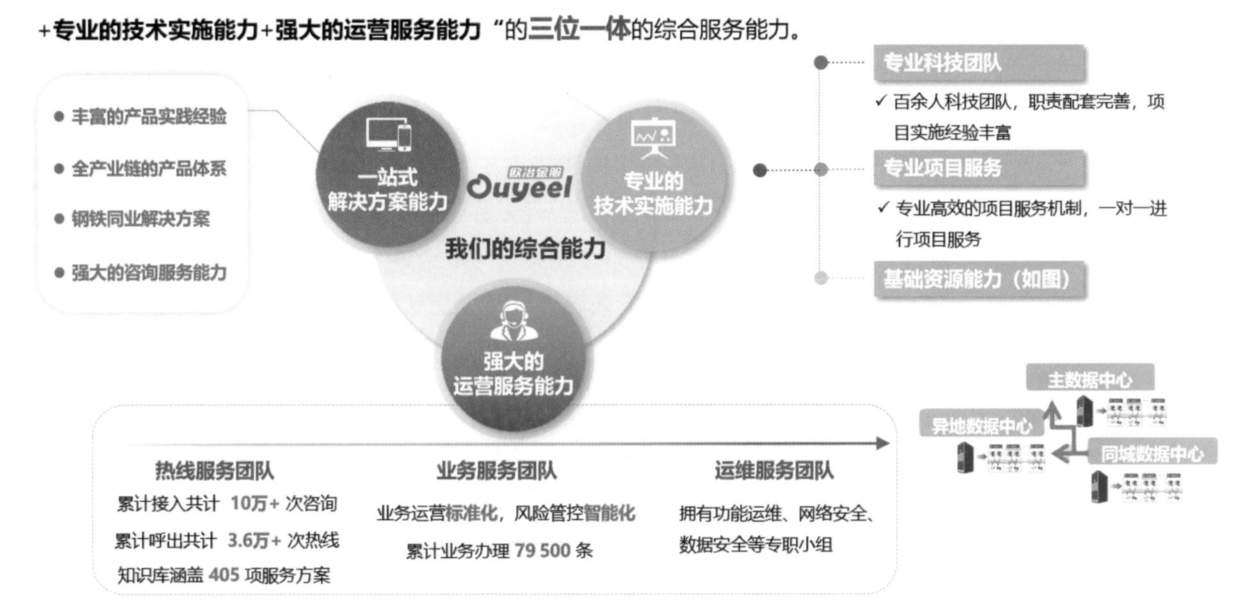

图 3　综合服务能力

- 2019中国产业链金融最佳金融科技运营企业
- 2020认定为高新技术企业
- 科改示范企业
- 2021科技小巨人工程企业
- 112项软件著作权登记证书
- 50项专利申请（11项已授权）

区块链相关知识产权：

- 发明专利受理12项，外观专利受理1项，软件著作权登记27项。
- 其中**《基于智能合约的交易指令预授权、交易执行方法及系统》**、**《一种基于数据映射关系的数据可控共享方法及系统》**两项发明专利**已授权。**

图 4　科技创新能力

4.3　产业促进作用

（1）通过共同认可 EFFITRADE 平台规则，在平台内买卖双方及银行在平台内通过电子单据信息传递实现瞬间交互，多点同步，极大提升了信息传递效率及沟通效率。以铁矿石传统信用证业务为例，传统信用证拟签、开立、交单、承兑等环节均需要多方沟通，交单文件依赖线下邮路传递，即期信用证全流程一般不短于 10 天，当使用电子信用证后，全流程可缩短至 4 ~ 6 天（考虑银行审单时间）。

（2）EFFITRADE 电子信用证全流程在平台内部完成闭环，通过信息流、物流多方验证贸易真实背景，同时依托区块链技术，保障电子信用证的信息安全及不可篡改，提高用户及银行对信用证诈骗及虚假贸易背景的辨识能力，降低交易风险。从20世纪80年代中期首起针对中国企业的钢材诈骗案开始，金额达数百万美元的信用证诈骗有增无减，都是利用传统信用证交易方式下单据流转过程同基础交易过程相分离的特点进行诈骗，其典型特征是无基础交易存在、“假买假卖”“假单无货”，旨在套取银行融资或不知情的第三方即最终买家的定金或预付款。EFFITRADE 电子信用证通过闭环操作、多方验证模式有效降低了此类交易风险发生的概率。

（3）EFFITRADE 通过多个环节的数字化改进措施，降低了信用证的开证成本。多方线上协同制证功能，降低了信用证改证概率，从而降低改证成本支出；通过电子单据流转及信息共享，减少了信用证纸质单据的传递，降低档案管理成本；创新结算模式的推广，通过减少中间收费机构，降低信用证结算的整体成本支出。

供稿企业：上海欧冶金融信息服务股份有限公司

基于区块链的汽车融资租赁和供应链金融双循环金融服务产品

1 概述

旺链科技供应链金融团队结合传统汽车制造企业重资产重营销的销售模式，量身为某国产汽车公司打造了基于区块链的汽车融资租赁和供应链金融双循环金融服务产品，主要针对该国产汽车公司供应链场景复杂，供应商层级多、信用差异大，大小供应商之间的权利和得到的服务不对等问题，有效利用经销商的销售订单和应付账款，快速撬动主机厂的生产订单和库存车辆。加快了资金流速和周转率。系统改造和对接了车企已有的 ERP 系统和财务系统形成业务线全角色全决策的全线上化，把原本需要 40 天以上的业务录入和决策时间，缩短到 4 天以内，大幅度提高了效率，有效支撑了市场的销售活动，扩大了市占率。

该项目系企业资讯项目，旺链科技供应链金融团队负责项目落地，项目核心成员及其主要项目贡献如下：

排　　序	姓　　名	职务 / 职称	主要项目贡献
第一完成人	陈　强	副总经理	产品策略制定
第二完成人	余海银	项目总监	监督实施并控制产品执行进度
第三完成人	唐林玮	高级产品经理	产品策划设计
第四完成人	黄　磊	资深开发工程师	产品核心业务开发
第五完成人	孙亿豪	测试主管	产品质量管理

2 项目方案介绍

案例中的汽车主机厂商上游的汽车零部件供应商体量和信用差异较大，一些小的供应商因可抵押资产不多，金融信用不强，难以拿到成本较低、渠道稳定的融资，从而导致融资难、融资贵。

另外，下游汽车经销商因购车压力大，通常会选择与汽车融资租赁公司合作购车，这其中汽车经销商和汽车融资租赁公司的应收账款因诸如购车手续复杂、银行审核等消费者端在购车时出现的各种问题导致这部分资金无法迅速注入到产业链中带来效益。

2.1 需求分析

1）应用场景

本案例中该国产汽车公司面临如下痛点亟须解决：

（1）产业链信息不对称问题。

（2）供应商融资难、融资贵问题。

（3）经销商应收账款无法得到有效利用问题。

（4）传统融资模式下融资办理流程复杂问题。

2）建设内容

该主机厂（核心企业）供应链上各企业、各环节之间的信息壁垒、信用差异导致产业链无法基于业务达成信任共识。

可抵押资产不多的主机厂供应商因金融信用不强，难以拿到成本较低、渠道稳定的金融服务，从而导致主机厂上游供应商融资难、融资贵的现状，阻碍了其自身乃至整个产业链的发展。汽车经销商应收账款没有得到有效利用，主机厂无法根据实时的销售情况安排汽车生产和处理库存。

2.2 目标设定

（1）直接目标：某知名国产汽车公司。

案例中的汽车厂商主要开展的业务有供应链金融业务、资产管理业务、设备租赁业务，厂商当前的业务系统仅能满足个人新车融资业务。

（2）研发路线：建设一套完整的汽车产业供应链金融服务系统以及提供结合个人金融业务在内的全汽车产业链的供应链生态金融业务。

建设目标为结合个人金融业务在内的全汽车产业链的供应链生态金融业务的正常开展。为提高业务效率、加强风险管理等，需要建设一套完整的汽车产业供应链金融服务系统。

2.3 建设内容

2.3.1 重点解决问题

（1）产业链信息不对称问题。该主机厂（核心企业）数据单边化、私有化、封闭化，产业链上下游各企业 ERP 系统各异，形成多个数据孤岛，产业链各方之间普遍存在数据鸿沟及信息壁垒，进而导致产业链上各方无法达成信任共识推动业务合作。

（2）供应商融资难、融资贵问题。在此案例中，可抵押资产不多的上游汽车零部件供应商因金融信用不强，难以拿到成本较低、渠道稳定的金融服务，阻碍了其自身乃至整个产业链的发展。

（3）经销商应收账款无法得到有效利用问题。汽车经销商应收账款账期较长，资金流动水平较低，汽车经销商的应收账款无法得到实时有效的利用，汽车公司无法根据实时的销售情况安排汽车生产和处理库存。

（4）传统融资模式下融资办理流程复杂问题。该国产汽车公司产业链涉及供应商及银行较多，且传统融资模式下不同银行要求提供的材料、办理的手续繁杂多样，导致出现账款确认环节多、办理流程较长且易出现风险等问题。

2.3.2 解决方案

伴随着信息技术的进步，供应链金融逐步由传统的纯线下模式转为线上线下相结合模式，为汽车供应链金融的发展提供了良好的模式基础和相应的市场条件（图 1）。

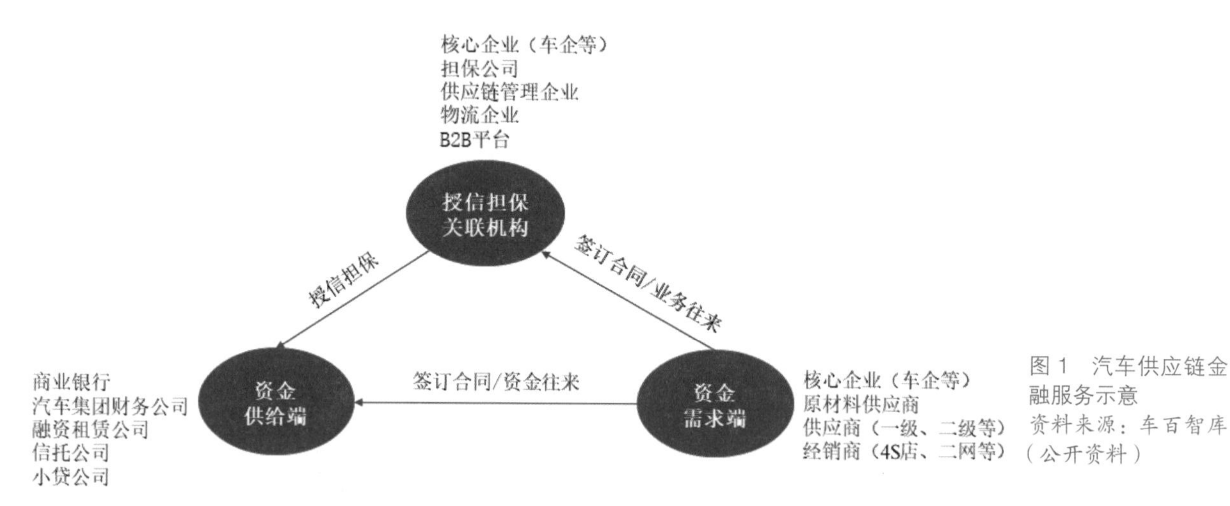

图 1 汽车供应链金融服务示意
资料来源：车百智库（公开资料）

通过对该汽车公司需求进行分析，旺链科技供应链金融团队结合传统汽车制造企业的重资产重营销的销售模式，量身为其打造了一条结合了汽车融资租赁和供应链金融双循环的金融服务产品（图 2）。

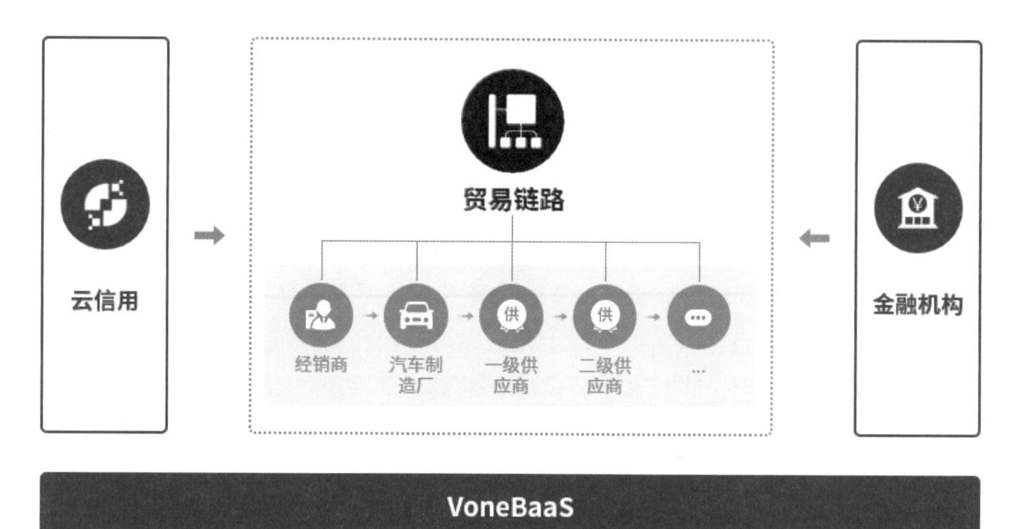

图 2 为该汽车公司搭建的供应链金融产品架构

1）对接区块链供应链金融系统，实现业务数据信息线上共享

针对产业链信息不对称问题，该汽车公司通过对接旺链科技自主研发的基于区块链的云信用供应链金融平台——VoneCredit，将历史交易信息、账款信息、付款信息

等业务数据自动传输至资金方，不仅提高了信息交互效率，降低了线下签字、盖章等人工操作造成的风险，也提升了信息传递的便捷性、准确性和可靠性，帮助供应商实现批量、持续、快速融资。

2）信用电子化，打破融资难、融资贵僵局

云信用是一种可流转、可融资、可拆分、可兑付的电子付款承诺凭证（到期支付货款的承诺函），使核心企业信用沿着可信的贸易链路传递，每级供应商对核心企业签发的凭证进行签收之后可根据真实的贸易背景，将其拆分、流转给上一级供应商。而在拆分、流转过程中，核心企业的背书效用不变。整个凭证的拆分、流转过程在平台上可存证可追溯。

使用区块链技术的可追溯、不可篡改特性，实现电子凭证在上下游间的多层信用安全穿透，底层资产透明化，最大化实现穿透式监管。利用区块链技术中的共识算法实时更新记录数据最新进展，将完整的交易流程呈现给各个参与方，保证信息的真实可靠。区块链应用赋予供应链金融更高的安全级别，消除金融机构对企业信息流的顾虑，相应地，在一定程度上解决了中小企业无法自证信用水平的问题。

在搭建的供应链金融平台上，采用多级流转的模式使核心企业（该汽车公司）的信用可以沿着真实的贸易链路传递，用区块链技术将核心企业资产转换为一种可拆分、可多级流转、可融资的区块链记账凭证，上游供应商拿到该汽车公司签发的凭证后可直接向银行申请融资，供应商的应收账款到期后由该汽车公司支付。

在此情况下，金融机构基于核心企业（该汽车公司）的信用及应收账款来给上游中小微供应商企业提供金融服务，从而避免了金融机构与供应商企业直接对接带来的一系列不信任或效率低下问题。

3）提高经销商资金周转率，降低汽车公司管理难度

该汽车公司下游经销商通过对接到该供应链金融平台，将实时的交易记录及账款数据同步至平台，该汽车公司端通过登录平台可以快速获取下游汽车销售情况，有效利用经销商应付账款，快速撬动汽车公司的生产订单和库存车辆，降低了其汽车生产和库存的管理难度。

4）全流程在线融资，智能合约保证清分结算按约执行

为该汽车公司搭建的供应链金融平台改造和对接了车企已有的 ERP 系统和财务系统形成业务线全角色全决策的全线上化，以该平台作为中间媒介，通过对接该主机厂（该汽车公司）财务系统和银行供应链融资业务系统，使应收账款融资数据能够自动、准确、快捷交互，同时辅助接口查询应收账款登记信息及征信信息、接口验证发票真伪等功能，实现从融资申请、融资审批、质押通知到快速放款、便捷登记的全流程在线融资模式，帮助该主机厂上下游中小供应商快递打通融资渠道，降低融资成本。

通过和银行进行银企直连，构建依赖于真实业务数据的智能履约，对接资金账户体系，固化清分结算体系，一旦核心企业付款，智能合约就可以自动向下清算，保证了在缺乏第三方监督的环境下合约得以顺利执行，杜绝了人工虚假操作的可能，有效

利用了银行的账户体系和固有的清分结算能力快速完成放款和清分结算。

2.4 技术特点

本案例中的基于区块链的汽车融资租赁和供应链金融双循环金融服务产品采用 B/S 架构，服务器部署采用本地化部署的形式。本管理系统技术架构采用以 Spring Cloud 为基础的微服务架构设计，系统开发语言采用 Java、VUE2 等开发语言，前后端分离的开发部署模式，数据库关系型数据库 MySQL 系统确保数据的稳定性，文件存储采用分布式文件存储 FastDFS，使用主流开源框架确保了后续的扩展性（图 3）。

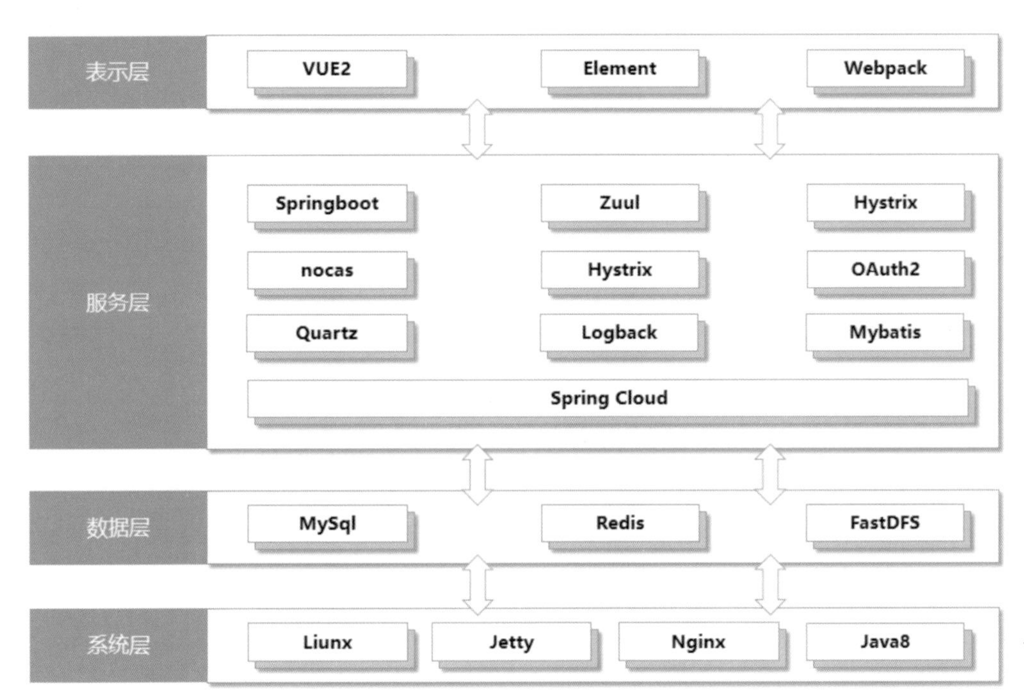

图 3 云信用供应链金融平台 VoneCredit 系统技术架构

本架构设计区别于传统应用系统架构，传统应用是整个单核部署，水平扩展能力低下。相比传统的开发方式，微服务架构是一种新的架构模式，它提倡将单一应用程序划分成一组小的服务，服务之间互相协调、互相配合，为用户提供最终价值。每个服务运行在其独立的进程中，服务与服务间采用轻量级的通信机制互相沟通（通常是基于 HTTP 协议的 RESTful API）。并且考虑到不同企业内部技术架构的不同，通过模块化的服务拆分调用，可以快速部署至企业内部，实现与企业内部各子系统的对接打通。每个服务都围绕着具体业务进行构建，并且能够被独立地部署到生产环境、类生产环境等。

为了避免公司研发人员重复发明轮子，向各个产品线和项目提供通用的底层框架、引擎、中间件。提供自建系统部分的技术支撑能力，帮助解决基础设施，分布式数据库等底层技术问题。

云信用供应链金融平台包含两套子系统：融资平台端（门户）、运营管理端。

融资平台端是统一入口门户，核心企业、供应商、担保机构、资金机构均可以通过统一门户进行登录，在线上进行相关应收账款拆转融（图 4）。

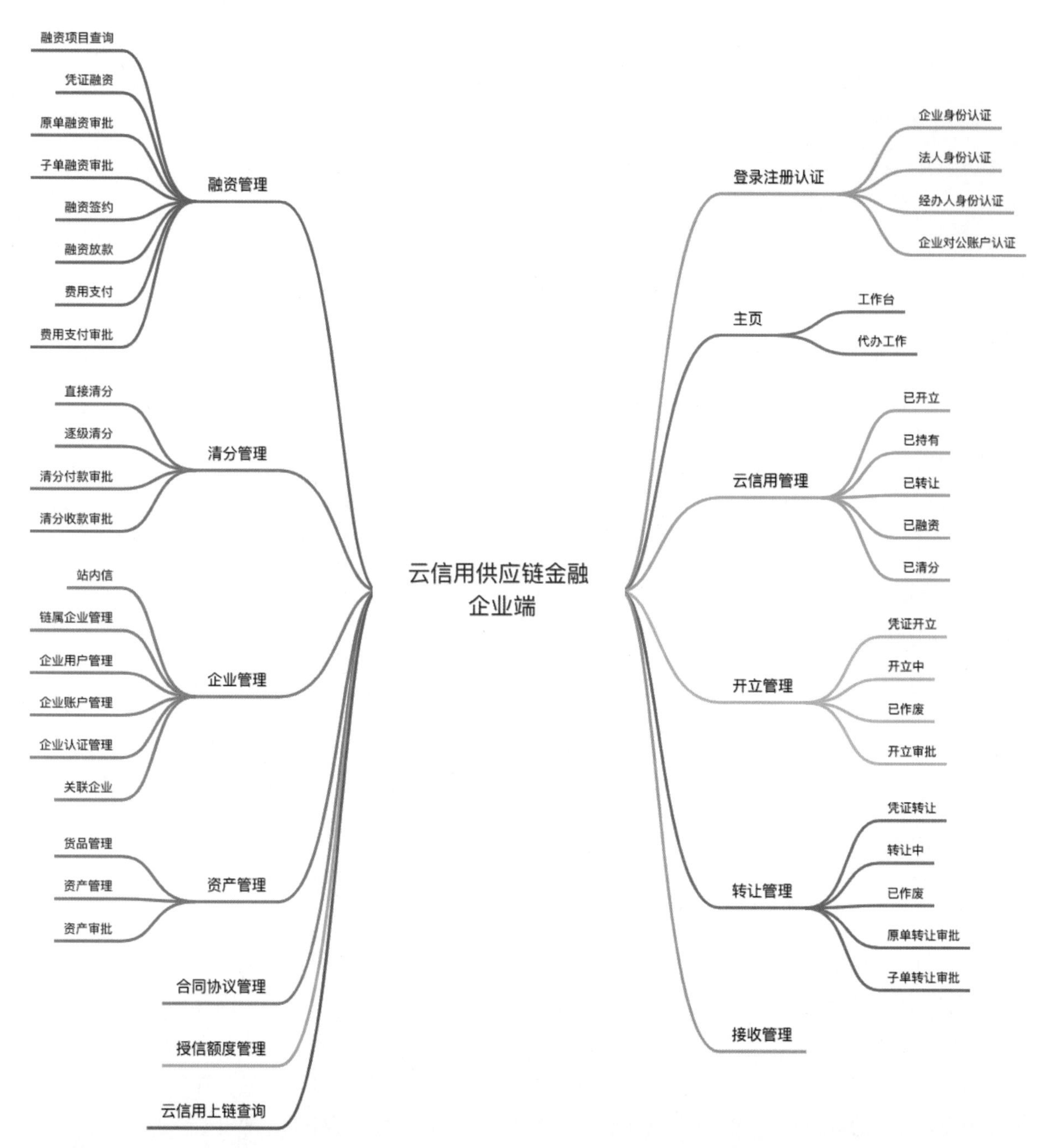

图 4　旺链科技云信用供应链金融平台 VoneCredit 企业端

运营管理端可以对企业进行审核，查看应收账款流转，协助资金机构授信等操作（图 5）。

2.5　应用亮点

1）技术创新

（1）数字化供应链，提升资产流动性。采用多级流转的模式使核心企业（该主机厂）的信用可以沿着真实的贸易链路传递，用区块链技术将企业资产转换为一种可拆分、可多级流转、可融资的区块链记账凭证，提升资产流动性，构建优质资产价值流通网络。

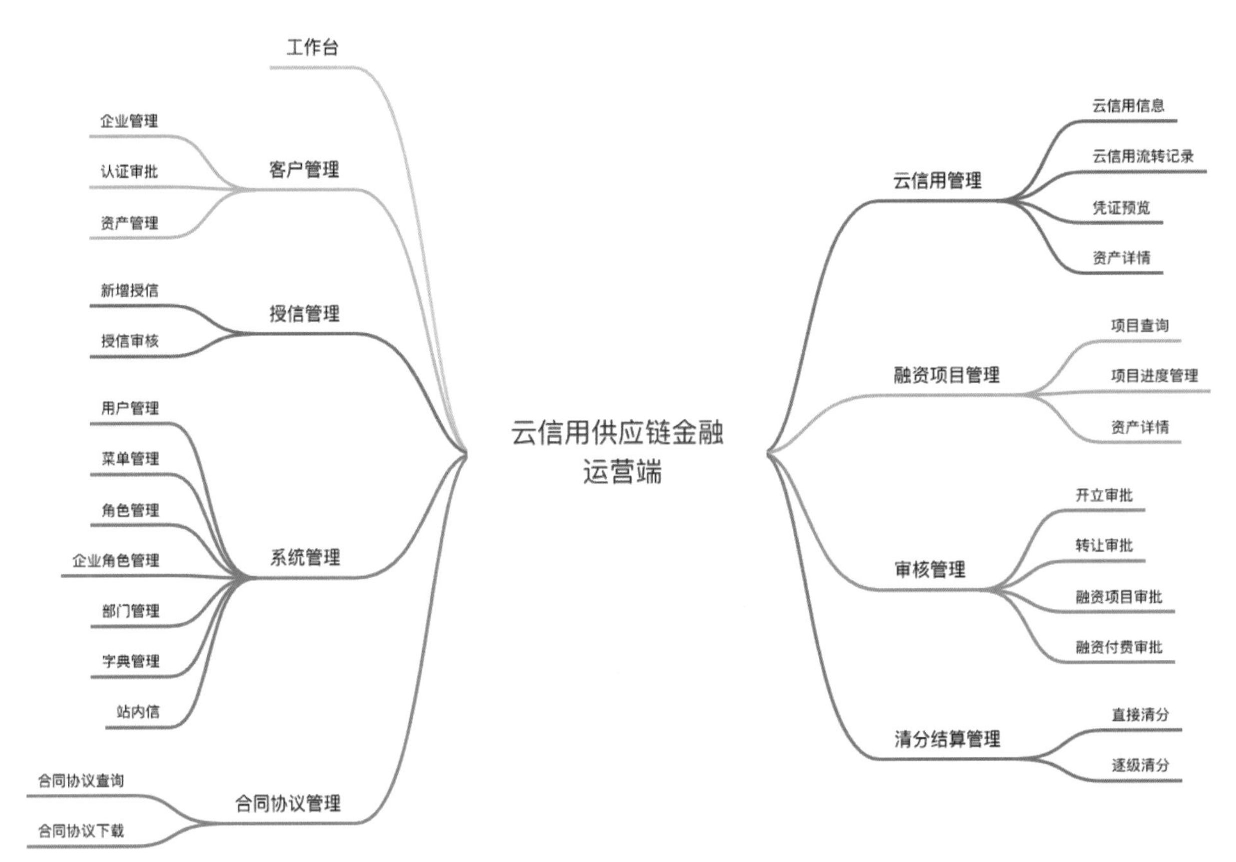

图 5　旺链科技云信用供应链金融平台 VoneCredit 运营管理端

（2）平台化，在线融资自动清分。系统改造和对接了车企已有的 ERP 系统和财务系统形成业务线全角色全决策的全线上化，和某银行进行银企直连有效利用了银行的账户体系和固有的清分结算能力快速完成放款和清分结算。

（3）释放传递企业信用。盘活存量授信，创造新利润增长点，批量获客，依托供应链拓展上、下游优质中小微企业客户资源。

（4）资产穿透互信安全。使用区块链技术的可追溯、不可篡改特性，实现电子凭证在上下游间的多层信用安全穿透，底层资产透明化，最大化实现穿透式监管。

（5）共识算法确保数据不可篡改。利用区块链技术中的共识算法实时更新记录数据最新进展，将完整的交易流程呈现给各个参与方，保证信息的真实可靠。区块链应用赋予供应链金融更高的安全级别，消除金融机构对企业信息流的顾虑，相应地，在一定程度上解决了中小企业无法自证信用水平的问题。

（6）共建共享价值流通网络。区块链技术支持多方参与、信息交换共享，能整合碎片化数据源，为基于供应链的大数据分析提供有力保障，让大数据征信与风控成为可能。同时加快信息流通效率，有效保证了数据质量，保护数据的隐私，确保数据的客观性。提供授信的资金方可通过交易链条快速获取贸易交易信息，各节点的联结关系更加透明化，有助于责任追溯，防范违约风险，提升整个产业链的风险管控能力。

（7）智能合约保障交易按约执行。依赖于真实业务数据的智能履约形式，对接资金账户体系，固化清分结算体系，一旦核心企业付款，智能合约就可以自动向下清算，保证了在缺乏第三方监督的环境下合约得以顺利执行，而且杜绝了人工虚假操作的可能。

2）模式创新

沿着经销商、汽车制造厂、供应商之间的真实贸易链路，将汽车销售 4S 门店的销售应收金额转换为可方便拆分和流转的电子付款凭证——云信用。

结合汽车行业应用广泛的融资租赁业务及持牌机构的资金，满足供应商的实际融资需求。

该系统和某银行进行银企直连，汽车供应商获取云信用后可向更上游的供应商支付或者直接向资金机构申请融资，放款周期最快可实现 T+0，且有效利用了银行的账户体系和固有的清分结算能力快速完成放款和清分结算。

3）流程创新

为该主机厂搭建的汽车融资租赁和供应链金融双循环的金融服务平台以该平台作为中间媒介，通过对接该主机厂财务系统和银行供应链融资业务系统，使应收账款融资数据能够自动、准确、快捷交互，同时辅助接口查询应收账款登记信息及征信信息、接口验证发票真伪等功能，实现从融资申请、融资审批、质押通知到快速放款、便捷登记的全流程在线融资模式，帮助该主机厂上下游中小供应商完成批量、快速、持续融资。

3 应用前景分析

案例中为该汽车公司搭建的供应链平台平稳运营了 2 年以后，西南地区的该汽车公司零部件和原材料供应厂商都获得了来自该汽车公司所在地区银行以及全国的股份制银行的资金支持。融资成本得益于该国产汽车公司的授信托底得以大幅度的降低，零部件行业在工艺上有了长足的进步。地方银行业通过该汽车公司的供应链条获得了大量的企业用户，并提供了稳定的贷款和相关受益。

该汽车公司也通过该平台进一步稳定了企业自身的流动资金。该项目有效地激活了产业生态链，夯实了产业联盟间的信任与协同，促进了当地产业经济的良性发展，该项目也获得当地市政府的高度关注和支持。得益于该模式的高可复制性和多方共赢的机制，可以向全国汽车行业进行推广，如果得到相关政策和政府的支持，项目落地效果可以有比较良好的预期和展望。

该汽车公司已经向集团总部上报了该项目，集团做出批示会成立专门的全资子公司对该项目进行运营。并且在多个地区成立了配套的保理公司满足项目落地的合规性。目前已经在全国多个城市陆续成立相关机构准备进行全国范围的推广。预计项目会在 2025 年在全国全面铺开业务，增长潜力比较客观。另外，通过商用车的项目成功推广，该汽车公司依托良好的产业生态协同，逐步形成规模化产业化的增值运营服务和产业数字化输出，获得更好的经济收益。

3.1 战略愿景

1）贯彻国家政策

案例中的国产汽车公司正是在汽车企业的相关政策（图 6）引导下，针对行业体系内的中下游汽车零部件制造的中小微企业的需求，解决中下游企业难以获得资金进行发展的实际痛点。

颁布日期	发文机构	文件名称	政策性质
2022.03	国务院	《国务院关于落实〈政府工作报告〉重点工作分工的意见》	规范性
2022.02	国家发展改革委、工业和信息化部、财政部、人力资源社会保障部、自然资源部、生态环境部、交通运输部、商务部、人员银行、税务总局、银保监会、能源局	《国家发展改革委、工业和信息化部、财政部、人力资源社会保障部、自然资源部、生态环境部、交通运输部、商务部、人员银行、税务总局、银保监会、能源局关于印发促进工业经济平稳增长的若干措施的通知》	支持性
2022.01	国家发展改革委、国家能源局	《国家发展改革委、国家能源局关于完善能源绿色低碳转型体质机制和政策措施的意见》	支持性
2022.01	财政部、工业和信息化部、科技部、发展改革委	《财政部、工业和信息化部、科技部、发展改革委关于2022年新能源汽车推广应用财政补贴政策的通知》	支持性
2022.01	商务部、发展改革委、工业和信息化部、人民银行、发展总署、市场监督总局	《商务部等6部门关于高质量实施〈区域全面经济伙伴关系协定〉（RCEP）的指导意见》	规范性、支持性
2021.12	财政部、工业和信息化部、科技部、发展改革委	《财政部、工业和信息化部、科技部、发展改革委关于2022年新能源汽车推广应用财政补贴政策的通知》	规范性、支持性
2021.12	住房和城乡建设部、工业和信息化部	《住房和城乡建设部、工业和信息化部关于确定智慧城市基础设施与智能网联汽车协同发展第二批试点城市的通知》	规范性
2021.10	中共中央、国务院办公厅	《中共中央 国务院印发〈国家标准化发展纲要〉》	规范性
2021.9	中共中央、国务院办公厅	《中共中央、国务院关于完整准确全面贯彻新发展理念 做好碳达峰碳中和工作的意见》	规范性、支持性
2021.9	商务部办公厅	《商务部办公厅关于做好2022年度汽车和摩托车出口许可申报工作的通知》	规范性
2021.8	工业和信息化部、科技部、生态环境部、商务部、国家市场监督管理总局	《工业和信息化部、科技部、生态环境部等关于印发〈新能源汽车动力蓄电池梯次利用管理办法〉的通知》	规范性
2021.8	国家互联网信息办公室、中华人民共和国国家发展和改革委员会、中华人民共和国工业和信息化部、中华人民共和国公安部、中华人民共和国交通运输部	《汽车数据安全管理若干规定（试行）》	规范性
2021.7	工业和信息化部	《工业和信息化部关于加强智能网联汽车生产企业及产品准入管理的意见》	规范性
2021.7	工业和信息化部、公安部、交通运输部	《工业和信息化部、公安部、交通运输部关于印发〈智能网联汽车道路测试与示范应用管理规范（试行）〉的通知》	规范性
2021.6	住房和城乡建设部	《住房和城乡建设部关于发布国家标准《汽车加油加气加氢站技术标准》的公告》	规范性
2021.5	工业和信息化部、科技部、财政部、商务部	《工业和信息化部、科技部、财政部、商务部关于印发汽车产品生产者责任延伸试点实施方案的通知》	规范性
2021.4	中华人民共和国工业和信息化部、财政部、税务总局	《中华人民共和国工业和信息化部、财政部、税务总局公告2021年第13号—关于调整免征车辆购置税新能源汽车产品技术要求的公告》	规范性、支持性
2021.4	住房和城乡建设部、工业和信息化部	《住房和城乡建设部、工业和信息化部关于确定智慧城市基础设施与智能网联汽车协同发展第一批试点城市的通知》	规范性、支持性
2021.4	财政部、工业和信息化部、科技部、发展改革委	《财政部、工业和信息化部、科技部、发展改革委关于进一步完善新能源汽车推广应用财政补贴政策的通知》	支持性
2021.3	工业和信息化部办公厅、农业农村部办公厅、商务部办公厅、国家能源局综合司	《工业和信息化部办公厅、农业农村部办公厅、商务部办公厅、国家能源局综合司关于开展2021年新能源汽车下乡活动的通知》	支持性

图 6 2021—2022 年国家各部委颁布的汽车行业支持和规范性政策

图片来源：前瞻产业研究院

2）技术对标情况

VoneCredit 符合国家三级等保认证标准：

（1）在物理安全层面上，平台的机房除了有最基本的安全控制之外，还应具备防火、防潮甚至电磁防护能力等，同时具备灾后数据恢复能力。

（2）在系统安全管理和恶意代码防范上，当有黑客对平台进行攻击时，平台具备一定的防范能力。

系统安全控制在逻辑上包括安全评估、访问控制、入侵检测、口令认证、安全审计、防恶意代码、加密等措施以确保系统与接口安全性。另外，在应用级别安全控制，本案例中为该主机厂搭建的汽车融资租赁和供应链金融双循环的金融服务平台遵循和应用一系列安全服务。

3.2 用户规模

本案例中项目于 2019 年 4 月上线投产，正常运营至今。累计有全国近 23 个地市的近 300 家经销商和供应商入驻平台；帮助体系内各类企业管理资产规模达 400 亿元左右；旗下供应商和经销商通过供应链金融产品获得直接融资 47 余亿元；银行资金坏账率低于 1.7%；平台总用户数达到 2 万余家，上链企业数达到 1 500 余家，链上资产交易数超过 2 万，交易资金总规模达 300 余亿元。

3.3 推广前景

VoneCredit 云信用供应链金融平台定位于 N+N+N 的平台模式：支持多核心企业、多资金方接入，云信用运用区块链技术将企业资产转换为一种可拆分、可多级流转、可融资的区块链记账凭证，提升资产流动性，构建优质资产价值流通网络。

3.4 产能增长潜力

在搭建的供应链金融平台上，用区块链技术将链上资产转换为一种可拆分、可多级流转、可融资的区块链记账凭证，上游供应商拿到基于区块链的信用凭证后可直接向银行申请融资。

结合汽车下游销售市场常用的融资租赁业务，有效利用汽车经销商应收账款快速撬动汽车公司的生产订单和库存车辆，降低了其汽车生产和库存的管理难度。

改造和对接车企已有的 ERP 系统和财务系统形成业务线全角色全决策的全线上化，实现全流程在线融资，智能合约保证清分结算按约执行。

4 价值分析

（1）经济价值：该项目从 2017 年 12 月立项，2018 年 3 月中标到 2019 年 4 月上线投产，正常运营至今。累计有全国近 23 个地市的近 300 家经销商和供应商入驻平台；帮助体系内各类企业管理资产规模达 400 亿元左右；旗下供应商和经销商通过供应链金融产品获得直接融资 47 余亿元；银行资金坏账率低于 1.7%。

（2）用户价值：在短时间内打造出了一个优秀的汽车产业链金融服务平台，得益于旺链科技在多年以来不断在实体产业领域的技术深耕和沉淀，得益于对实体行业特别是制造业的客户研究抽象出来一套适合于各个长产业链上游的金融产品。该产品适用于所有长生产制造链条的行业（如：汽车、造船、电器、芯片、半导体、生物医药等）。

（3）政策价值：该平台主要服务的对象及用户是产业链中众多的中小微企业，在政策和当地政府的配合下，对接资金机构，释放核心企业信用有效解决中小微企业融资难、融资贵的问题，有效推进和扶持了中小微企业发展和壮大的需求。逐步拉动提升当地的经济繁荣，对稳定社会提供就业机会起到了一定的作用。

4.1 商业模式

旺链科技以区块链 + 金融科技的技术驱动，基于丰富场景应用经验的金融科技创新与赋能助力产业客户实现数字化升级与产业互联网转型；从供应链金融延伸到数字化运营，形成覆盖全产业链的服务能力，以“IT 咨询 + 产品技术 + 运营服务”的服务模式，为产业客户和各类金融机构提供全链条、多维度、跨周期的综合解决方案。

4.2 核心竞争力

1）团队优势

旺链科技是高速成长的国家高新技术企业，国家工业和信息化部重点实验室成员单位，已成功服务包含航空、政府、金融、能源、农业、医疗、教育、房地产和快消等在内的十数个行业数百家客户。拥有区块链行业的顶尖技术研发团队，全行业咨询能力，能提供基于业务场景及技术架构的解决方案服务，专业强大的交付及运营团队，保证客户业务健壮性，成熟的项目管理和成本控制能力。

2）专利及获奖情况

（1）企业获奖情况：2018 年，荣登工业和信息化部赛迪区块链“中国区块链企业百强榜”；2020 年，荣膺“亚洲创新企业 Top10”；2022 年，入选“2022 中国产业区块链 100 强”（图 7）。

图 7 旺链科技专利及获奖情况

（2）基于区块链的云信用供应链金融平台——VoneCredit 产品及其应用案例获奖情况：入选《2020—2021 年全国供应链优秀企业及杰出个人白皮书》优秀案例；入选“2022 中国供应链金融生态优秀企业”，VoneCredit 区块链云信用供应链金融平台同时荣获“2022 优秀区块链生态金融平台”奖项；在 2022 中国产业区块链大会上，获评2022中国产业区块链创新案例；2022年9月，在世界人工智能大会上，入选《2022全球区块链创新应用示范案例集》；2022年12月13日，入选《2022中国数字化转型与创新年度数字金融创新解决方案》；2022年12月22日，入选“中国动产与权利融资生态・优秀企业（2022）”名单，VoneCredit区块链云信用供应链金融平台荣获“2022优秀产业供应链金融科技平台”奖项（图8）。

图8　VoneCredit产品软著及获奖情况

4.3　项目性价比

旺链公司自2019年正式投入建设本产品以来，累计投入技术人员80余名，占公司总技术人员数的40%，其中供应链金融业务专业相关人员10余名，供应链金融风控专业相关技术人员10余名，产品研发累计投入3 000余万元。截至2022年12月，旺链科技已经联合多家金融机构累计为各产业十余家核心企业、上万家中小企业提供供应链金融综合服务，中小企业累计实现融资近400亿元。其中国内某汽车头部主机厂企业通过本重点项目在2021年度企业营收达到12个百分点的增长率，为企业带来显著的经济效益提升。

4.4　产业促进作用

（1）打造了基于汽车经销商、汽车制造厂、汽车零部件供应商的供应链金融体系，降低上游供应商的融资成本，降低核心企业的采购成本，满足了供应商的实际融资需求，大大提升了汽车经销商的资金周转效率，同时也减轻了汽车制造厂的管理难度。

（2）供应链金融与融资租赁融合的业务模式创新和落地实践，实现了供应链金融业务的线上标准化流程及在线化全流程作业。

（3）结合区块链技术搭建了产业区块链联盟链，构建了可信资产池和价值流通网络，为汽车乃至其他行业核心企业信用的可信传递打下技术基石，同时结合企业大数据为企业资产风险提供自动化智能预警，真正进入了系统业务的智慧化阶段。

供稿企业：上海旺链信息科技有限公司

能源专项

万向精工碳足迹项目

1 概述

万向精工碳足迹项目是万向精工有限公司委托开发的碳足迹监管溯源平台。万向精工有限公司创建于1988年，是万向集团下属万向钱潮股份有限公司的子公司，专业生产汽车轮毂轴承单元产品，是工业和信息化部认定的制造业单项冠军示范企业。在整个汽车产业链的发展中，一直朝着低碳的方向，万向精工所生产的产品也进行碳足迹排放的管理。基于此，上海万向区块链股份公司开发的碳足迹产品——万碳源可以很好地帮助企业解决产品生产过程中的碳资产管理问题。万向精工碳足迹项目通过生命周期评估法（LCA）对万向精工有限公司的汽车轮毂轴承单元产品进行碳足迹计算，其中碳排放核算范围涵盖了该产品在指定生命周期中（“摇篮到大门”）的一系列环境因素，包括原材料供应链、生产制造过程，最终碳足迹核算边界以项目实际情况为准；其次以直观易懂的数字化手段展示上述生命周期内该产品的碳排情况及碳足迹信息，并通过区块链技术底层提供原始数据和计算方法论上链存证，以保证核算结果公开透明并且过程可追溯验证；最后，为客户打造碳足迹可信数字化平台。

2 项目方案介绍

2.1 需求分析

万向精工碳足迹项目建设需求主要分为两个部分：

（1）产品碳足迹评价报告。在该阶段，需要第三方检测机构对万向精工轮毂轴承单元进行产品碳足迹评价，本次评价标准基于ISO 14067：2018，并且采用“摇篮到大门”（B2B）边界对该产品碳足迹进行计算，这样做可以一方面满足客户“碳家底”

的摸排，另一方面为满足客户可持续发展的政策和规划奠定基础。

（2）碳足迹精算系统（万碳源）。碳足迹精算系统首先需要采集现场各工序的用能数据，一方面为第三方检测机构产品碳足迹的核算提供数据支持，另一方面用于系统中实时跟踪产品各个工序的用能和碳排放情况，从而实现产品碳排放的精细化管理；另外利用区块链技术，将产品碳排放数据上链存证，实现产品碳排信息可信追溯；最后系统可以查询和展示产品的碳足迹标签。碳足迹精算系统的应用一方面可以增加产品的国际竞争力，另一方面为全厂的节能降碳提供有力支撑。

2.2 目标设定

万向精工碳足迹项目目标是建立一套可信的碳足迹计算体系，打通上下游产业互信，依托区块链底层提供可信的数据作为依托，通过多方计算加强从认证公司和监管机构，企业客户和供应商多方信息协同，达到碳足迹数据可信、可查、可追溯、可控制等多个目标。

2.3 建设内容

万向精工碳足迹项目根据建设内容需求来制定以下解决方案：

2.3.1 产品碳足迹评价流程

（1）确定产品碳足迹评价系统边界。可控边界为万向精工自身碳排放管理边界，是本次核查的重要内容。其余为上下游追溯边界，需要通过识别碳排放影响程度，对贡献较大的部件的生产加工过程，开展产品调研和现场走访（图 1）。

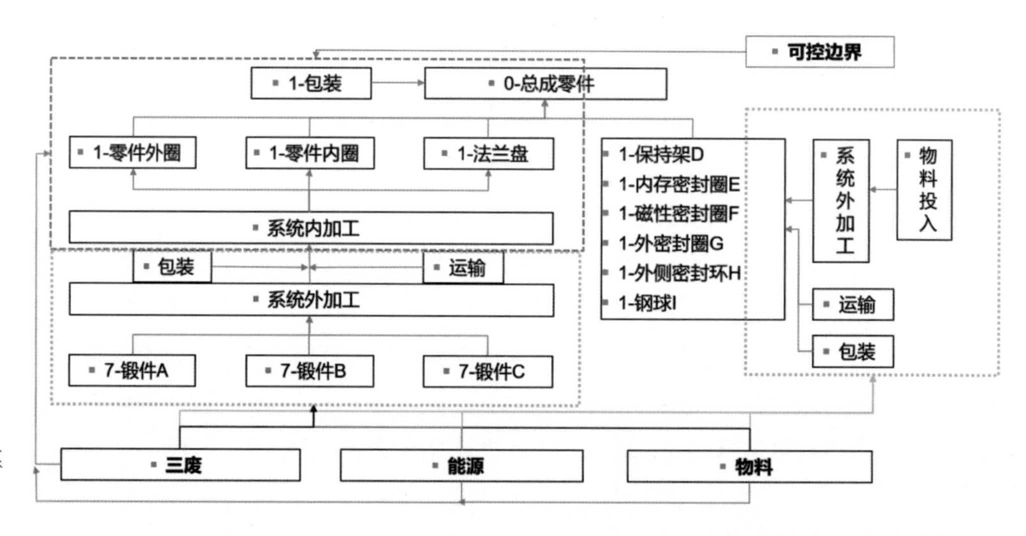

图 1 碳足迹评价系统边界

（2）文件资料审核。第三方评价机构（莱茵 TUV）拟定文件审核清单，行动小组成员收集相应资料，完成初步评审。根据初审结果进行查缺补漏，并制订现场核查计划。

（3）现场审核。通过现场人员走访、现场数据表单抽样、现场排放源测量等方式，核实活动数据。对审核过程中发现的问题进行汇总、记录并提出整改意见。

（4）排放量计算。根据 ISO 14067：2018，设计产品生命周期排放清单。计算过程充分考虑数据的一致性和准确性原则。

（5）编制碳评价报告。根据 ISO 14067：2018 标准中的编制原则和规定的内容要求，完成报告编制。

（6）结果讨论与汇总。通过排放数据和现场发现的问题，建议降碳减排计划。

2.3.2 碳足迹精算系统架构

1）碳排放来源

此次产品碳足迹核算的排放来源主要有三个方面：厂内生产碳排放、运输碳排放和原材料碳排放。本项目具体的碳排边界、碳排来源及对应核算方式需根据现场实际情况和项目需求来决定。

（1）生产碳排放：生产碳排放主要包括产品在加工过程中不同工艺所消耗能源产生的碳排放和三废排放产生的碳足迹。在本项目中涵盖 3 种零部件（外圈、内圈和法兰盘）以及相对应的 10 道厂内工艺流程。所以需要根据现场实际条件采集这些工序的用能数据，并传输到系统中用于碳排计算。

（2）运输碳排放：主要包括产品（毛坯）或者原料在场内外运输过程中产生的碳排放，基于现有的数字化条件，该部分碳排放主要以手工录入或者表单的方式，将车辆运输过程中消耗的汽油、运输的距离和货物的损耗输入到系统中，然后计算相关碳排放。

（3）原材料碳排放：主要来自产品各零部件毛坯加工生产所产生的碳排放，在本项目中，该部分碳排放的核算方式需根据现场实际情况确定，以手工录入或者表单的方式输入到系统中，然后计算整体产品碳排放。

2）排放管理

首先根据碳足迹计算方法论及采集到的源数据进行产品碳排放的精确计算，并且实现产品主要工艺段的用能进行实时监控，自动展现产品的小时、天、月的碳排放历史曲线及趋势，最终帮助工厂进行产线低碳管理和降碳升级。

3）碳足迹管理

生成和产品对应的碳足迹标签，其中包括产品的相关信息、认证机构、认证碳排以及相关 logo 等；并且系统提供碳足迹标签查询和展示服务，客户或者其他相关方通过手机扫描产品对应的二维码，便可以看到该产品碳足迹；或者客户可以根据实际情况将碳足迹对应的二维码贴在产品外包装上。

4）区块链管理

提供碳足迹上链存证和查验的功能，其中包括产品信息、实时碳排放信息、二维码 Base64code、区块高度、交易哈希等，以保证碳排放数据的真实性、准确性以及不可篡改的特性。

2.4 技术特点

万向精工碳足迹项目在技术层面，基于区块链 + 物联网打造可信的数据底座，通过隐私计算帮助企业在确保数据安全的前提下披露环境相关数据；通过物联网模组实时采集碳排放数据并上链，从而令数据原生在区块链上，完全免去了人工环节，实现数据闭环，真正形成可信数字底座，搭建基于区块链技术的一个碳生态系统。

2.5　应用亮点

碳足迹精算系统（万碳源）采用公有云 SaaS 化的部署方式。和传统私有化部署方式相比，公有云部署具有搭建速度快、构建成本低和可靠性高等特点。在硬件采集层，现场需要在对应轮毂轴承产品的各个厂内工序安装智能表计，并且通过 MQTT 传输方式将源数据传输到位于云服务器上的万碳源应用上，然后系统会将采集到的数据进一步整理和清洗（图 2）。此外，客户可以随时随地通过公网访问万碳源系统。

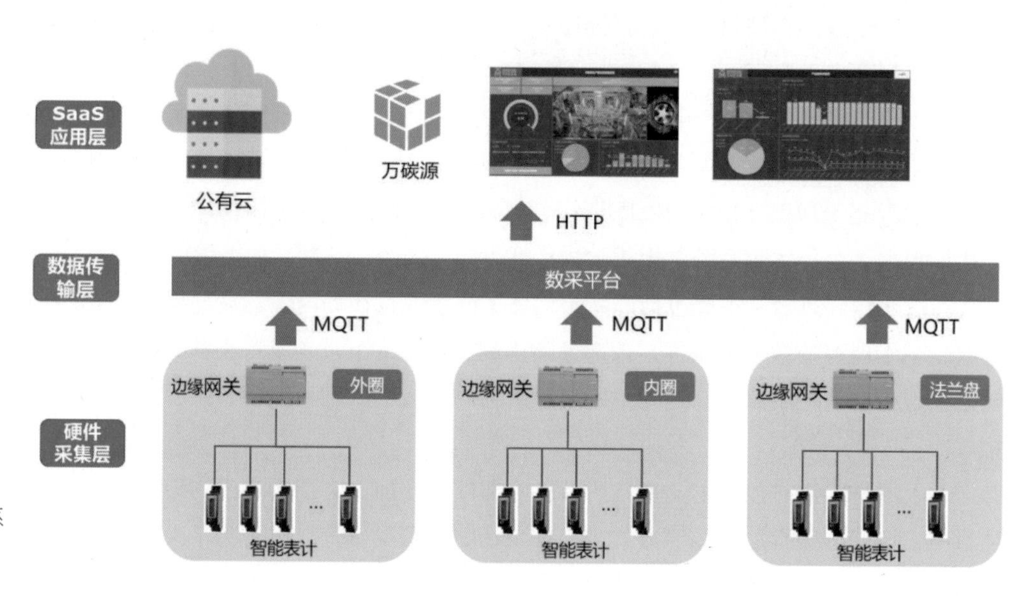

图 2　碳足迹精算系统架构

项目根据国际标准及行业通用算法生成针对不同产品的碳足迹标签，帮助企业实现产品碳足迹的全程可追溯，从多个维度去确保碳排数据的真实准确性。最终打造一个行业首发的基于区块链底层技术生成的碳足迹标签虚拟产品，在流转和使用中构建产品全生命周期的碳消耗。

万向区块链已经与国际和国内碳中和领域的权威认证机构合作，系统计算所得碳排结果及所使用的方法论均经过权威机构认证，而且在认证机构的支持下，可进一步对接国际碳标准。另外，本项目也要打造一个产品级别的碳消耗生态体系，从消费端、运输端、生产端全流程梳理碳流转数字化路径，为节能减碳提供最重要的数据支撑。最终通过数字化的技术手段，实现节能减碳，为 2030 年碳达峰和 2060 年碳中和贡献力量。

3　应用前景分析

3.1　战略愿景

为应对全球气候变化，中国于 2016 年 11 月加入《巴黎协定》，它是由全世界 178 个缔约方共同签署的气候变化协定，是对 2020 年后全球应对气候变化的行动做出的统一安排。2020年9月22日，中国国家主席习近平在第75届联合国大会一般性辩论会上，首次提出“中国将提高国家自主贡献力度，采取更加有力的政策和措施，二氧化碳排放力争于2030年前达到峰值，努力争取2060年前实现碳中和”。为此，国家采取一系列的政策和措施，保证国家“碳达峰碳中和”战略的实现。碳核查是我国双碳战略中的一个重要环节。

在此政策背景下，万碳源平台基于“区块链＋物联网＋安全云＋知识图谱”等多种数字化技术的一站式双碳数字化管理工具，能够为企业提供产品全生命周期碳足迹监测，为楼宇、园区提供全链路碳排放追踪，以及碳资产可信溯源、分析与监管，助力企业、园区等高效达成数字化低碳转型目标。

3.2　用户规模

万向精工碳足迹项目目前平台用户涉及轮毂制造企业1家，上游供应商4家，认证公司1家。6个节点初步形成了可信基础，万碳源平台也开始针对其他行业服务客户现在累计服务核心客户6个，下游客户20家，国内认证公司1家，国外认证公司1家。目前涉及客户行业包含汽车、电子、化工、建筑和工业产品制造等5个领域。

3.3　推广前景

万碳源平台拥有优异的产品创新和技术储备，具备以下优势：

（1）平台开通即用、数据自动结算、模型实时调整，降低客户使用门槛，轻松实现碳排放的科学管理。

（2）平台结合知识图谱智能分析能力，及时对企业、园区的节能降碳方案进行反馈和调整。

（3）平台内置多种碳排放核算标准，支持定制化服务，满足不同客户对碳排放管理的需求，降低双碳管理成本。

（4）平台区块链＋物联网的融合，确保碳排放采集、计量、存证的真实可信，并实现数据的精准追溯。

（5）平台隐私计算的纳入，在保证企业隐私数据安全的前提下，实现与生态内合作伙伴、外部机构的数据共享。

万碳源为企业提供产品全生命周期碳足迹监测，从原材料到生产制造，再到下游渠道销售、消费者端直至回收，碳足迹全程上链、可信可溯，各个节点碳排放量一目了然，并高效实现跨企业实时反馈，助力企业应对政府监管、供应资格要求、出口贸易壁垒、绿色金融风控等挑战。同时，万碳源能够为企业提供产品碳标签认证、溯源服务，打造符合国内、国际低碳标准的产品，提升产品竞争力。基于万碳源以上技术能力及优势，万碳源产品将具备极强的推广拓展前景。

3.4　产能增长潜力

根据统计，8省市的碳交易试点覆盖了电力、钢铁、水泥等20多个行业、近3 000家重点排放单位，每年发放配额约14亿t。生态环境部数据显示，截至2021年6月，试点碳市场累计配额成交量仅4.8亿t，年均成交量不到7 000万t，低于配额发放量的6%。碳交易价格上，各试点市场分割，价格相差较大，最低不到10元/t，最高可达 70 ~ 80 元 /t。截至 2021 年 6 月，各省市平均成交价格约为 23.75 元 /t，近两年加权平均碳价约为 40 元 /t。未来全国碳市场扩大行业范围后，预计年覆盖碳排放量将超过 50 亿 t。到 2025 年交易价格在 60 ~ 75 元 /t 之间浮动，按照交易量占配额 5% ~ 10%，现货市场交易规模可达到 150 亿 ~ 375 亿元。

在此基础上，万碳源将依托万向精工碳足迹项目的成功应用经验，将碳足迹追溯及监管解决方案复制推广到电力、钢铁、水泥等行业对碳排放有高要求的企业当中，为公司的双碳业务增长带来突破性进展。

4 价值分析

4.1 商业模式

碳无处不在，无孔不入，跟每个国家、企业以及每个人都息息相关。如今不少企业正在低碳数字化道路上奔跑，通过更友好、更可视化的方式与利益相关方开展碳披露方面的交流。同时，很多企业已经开始在碳的资产化道路上开拓进取。或许现在参与碳管理的企业还只是冰山一角，相信不远的将来，越来越多的企业会加入到碳管理大潮，通过自己的行动，管理碳排放、践行低碳举措，最终达成碳中和目标。

碳中和是中国未来几十年最重要的政策方向和产业方向之一。作为经济活动的主要参与者，企业尤其是科技企业将成为推动碳中和实现的中坚力量。碳排放计算和管理是碳中和数字基础设施。通过积累丰富的碳排放因子数据库，提升碳排放计算和管理的可操作性，为全社会建立健全碳中和创新生态提供了重要助力。

根据碳足迹联合灼识咨询共同研究发布的《中国碳管理市场规模预测》，中国碳管理市场规模在 2025 年将达到 1 099 亿元，2030 年将达到 4 504 亿元，2060 年将达到 43286 亿元。

4.2 核心竞争力

上海万向区块链股份公司在万向区块链实验室的基础上整合资源、深化平台建设，于 2017 年正式成立。2015 年，万向集团金融板块中国万向控股有限公司在区块链技术领域开始了战略性布局，成立了国内较早的区块链技术研究机构——万向区块链实验室，以太坊创始人 Vitalik Buterin 担任首席科学家。实验室聚集了领域内的专家就技术研发、商业应用、产业战略等方面进行研究探讨，为创业者提供指引，为行业发展和政策制定提供参考，促进区块链技术服务于社会经济的进步发展。

万向区块链专注区块链技术研究，并以区块链为基础，融合多种技术，为各行业客户提供数字化解决方案。针对双碳实现进程中的痛点，万向区块链融合区块链、物联网、隐私计算、知识图谱等技术，打造了一站式双碳数字化管理工具——万碳魔方。

碳足迹是万碳魔方的主要功能之一，其可以使不可见、不可触摸的碳变成可交易的资产。该平台通过如下步骤，将碳转变为数字化的资产：第一，基于区块链底层挖掘碳数据。用区块链提供可信的数据单元达成共识，使碳资产得到大家的认可。第二，在系统上植入了隐私数据的保证，保障数据的共享安全，从而避免数字化的碳资产泄露企业或个人的隐私。第三，用知识图谱分析碳的定价杠杆，以此更好地指引碳定价、碳流转。

万碳魔方还包括万碳魔方区块链低碳服务平台、楼宇碳排放监控平台、碳金融等模块，通过万碳魔方模块化解决方案，可以进行灵活的部署和实施，大幅减少初期的项目投资成本，提高方案落地的效率和效果。

4.3 项目性价比

万碳源平台于2021年开始研发，并于2022年上线运营，同时开始商务拓展，为有相关场景需求企业客户提供解决方案。在此基础上，本项目形成一个5年的投入产出财务预算，具体见表1。

表1 万碳源平台投入产出比预算表

项目5年投入产出财务预算					
科目 / 时间	2021年	2022年	2023年	2024年	2025年
项目营业收入 / 万元	0	120	1 000	3 000	6 000
软件Saas收入 /（15万元 / 产线）	0	6	50	150	300
低碳认证收入 /（5万元 / 产线）	0	6	50	150	300
碳咨询费用 / 万元			40	120	400
客户数量 / 家		6	50	150	300
项目成本支出 / 万元	46.49	256.33	1 016.11	1 800	4 000
外包开发成本 / 万元	32.5	144	538.06	400	1 000
公司人力及其周边成本 / 万元	10.85	57.05	379.05	1130	2 000
物联网设备采购成本 / 万元	2.14	45.28	69	180	800
差旅费 / 万元	1	10	30	90	200
项目利润 / 万元	−46.49	−136.33	−16.11	1 200	2 000

4.4 产业促进作用

碳足迹平台是上海万向区块链股份公司产品万碳魔方区块链低碳服务平台的一个模块，其底层是万纳链，它打通了数据互信，从基础设施层面来指导解决方案的开发，并支持技术运营。另外，万纳链也是衔接双碳经济生态的基础，从认证机构到工业企业、研究机构等，所有这些都运行在万纳链上，有利于形成规模效应。根据不同的组合，满足不同的碳资产监管组合。灵活性方面，可以根据不同的行业、不同的企业，其特殊的低碳目标和需求，以及不同的IT发展水准来进行碳足迹产品的部署。

通过本项目的实施，将带来显著的社会经济效益：

（1）满足监管要求。随着对碳中和的时间紧迫，未来政府、行业协会的监管会越来越高要求，合规且系统展现自身在CSR/ESG方面的绩效。选择负责任的供应商，共同维护客户权益，提升客户满意度。

（2）提升企业品牌和形象。披露产品碳足迹，对企业的ESG报告，加强环境与社会风险的管理，推动企业可持续发展能力的提升越来越重要。有效地树立负责任的企业品牌和形象，提高企业声誉。

（3）提高风险定价。通过风险定价为资本配置决策提供有效支持是金融市场的基本职能，精确的当前及过往经营和财务业绩是实现定价的基础。然而在这些业绩背后，如果没有表征公司治理和风险管理等工作开展情况的更详细信息，则会导致投资者和相关方对于资产定价和估值存在较大偏差，从而导致资本配置不当。

（4）影响全球合作与国际贸易。计算碳足迹、发展碳标签（产品碳足迹的量化标注）作为公众易接受的气候信息披露方式，更好地服务碳达峰碳中和目标。当前，碳标签正从公益性标识向产品全球绿色通行证转变。

供稿企业：上海万向区块链股份公司

BoAT 物联网 + 区块链可信碳数字底座

1 概述

本案例由上海摩联信息技术有限公司（以下简称“摩联科技”）主导建设，团队核心成员包括公司 CEO 林瑶先生，他作为主要发起人积极推动了物联网 + 区块链联合创新中心和区块链模组联盟的成立；另一位主要成员 CTO 许刚先生是 RISC-V 基金会区块链行业工作组副主席。两人共同作为主要撰写人参与《物联网终端可信上链技术要求》等行业标准和团体标准的制定。

“碳中和”是“十四五”规划和 2035 年远景目标纲要中的核心战略，数字经济、新能源、创新等要素都是实现碳中和目标的关键支柱。数字化转型在未来十年内有潜力通过赋能其他行业帮助减排全球碳排放的 20%。企业作为国家碳中和的主要执行者，既可以参与碳中和技术的研发和落地推广，也可以积极通过区块链、物联网等技术手段实现创新的碳管理策略，掌握和管理企业自身的环境贡献，并及时将其转化为财务绩效。目前碳市场存在一证多卖、多头申报、申报周期长、开发成本高等诸多挑战。应基于大数据、区块链、物联网积极构建新一代碳交易市场，有助于较好地解决碳交易市场关键的 M（测量）R（报告）V（验证）的信任问题，赋能双碳目标驱动的新型基础设施建设。摩联科技推出的“BoAT 物联网 + 区块链可信碳数字底座”赋能数字化转型的各类企业进行基础设施的区块链 + 改造，以物联网 + 区块链融合创新有效帮助识别碳数据造假。

2 项目方案介绍

2.1 需求分析

1）应用场景

准确可靠的数据是碳排放权交易市场有效规范运行的生命线。通过帮助海量物联网设备的碳足迹“上链”，目前行业涌现很多创新项目在绿色能源的生产和能源消耗场景下都在探索各类应用场景。本项目在“零碳园区”“能源数字化”“电池资产管理”等场景下率先进行项目落地，为“十四五”循环经济下“双碳”目标实现做出了积极的贡献。借助物联网、区块链和人工智能等技术，从源头实现主要数据源可信，健全碳排放监测的运维体系，重点发展碳数据监测设备状态智能诊断和智能运维技术，不断提升碳数据采集、传输的稳定性，聚焦绿色业务数据和资源，打造一个不可篡改的分布式共享数据库。

2）建设内容

BoAT 物联网 + 区块链打造可信绿碳数字底座，可以帮助有效识别碳数据造假，引入区块链技术独特优势，让物联网数据无缝对接到区块链上，实现数据的不可篡改和隐私保护，让数据信任在联盟链各方之间传递，面向汽车、化工、光伏、电子电气、地产、电池、建材等智能工厂典型场景提供整个生命周期的耗能和碳排放数据收集、建模量化指标以及评估等服务，涉及原材料、设计研发、生产过程直至产品回收等各个环节，从而以数字化手段推进工业碳中和目标。

BoAT 可信绿碳数字底座解决方案可以广泛应用在传统企业“数字碳中和”转型方案中，例如智慧工厂方案中的数据中心和仓储物流等的屋顶光伏、5G 智慧路灯、分布式储能、5G 边缘网关、5G 监控摄像头、智能空调等设备在运行中的发电、储能、耗能数据连同设备标识、时间等信息登记上链，转化为链上登记的可信碳足迹账单，帮助园区运营方和工厂等对自身碳排放进行预测、诊断优化。通过运用物联网、区块链、大数据、人工智能等信息化技术，围绕传统工业数字化转型的强烈需求，以及政府机关的监管需求，实现工业生产、运营、物流、产品服务等各环节全生命周期碳数据存证和数据溯源，并透过数据可信开放实现数据价值的挖掘。摩联科技的 BoAT（blockchain of AI things）区块链应用框架从数据源头出发，打通了芯片底层和区块链底层两大生态，帮助行业推动碎片化物联网终端上链达成行业共识，包括统一的总体架构、设备功能要求和安全要求等，有效填补了物联网和区块链技术融合在低碳数字化创新应用领域的空白。

2.2 目标设定

BoAT 物联网 + 区块链可信碳足迹管理解决方案主要目标是解决四大行业痛点：

（1）透过区块链模组，对智慧工厂场景下各类物联网终端实现全面普适的低成本区块链改造。

（2）坚持灵活的场景定制化和功能轻量化，赋能海量政企客户低成本快速区块链改造。

（3）区块链模组目前支持 4G CAT.1 \5G\NB-IoT 等各类主流通信制式，具有低功耗、高带宽等全面技术优势，满足各类碳数据采集、传输的稳定性、安全性和经济性要求。

（4）BoAT 区块链应用框架具有低资源占用、低成本和低 TTM（time-to-market）的三低优势，具体实现是 C 语言编写，软件 LIB 库的形式集成在 IoT 设备的模组或者芯片上，在数据采集的同时，对数据进行哈希计算，使用设备的唯一私钥进行签名，形成了数据的可验证指纹，从而实现从源头数据可信，实现设备数据的安全上云和可信上链。

BoAT 区块链应用框架以软件 LIB 库的形式，运行于蜂窝通信芯片或模组内。遍布各类碳中和场景的物联网终端实时可信上报碳数据监测结果，在数据采集的同时，对数据进行哈希计算，使用设备的唯一私钥进行签名，形成了可供第三方验证的链上存证结果。这里，BoAT 帮助传统物联网设备进行快速低成本的区块链改造，实现物联网终端碳数据上链，区块链交易、智能合约调用等区块链业务。该框架支持多种安全容器（如 TEE、SE 等）和信任根（root of trust），提供安全的密钥生命周期管理、设备可信认证等（图 1）。

什么是BoAT Framework

BoAT在物联网设备中的位置

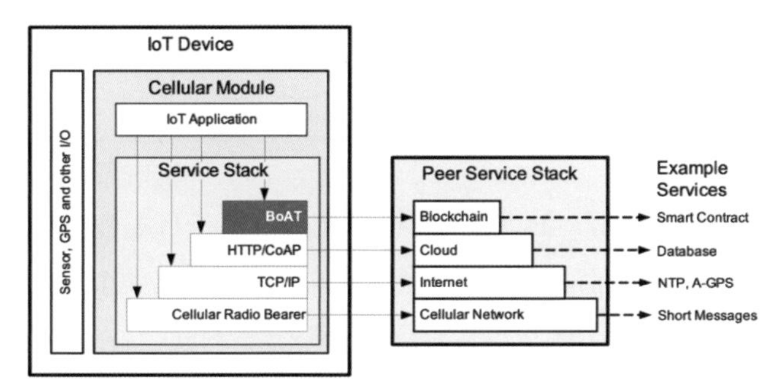

BoAT是什么
- BoAT是可以被物联网应用调用的区块链客户端协议库
- 物联网应用通过BoAT连接区块链
- BoAT能够对数据签名
- BoAT能够发起区块链交易
- BoAT能够调用区块链智能合约
- BoAT能够管理设备区块链密钥

BoAT不是什么
- BoAT不是区块链节点
- BoAT不是后台应用
- BoAT不会自行加载运行
- BoAT只能被物联网应用调用，不能自动把数据上链

图 1　BoAT 区块链应用框架协议栈架构

2.3　建设内容

本方案利用物联网 + 区块链 + 隐私计算的技术，通过在智慧工厂的各类智能终端芯片 / 模组里嵌入区块链 SDK（software development kit），将物联网终端的碳账单数据进行加密，加密后的数据直接发送到监管系统的云端服务器和区块链上，从源头端保证数据的安全可信；监管机构和经授权的金融机构、大数据分析机构等第三方机构登录设备监管系统需要通过密钥进行身份验证，并将云端服务器的数据进行解密查看明文信息和验证真实性。

BoAT 解决方案使得蜂窝模组成为区块链模组，进而使各类物联网设备能够“即插即用”地在主流区块链上实现区块链交易和智能合约调用，令物联网 + 区块链可信绿碳数字底座更容易实施。

（1）帮助物联网设备实现可信数据上链。

（2）帮助物联网应用生成对应的区块链智能合约，并触发调用。

（3）实现区块链 + 物联网应用的场景开发。

2.4　技术特点

1）架构设计

本案例将区块链技术运用于物联网设备的芯片及蜂窝通信模组上，并结合芯片底层安全技术，使碳数据从采集端即获得安全保护和可信签名，确保碳数据从源头可信，真正实现“物链一体”，实现物联网终端数据可信上链，构建 BoAT 端到端可信能力平台（图 2），为实现碳数据确权、数据市场流通提供可信的数字底座，将碳数据开放和可信地交换给更多的外部客户，形成基于数据价值开放的新业务增长点，实现企业可持续发展。

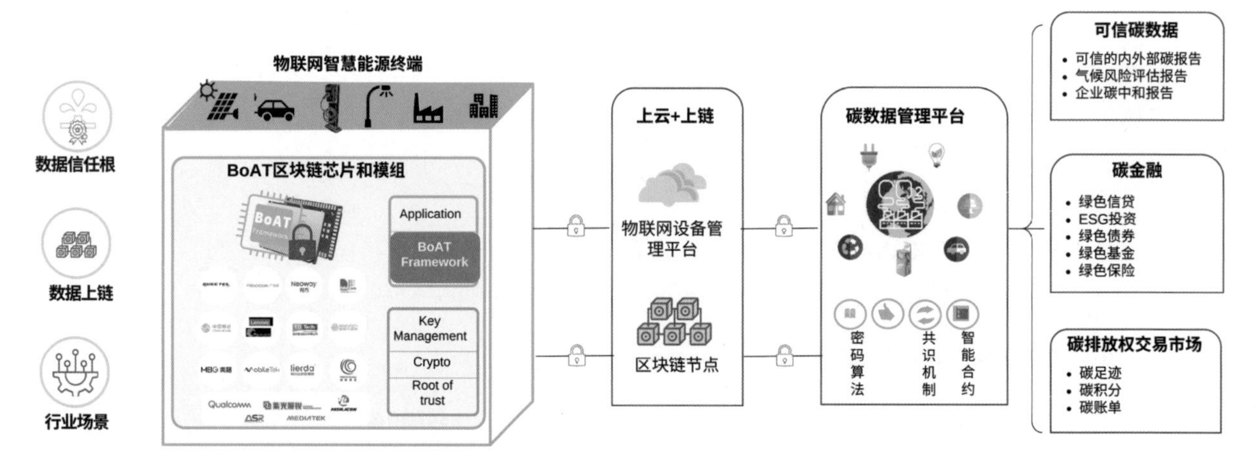

图 2 BoAT 物联网 + 区块链可信绿碳数字底座

2）主要特点

（1）积极适配各类碎片化的物联网场景。BoAT 区块链应用框架赋予各类物联网终端唯一的链上身份可信不可篡改，同时保证了海量的终端生成的碳数据在整个生命周期内可溯源、可追踪，可以基于统一的计算方式实时产生 MRV 报告，同时保证碳数据所有权清晰。

（2）物联网、区块链、隐私保护等多技术融合。BoAT 碳数字底座融合了物联网传统安全、区块链和隐私保护技术，解决了数据安全和相互信任的问题，这提供了碳数据交换的基础环境，充分挖掘碳数据的价值、帮助碳数据实现商业闭环。

（3）跨领域合作。可信的数据开放和交换为绿色信贷、绿色债券、绿色保险、绿色租赁、绿色信托等金融产品提供风控依据，引入市场激励机制去推动个人和企业参与碳中和，帮助双碳政策切实落地。

2.5 应用亮点

2018 年下半年摩联获得物联网行业专家团的天使投资和上海万向区块链股份公司的战略投资，12 月成为 ARM 加速器成长营第六期成员。2019 年 6 月成为联通物联网与万向区块链物联网 + 区块链联合创新中心首批成员，同年 11 月成为微软人工智能和物联网实验室第二期赋能客户。2019 年底，摩联与主流的九家蜂窝无线模组厂商共同发起了区块链模组联盟。2020 年 8 月成为腾讯区块链加速器首期成员。2021 年 2 月摩联加入 RISC-V 基金会成为战略会员并发起成立区块链行业工作组；4 月，摩联与中国信息通信研究院泰尔终端实验室联合发起国内首个“物联网终端可信上链技术要求”团体标准和行业标准的立项。

1）内置 BoAT 区块链应用框架的区块链模组助力实现区块链和物联网等多技术融合

将区块链与物联网融合在一起时，可以从源头采集处加强碳数据可信，特别是区块链技术的发展，为碳中和的数字化转型带来了新思路。区块链的分布式账本、密码学处理以及独特的链式结构保证了数据不可篡改、可溯源、可追踪。

一方面，利用物联网有效监测、分析和管理碳排放，内置的 BoAT 区块链应用框架的区块链模组为每一个终端分配唯一的不可篡改的区块链身份 ID；另一方面，BoAT 通过调用智能合约，将碳数据主动上传到分布式的区块链账本，实现碳足迹的链上存证。

在网络侧，区块链和人工智能等技术帮助健全碳排放监测的运维体系，重点发展监测物联网设备状态、智能诊断和智能运维技术，打造一个可信的绿色业务数据平台。

2）物联网设备安全助力从源头可信

设备通过感知层获取外部环境信息，是物联网的信息源。感知层特点包括：大量的端节点数目；多样的终端类型；复杂的部署环境、多为无人户外部署。因此，感知层容易受到各类安全威胁，往往是可信数据底座最薄弱一环。通过在物联网设备中应用 TEE、SE 等安全技术，有效保障了感知层的数据可信和上链数据真实。

在本案例的研发过程中，摩联科技积极展开产业链上下游的对话合作，先后加入了中国通信标准化协会、TAF 电信终端协会、中关村区块链产业联盟、PSA Certified Partners（Platform Security Architecture Certified Partners）、RISC-V International（Reduced Instruction Set Computing-V International）、IEEE（Institute of Electrical and Electronics Engineers）等行业组织，并牵头发起成立物联网模组联盟，充分挖掘蜂窝无线模组在物联网应用中的关键作用，开发了一套承载在物联网终端上的区块链应用框架 BoAT，赋能物联网设备快速实现可信数据上链和对区块链服务的访问。2019 年底，摩联科技、联通数科、万向区块链与国内主流蜂窝无线模组厂商共同发起了区块链模组联盟，并陆续发布基于 BoAT 的各自品牌的区块链模组产品。BoAT 区块链模组将作为区块链和物联网融合创新的重要抓手，从数据的源头（物联网设备）上链确保物联网数据的可信安全和不可篡改。

3 应用前景分析

3.1 战略愿景

数字化正成为驱动产业绿色低碳改造、实现节能降耗减排的重要引擎，是促进能源效率提升、优化能源结构的重要动力。物联网、区块链和 5G 等技术的融合创新多次列入国家顶层规划文件，这里既有机遇也有不小的挑战，因为随着 5G 时代到来，物联网数据激增和可信安全的数据管理之间矛盾日益突出，比如成本增加、ROI 过低、数据造假；同时，碎片化的 5G 终端市场让区块链改造难度非常大。引入区块链技术独特优势，让物联网数据无缝对接到区块链上，实现数据的不可篡改和隐私保护，让数据信任在联盟链各方之间传递。通过物联网 + 区块链的可信碳数据管理，将推动相关产业进行信息化、绿色化改造，解决碳市场关键的 MRV 信任问题，减少碳中和项目申报流程，提升碳市场效率，实现“减排不减产，增收不增耗”的可持续发展。

随着区块链技术的进一步发展，以及政府和行业对其战略价值的认知提升，人们越来越意识到区块链作为一种新型的下一代基础设施，将支撑接下来万物互联下海量物联网设备的数据共享和交换，所以区块链和物联网的结合是必然的大趋势。基于

BoAT 物联网 + 区块链可信碳数据管理解决方案，创造性地将物联网和区块链技术与人工智能等结合，将帮助数字化转型企业在节能、减排、循环等环节实现创新，可信的“M 监测 -R 报告 -V 核查”将成为越来越多企业的碳中和战略关键举措。

3.2 用户规模

当前项目在上海、成都、苏州、南京、深圳、合肥等市和新加坡地区进行规模商用和商业落地试点。累计商业落地和试点项目达到 100 个，年新增项目超过 5 个。摩联科技目前正在服务客户和合作伙伴包括：中国移动、中国联通、中国电信、西班牙电信、中国银联、微软、万向区块链、联想懂的通信、戴姆勒奔驰、雀巢、海尔、中科创达、矩阵元、广和通、移远、紫光展锐等。摩联的愿景是借力全球蜂窝物联网厂商的联盟，赋能物联网终端厂商挖掘应用和数据的价值，帮助传统行业实现可信的万物互联，积极构建数字新基建下的可信基础设施。

3.3 推广前景

本项目采用支持多链技术的物联网预言机——BoAT 物联网区块链应用框架，保持了较好的灵活性和中立性。南向适配主流多样化的模组平台，北向同时适配多样化的区块链平台，兼顾物联网和区块链两头的多样性。目前，一方面适配全球主流蜂窝模组厂商的 30 多款智能模组、标准模组、瘦模组型号，涵盖 5G、4G（Category 4、Category 1、Category M）、NB-IoT 等多种制式，其中 5G 区块链模组率先通过 CNAS 认证，成为全国首款通过 5G 行业终端模组生态评测的 5G 区块链模组；另一方面，BoAT 适配万纳链、星火链网、华为链、FISCO BCOS、长安链、HyperLedger Fabric 等主流区块链平台。

1）应用场景 A：基于物联网 + 区块链的能源数字化转型

在本案例中，5G 区块链模组确保了分布式光伏设备的关键数据（电价标准、业主信息、电量数据）进行哈希计算和实时链上可信存证。相对于过去线下报表传递，有效降低传递过程中可能出现的数据丢失和被篡改风险，促进安全交易的同时，也为绿电金融衍生品投资市场提供可信的风控报告。

复制推广：在中国四川和安徽，新加坡等多国和地区进行商业试点。

2）应用场景 B：5G+ 区块链的零碳园区方案

BoAT 物联网 + 区块链可信绿碳解决方案帮助零碳园区场景中的数据中心智能空调、5G 智慧路灯、分布式储能、物流车、摄像头等设备在运行中的能耗连同设备标识、时间等信息登记上链，转化为链上登记的可信碳足迹账单。零碳园区为控排 / 高能耗企业园区、大型国企、央企及国家生态示范工业园区等提供端到端的园区碳中和管理，包括园区企业碳排放盘查、碳排放监测、碳减排项目管理、碳减排监测，以及碳中和分析等。

复制推广：与广和通、高通、万向区块链、海峡链、星火链网等物联网和区块链合作伙伴正在上海、苏州、深圳、新加坡等地进行试点合作。

3.4 产能增长潜力

该项目将区块链技术运用于物联网设备的芯片及蜂窝通信模组上，并采用特定安全容器，通过在设备内实现信任根，确保芯片有独一无二的DNA，充分发挥区块链技术的价值，使物联网数据从采集端即获得安全保护和可信签名，确保数据从源头可信，真正实现“物链一体”，实现物联网终端数据可信上链，构建BoAT端到端可信能力平台，为实现物联网数据确权、数据市场流通提供可信的数字底座，降低数据审计成本，提高数据要素流转效率。

其中物联网设备作为物联网数据源头采集点，通过BoAT区块链应用框架，以区块链、密码学、可信执行环境为基础，以蜂窝物联网模组为载体，实现物联网终端数据可信数据上链，能够实现物联网设备厂商和物联网业务服务商更加安全可信地在源头采集物联网数据，并利用区块链保障数据能够被可信验证，为未来智能数字社会构筑可信数字底座。

本方案对当前流程和模式有较好的效率提升作用，具体如下：

（1）解决MRV信任问题，减少项目申报流程，提升碳市场效率。

（2）帮助各类强制申报环境权益上链，助力各国各机构建立从源头基于区块链的信任。

（3）减排项目产生的减排量可以实时转化为碳信用并直接参与交易。

（4）追踪企业碳中和承诺，个人减排量价值化、能源互联网绿电交易，国际间环境权益互认。

4 价值分析

4.1 商业模式

本项目采取“产品+服务”的商业模式，锁定目标客户群体为各个实施碳中和战略的政企客户及各类碳中和行业解决方案企业树立项目示范性应用点，创立示范效应，节约相应的商业投入，精准确保营销效果。本项目的产品销售及获利模式有以下三种：

（1）公司依托自主研发的产品，进行市场的逐步推广与产品销售。

（2）针对目前市场上同类产品的缺失与弊端，和行业内的各类碳中和服务商进行合作，进行定制化的产品及服务提供。

（3）提供相应的定制化开发以及产品后续的增值维护服务。

4.2 核心竞争力

摩联科技的BoAT区块链应用框架率先实现了物联网芯片底层安全技术和区块链的结合，通过与行业主流芯片厂商如紫光、高通等进行深入的合作，率先通过了PSA安全认证，打造了全球首款软硬件一体的物联网终端可信解决方案。2019年12月，联合国内主流模组厂商共同建立区块链模组联盟，BoAT区块链应用框架解决方案业务与全球主流芯片和模组厂商展开积极合作，凝聚行业共识，发挥产业影响力，全面满足各类政企客户的数字化转型需求。

2022年11月，摩联科技的BoAT物联网+区块链可信碳数据管理解决方案被微软选择成为其全球IoT解决方案供应商，并在微软官方网站正式上线提供基于

BoAT+Azure Sphere 可信碳数据管理解决方案，代表项目在竞争中强大的技术实力和行业认可。2020 年 12 月至今，本项目方案成为微软、中国联通、万向区块链、新加坡恩士讯等主流 ICT 产业领导企业面向政企碳中和项目试点的物联网 + 区块链可信碳数据管理能力，标志着本项目方案的成熟度得到行业的广泛认可。

围绕着本项目，摩联科技在物联网和区块链融合创新领域进行了积极的标准推广工作，其中，2021 年 4 月初牵头立项中国通信标准化协会 TC10WG1 行业标准项目建议书《物联网终端数据可信上链技术要求》并成功立项；2021 年 3 月底牵头立项电信终端产业协会 TAF WG5-FG2 团体标准《物联网终端可信上链技术要求》，并在 2022 年 2 月正式发布。截至 2022 年 9 月，摩联科技物联网 + 区块链融合创新相关累计申请发明专利 12 项，其中已授权发明专利 2 项，实质审查中 10 项。物联网 + 区块链融合创新相关软件著作权累计申请 22 项，已核准登记 22 项。

4.3 项目性价比

物联网技术与区块链技术的结合，是数字经济下实现商业闭环的必然选择。同时，随着对双碳认识的逐步加深，碳中和被视为构建人类命运共同体的重要一环；在今后三十年时间内，碳中和带来的投资机遇规模将达到 100 万亿 ~ 300 万亿元。

本项目通过与蜂窝无线通信芯片和模组厂商的合作，在未来的区块链终端上链市场占据绝对优势地位，可达到 20% ~ 40% 的市场占有率，从而确保物联网 + 区块链可信绿碳数字底座能够在未来 3 年实现千万级的销售量，年增长率超过 30%。

（1）透过区块链模组联盟，与国内主流模组厂商展开积极合作，目前全球每年蜂窝模组新增发货量在 3 亿片，而基于 BoAT 区块链应用框架的模组厂商达到 13 家，这些模组厂商每年的发货量全球市场占有率在 70% 以上，国内市场占有率更高达 90%。

（2）透过与主流芯片公司紫光展锐、高通、海思、联发科等合作，适配主流芯片平台，进一步提升市场覆盖率，进一步缩短项目周期。

（3）与联通数科成功推出雁飞 5G 区块链模组，与万向区块链、银基安全、长虹等签署区块链模组商业合同，在智慧工厂的各类典型场景进行 100 多个商业落地项目，累计发货数十万片。

4.4 产业促进作用

本方案融合区块链与物联网技术，将碳数据可信从源头开始，从而产生新的商业模式。首先，每一个终端都有一个唯一的 ID 并且不可篡改，这相当于给终端上了身份证。链上采用非对称算法，既提升了安全性，又保证了终端数据的所有权。其次，去中心化的分布式账本，既解决了数据安全和相互信任的问题，又给出了统一的计算方式，帮助数据资产化，产生商业价值。区块链能为终端提供身份证，保证碳数据的所有权，并提供碳数据交换的基础环境，本方案软硬融合，将可信的物联网终端设备与区块链共识信任机制一起有效降低安全风险，能充分挖掘碳数据的价值，帮助碳数据实现商业闭环，推动双碳政策的切实落地。

供稿企业：上海摩联信息技术有限公司

区块链技术在“青碳行”碳普惠平台的创新应用

1 概述

“青碳行”APP是佰业绿色科技（青岛）有限公司自主研发并创新性地在全国首个以数字人民币结算的碳普惠平台。“青碳行”APP以区块链技术为依托，将“碳达峰、碳中和”与“健康中国”结合，按照青岛市发改委、市生态环境局联合印发的《青岛市低碳出行碳普惠方法学》将用户地铁、公交、骑行等低碳出行行为核算为碳减排量，通过隐私算法保护用户隐私，以联盟链区块链技术全流程存证碳减排量，引入数字人民币作为计价和支付手段，通过智能合约设定合规条件将碳减排量兑换到用户数字人民币钱包中，实现公众绿色低碳出行可量、可视和可得，以“绿色出行、健康生活”理念倡导全民共同参与。“青碳行”碳普惠平台这一数字碳普惠金融项目，是区块链、数字人民币智能合约等技术特性与公众碳普惠领域的一次成功尝试，获得了社会各界的一致好评以及国家、省市各级行业主管部门的首肯。项目核心团队100余人，具有高学历、年轻化、专业性强等特点，技术研发人员占比达到60%以上，具有较强的数字金融、区块链、智能合约平台等技术研发力量。公司还聘请了金融科技以及网络安全、密码算法等领域的知名学者和专家组成顾问团队，定期为公司的发展提供支持。“青碳行”APP自2021年6月上线以来，近30万市民公众参与到碳普惠平台中，积极践行绿色低碳生活方式，平台累计产生碳减排量1 100余t；先后与银行等机构开展数字人民币主题运营活动，累计发放数字人民币红包近300万元；通过平台的运营活动发放基于区块链技术的数字藏品“低碳大侠”“洛卡侠”“金甲洛卡侠”共3款，限量发售共计26 908份；荣获2021年度青岛市金融创新奖二等奖、第五届（2022）数字金融创新大赛数智平台银奖。

2 项目方案介绍

2.1 需求分析

“青碳行”项目融合了“区块链 + 数字金融”技术，将居民的低碳行为，如地铁、公交、骑行等公共交通出行，通过碳普惠方法学对应核算形成“碳减排值”，将步行等健身活动核算为“精力值”，以分布式记账技术记录在具有安全级别高和稳定性强

图 1 “青碳行”APP 界面

的“长数链”区块链联盟链上，以数字人民币作为计价和支付手段，利用市场配置推动居民日常出行和生活领域节能降碳，倡导简约适度、绿色低碳、健康的生产生活方式（图 1）。该项目获得人行青岛市中支、市发改委、市生态环境局、市大数据局、市金融局、市交通运输局等多个行业主管部门的协力支持和肯定。

2.2 目标设定

产品技术路线分三层进行实现，主要是最上层的业务层、BaaS 层及最底层的基础设施层。其中，业务层包括用户层和应用层，基础设施层包括基础层、存储层及资源层。

（1）业务层：主要基于用户层的用户群体，向联盟链治理、碳资产管理、智能合约平台、供应链金融及存证平台等方向进行发展。

（2）BaaS 层：主要基于长安链搭建的区块链即服务平台，包括节点动态管理、数据扩容管理、预言机、多语言虚拟机、跨链、分布式身份及安全隐私等基本能力，主要通过 http、grpc 等多种协议对上层提供接口服务并与基础设施层进行交互。

（3）基础设施层：该层为整个区块链产品的最底层服务，主要提供分布式账本、数据存储及云服务的能力，分布式账本主要由长安链和 FISCO BCOS 进行提供。存储层除了支持区块链主流的存储数据库外，还支持 IPFS 的分布式文件存储。资源层则提供了云原生的能力，主要为了完成自动化运维并屏蔽掉不同环境带来的影响。

2.3 建设内容

“青碳行”APP 可以概括为“搭建一个平台、兼顾两种需求、体现三项特色、展现四个创新”。

一个平台是指佰业绿色科技（青岛）有限公司打造的“青碳行”APP 平台，依托区块链技术，引入数字人民币为结算方式，构建全国数字金融 + 区块链应用的碳普惠城市综合解决方案。

两种需求是指以公众绿色出行为切入点，倡导地铁、公交、步行、骑行等健康绿色的出行方式，兼顾“绿色出行”和“健康中国”两种需求。

三项特色，一是形成城市碳减排标准方法学，创新地将碳减排与公众健康有机结合考量，形成完备的城市碳减排综合考量体系。二是将碳减排量进行量化，并采用联盟链的分布式记账方式，解决了多方信任的问题，极大程度地激发了多方参与的可能性和积极性。同时，将用户通勤或运动的个人信息，通过加密算法最大程度保护用户隐私和数据安全。三是将公众产生的碳减排量形成积分，以数字人民币为结算方式，动态满足企业减排需要和公众获利需要，更好地发挥市场机制有效配置资源的作用。

四个创新是指“青碳行”APP与数字金融相结合、与区块链技术相结合、与绿色出行相结合、与健康中国相结合。

2.4 技术特点

该项目充分发挥区块链技术在金融科技和低碳减排领域的创新应用，从构建碳普惠城市综合解决方案入手，为未来数字金融和绿色低碳协同发展提供城市级实施方案。

一是通过高性能的隐私保护技术，保护客户的数据隐私，将数据做脱敏处理。在绿色出行方面，平台只采用和留存个人用户的出行距离和出行频次，不留存用户具体行程的起始地点，以技术手段打消公众参与平台对个人隐私泄露的顾虑。利用技术、制度等手段真正解决了让绿色低碳行为可度量、可见、可信，一切从用户出发设计和推出易用、安全、有效的应用。

二是利用区块链做数据的可信存证，让参与上链的各方以共识算法来确保数据的唯一性和不可篡改，解决了数据的多方信任问题，极大程度激发了合作多方参与的积极性。此外，可吸引金融企业作为区块链的共识监督节点，在确保碳减排量的真实性、准确性、唯一性前提下，放心地为市场参与方提供相应的绿色金融服务。

三是利用区块链的去中心化、智能合约、可追溯性及加密技术，链接碳普惠的各参与方，不同参与节点按照角色完成碳减排的数据采集、方法学计算、登记确权、兑换、核查、中和以及监督审计等职能。打破信息孤岛，完成可信核算并进行全生命周期可追溯管理，打造开放、共创、可信的碳普惠联盟链生态。

四是利用数字人民币可编程性能便捷实现场景适配，且流程透明可控，专款专用。如某企业中的员工减排量可与该企业自身的碳排放形成闭环，从而实现让企业内部以“碳中和”的方式参与碳减排的可行性。这比传统的方式流程更加透明，可追溯，免审计。

2.5 应用亮点

“青碳行”APP自2021年6月28日上线以来，先后在财富论坛大会中受到各央媒充分关注和报道；在青岛市发改委节能减碳周启动仪式上做了典型案例介绍；在中国国际服务贸易交易会上，“青碳行”APP设置了“低碳1分钟”减排骑行互动区，得到了社会各界的高度关注和一致好评；连续两年结合绿色出行宣传月和公交出行宣传周系列活动以“青碳行”APP为主要活动载体，开展了“绿色出行”个人挑战赛，通过引导市民以低碳的绿色公共交通出行方式，积攒碳积分兑换成数字人民币，增加市民参与低碳绿色出行的参与感和获得感。此外，“青碳行”APP举办多次绿色低碳宣传活动，包括“互联网+全民义务植树”“世界地球日”“520为爱奔跑”“青碳行绿色生活节”“青碳行冰雪运动”等，与数字人民币各运营机构合作开展活动累计发放数字人民币活动红包近300万元，得到了国家、省市各级行业主管部门的首肯，并作为数字人民币推广应用的唯一创新案例上报给国务院。

2022年7月30日，青岛市地方金融监管局代表市政府以数字人民币支付形式购买“青碳行”APP的公众碳减排量，用于中和2022青岛·中国财富论坛会议产生的碳排放，实现了会议碳中和（图2）。这不仅是首次在大型论坛会议中实现“零碳会议”，也是数字人民币在碳金融领域的首创应用，标志着“青碳行”在开展和推广碳普惠工作方面具有领先示范意义。

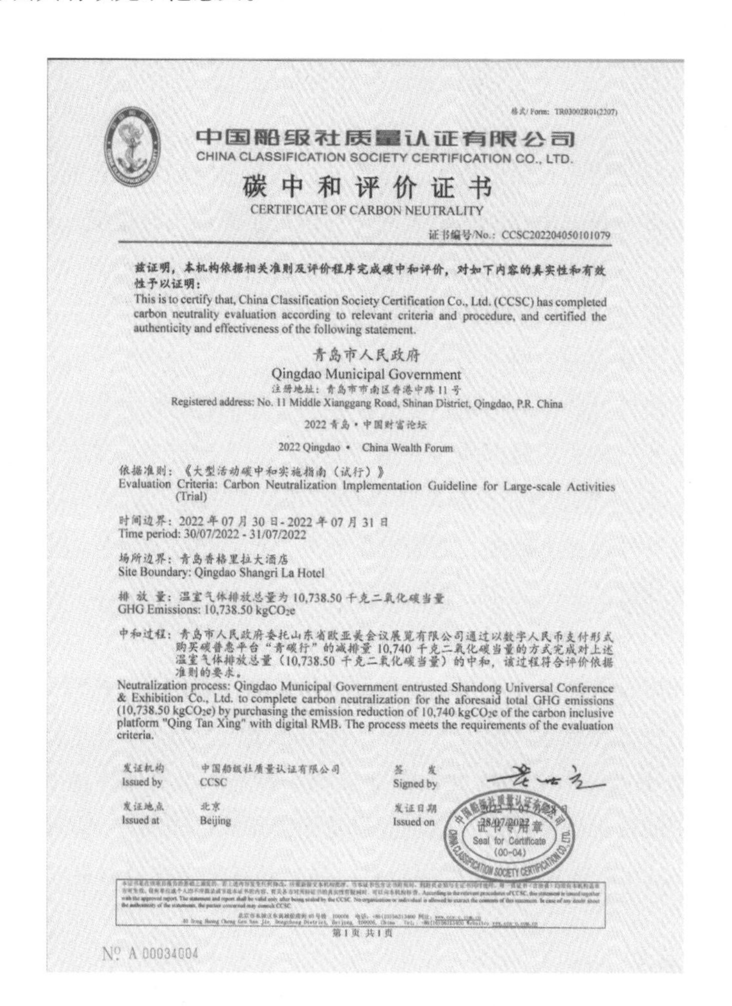
格式/Form: TR03002R01(2207)

中国船级社质量认证有限公司
CHINA CLASSIFICATION SOCIETY CERTIFICATION CO., LTD.

碳中和评价证书
CERTIFICATE OF CARBON NEUTRALITY

证书编号/No.: CCSC202204050101079

兹证明，本机构依据相关准则及评价程序完成碳中和评价，对如下内容的真实性和有效性予以证明：
This is to certify that, China Classification Society Certification Co., Ltd. (CCSC) has completed carbon neutrality evaluation according to relevant criteria and procedure, and certified the authenticity and effectiveness of the following statement.

青岛市人民政府
Qingdao Municipal Government
注册地址：青岛市市南区香港中路11号
Registered address: No. 11 Middle Xianggang Road, Shinan District, Qingdao, P.R. China

2022青岛·中国财富论坛
2022 Qingdao · China Wealth Forum

依据准则：《大型活动碳中和实施指南（试行）》
Evaluation Criteria: Carbon Neutralization Implementation Guideline for Large-scale Activities (Trial)

时间边界：2022年07月30日-2022年07月31日
Time period: 30/07/2022 - 31/07/2022

场所边界：青岛香格里拉大酒店
Site Boundary: Qingdao Shangri La Hotel

排放量：温室气体排放总量为10,738.50千克二氧化碳当量
GHG Emissions: 10,738.50 $kgCO_2e$

中和过程：青岛市人民政府委托山东省欧亚美会议展览有限公司通过以数字人民币支付形式购买碳普惠平台“青碳行”的减排量10,740千克二氧化碳当量的方式完成对上述温室气体排放总量（10,738.50千克二氧化碳当量）的中和，该过程符合评价依据准则的要求。
Neutralization process: Qingdao Municipal Government entrusted Shandong Universal Conference & Exhibition Co., Ltd. to complete carbon neutralization for the aforesaid total GHG emissions (10,738.50 $kgCO_2e$) by purchasing the emission reduction of 10,740 $kgCO_2e$ of the carbon inclusive platform "Qing Tan Xing" with digital RMB. The process meets the requirements of the evaluation criteria.

发证机构 Issued by：中国船级社质量认证有限公司 CCSC
签发 Signed by
发证地点 Issued at：北京 Beijing
发证日期 Issued on：28/07/2022

第1页 共1页

№ A 00034004

图2 “青碳行”碳中和评价证书

3 应用前景分析

3.1 战略愿景

2020年9月22日，国家主席习近平在第75届联合国大会一般性辩论中宣布：“中国将提高国家自主贡献力度，采取更加有利的政策和措施，二氧化碳排放力争2030年前达到峰值，努力争取2060年前实现碳中和。”碳达峰、碳中和目标既是生态文明建设的主要构成部分，也是一场广泛而深刻的经济社会系统性变革。

《健康中国2030》规划纲要中指出，健康是促进人的全面发展的必然要求，是经济社会发展的基础条件，是民族长生和国家富强的重要标志，也是广大人民群众的共同追求。不断推行健康文明的生活方式，营造绿色安全的健康环境，坚持共建共享、

全民健康，坚持政府主导，动员全社会参与，是建设健康中国的实现路径和基本目标。

在此政策背景下，佰业绿色科技（青岛）有限公司研发了“绿色出行、健康中国”的碳普惠项目，以区块链技术为依托，将“碳达峰、碳中和”与“健康中国”结合，推出“青碳行”APP，将居民的低碳行为和健康行为以“碳积分”“健康积分”的形式，进行具体量化并予以激励，核证为可用于交易、兑换商业优惠或获取政策指标的减碳量和精力值，利用市场配置推动数字生活惠民领域节能减碳，倡导简约适度、绿色低碳的健康生产生活方式。

3.2　用户规模

“青碳行”APP 上线以来，近 30 万市民朋友参与到碳普惠平台中，积极践行绿色低碳生活方式，平台累计产生碳减排量 1 100 余 t；开展数字人民币主题运营活动累计发放数字人民币红包近 300 万元；通过平台的运营活动发放基于区块链技术的数字藏品“低碳大侠”“洛卡侠”“金甲洛卡侠”共 3 款，限量发售共计 26 908 份；先后荣获 2021 年度青岛市金融创新奖二等奖、第五届（2022）数字金融创新大赛数智平台银奖。

3.3　推广前景

“青碳行”APP 是全国首个以数字人民币结算的碳普惠平台，充分运用了区块链技术、数字人民币等新概念、新模式，采用联盟链的分布式记账和隐私算法，用技术手段强化了信任机制，便于拓展低碳行为边界。平台依托区块链技术具有公开透明、去中心化、不可篡改等特性，对碳减排量的全生命周期进行可追溯监管，确保了碳减排量的真实性、准确性、唯一性；实现技术可拓展性、安全性保障的同时保护用户隐私。此外，还吸引政府职能部门、金融企业、第三方服务企业等机构作为区块链的共识监督节点，在确保碳减排量的真实性、准确性、唯一性前提下，放心地为市场参与方提供相应的绿色金融服务。

3.4　产能增长潜力

随着“青碳行”碳普惠平台功能的不断丰富，在拓宽全国公共交通领域低碳减排城市覆盖面的基础上，逐步增加居民用水用电、垃圾分类等低碳生活行为，拓展在大众体育、健康中国等场景的应用，支持群众性健康活动，实现绿色低碳与全民健身的有机融合，不断丰富区块链在产业领域的应用场景，推动区块链产业不断向前发展。

4　价值分析

4.1　商业模式

“青碳行”APP 为可感知、可流通、可体验、可增值的公众碳普惠服务平台。项目以区块链技术平台为依托，通过佰业绿色科技（青岛）有限公司打造的“青碳行”APP 平台为入口，将公众（组织或家庭的成员）的工作和生活中需要通勤的距离按出行方式，如地铁、公交、步行、骑行等出行行为，形成可量化的低碳标准，通过区块链分布式账本来记录，让参与多方透明并分布记账，有利于形成合力和共识。公众通过绿色方式出行所获得的低碳积分以数字人民币计价，通过“青碳行”平台向公众支付数字人民币方式统一收集，以公益捐赠或有偿出售等方式将减排指标交易给有碳指标需求的机构；也可由碳指标所需机构直接收购，通过价格杠杆来优化交通出行中的碳排放结构，让公众更加自发地选择低碳绿色健康出行方式。同时，公众的低碳积分与企业碳排放共享循环，即通过绿色出行减少二氧化碳等温室气体排放，同时增加碳汇、发展碳捕集和封存技术等，实现排放量和吸收量平衡，使得绿色出行与健康共得，以“碳中和”的方式实现城市低碳。

4.2 核心竞争力

“青碳行”碳普惠平台这一数字碳普惠金融项目，是区块链、数字人民币智能合约等技术特性与公众碳普惠领域的一次成功尝试，获得了社会各界的一致好评以及国家、省市各级行业主管部门的首肯。项目核心团队 100 余人，具有高学历、年轻化、专业性强等特点，技术研发人员占比达到 60% 以上，具有较强的数字金融、区块链、智能合约平台等技术研发力量。公司还聘请了金融科技以及网络安全、密码算法等领域的知名学者和专家组成顾问团队，定期为公司的发展提供支持。目前，围绕区块链技术在碳普惠领域的创新成果，佰业绿色科技（青岛）有限公司已布局 5 件发明专利（审中），2 件计算机软件著作权，2 件外观设计专利，并持续布局区块链碳普惠领域专利，构建区块链碳普惠领域高价值专利组合。

4.3 项目性价比

按照“青碳行”APP 项目规划和总体目标，至“十四五”期末，全社会碳普惠总量将达到 653.59t，客流固定情况下城市因碳减排所产生的经济效益约为 1.95 亿元，客流递增情况下城市因碳减排所产生的经济效益约为 2.71 亿元。

4.4 产业促进作用

低碳出行实现碳减排符合双循环的健康绿色生态系统，融绿色出行、低碳减排、数字人民币试点应用、个人回报、企业供需于一体，起到碳排放和碳吸收相抵的生态循环，具有明显的生态效益。

“青碳行”碳普惠平台旨在提升社会运行效率，通过倡导绿色出行，引导公众转变现有出行模式，加强出行智能化发展，提高出行效率，提升社会运行效率，尽量减少人类碳足迹与二氧化碳排放量，发展低碳经济模式，为节能减排、发展循环经济、构建生态社会、和谐社会带来了操作性诠释，是建设资源节约型环境友好型社会生活方式和价值观念的全球性革命。

供稿企业：佰业绿色科技（青岛）有限公司

基于区块链的隐私监管碳交易平台

1 概述

“基于区块链的隐私监管碳交易平台”项目针对现有碳交易市场的市场信息不透明、商业数据机密性与其安全可监管存在矛盾、交易流程复杂、市场运行成本高管理效率低等问题痛点，引入区块链技术和隐私监管，构建“开放透明＋隐私监管＋多业务融合”的区块链碳交易模式，可应用在参与碳交易市场的各产业领域。此交易模式可增强市场信息的公开性和透明度，保证交易产品信息的真实可靠，构建可信交易体系；增强配额等信息公开性同时有效保证商业敏感数据的安全机密以及交易数据的隐私保护，构建安全交易体系；简化交易流程，实现交易自动撮合，提高交易效率，增强市场活跃度，构建高效交易体系。建设单位为兴唐通信科技有限公司。团队共100余人，硕士及以上学历占85%，具备总体、架构、研发、测试、市场等岗位完备专业的人才体系。核心成员如下：田爱军，项目负责人，男，正高级工程师，1999年硕士毕业于北京邮电大学信息工程系，现任兴唐通信科技有限公司信息安全中心总经理；陈琦，男，正高级工程师，2008年硕士毕业于北京交通大学理学院运筹学与控制论专业，现任兴唐通信科技有限公司区块链与数字货币方向业务总监、所级专家；梁乐，女，高级工程师，2012年硕士毕业于电信科学技术研究院通信与信息系统专业，现任兴唐通信科技有限公司区块链与数字货币方向产品总监、研发经理。

2 项目方案介绍

2.1 需求分析

全国碳交易市场已经开启，目前主要纳入了电力行业，市场的活跃度较低，我国碳交易市场的建设主要由国家政策指导和推动，因此碳交易量与市场活跃度和政策具有强相关性。除此之外，碳交易市场信息的公开透明是交易主体信任的前提，且利于消除各方信息不对称的现象，营造可信的交易环境；另外，准确可靠的数据是碳排放权交易市场有效规范运行的生命线，碳排放相关数据可监管也是避免数据造假的关键；而且，简化交易流程、控制交易市场运行成本也是碳交易市场发展的重要途径。

碳交易市场目前具有以下痛点：

（1）碳交易市场信息公开透明性有待增强。现碳交易市场主要产品为碳排放配额

（CEA）和核证自愿减排量（CCER），由于政府分配的碳排放额、核证的自愿减排量会涉及相关企业商业隐私信息，因此各交易主体不愿意公开碳排放、碳配额总量、配额方案以及交易数据等信息，导致信息更加不透明，获取信息难度更大，各交易主体间的信任成本增加，阻碍各方的碳资产评估管理且限制了交易积极性。

（2）商业信息保密与安全监管的矛盾有待解决。碳排放权交易市场参与主体众多，如政府机构、碳排放权交易方、CCER 项目建设及交易方、碳排放审查机构、第三方认证与监管等。由于各方都是利益竞争与协作关系，都担心将自己的碳交易等数据全部公开会有风险，有数据及身份隐私需求，所以隐私是构建碳交易市场必要一环。然而交易全隐私可能导致出现洗钱欺诈等违法行为，且难追究责任，隐私保密与可监管缺一不可，需要既保障碳交易商业数据的保密性，又允许政府等监管部门能够行使监管特权，保证交易数据安全，而实现隐私的同时给监管带来了很大的挑战，两者的矛盾需进一步解决。

（3）碳交易市场运行管理效率有待提高。碳交易市场中各数据源数量众多、涉及主体多导致类型复杂、传递流程烦琐，交易涉及多个业务过程，如企业注册、第三方认证与监管、CEA 发布分配、登记、交易与清缴、CCER 注册登记、交易以及与碳排放权的抵消清缴、市场碳排放权的定价等，众多业务需要使用多平台才能完成，目前平台间的协同调控执行效率较低，无法保证碳资产的时效性，在未来更多行业、企业加入的情况下，更需要进一步优化，完善交易流程规则，激活交易活力。

2.2 目标设定

为了解决上述问题，本项目创新性地提出基于区块链的碳交易平台，该项目基于联盟链架构，对碳交易中的数据进行上链管理，并使用智能合约，实现业务流程和特定数据透明化，同时借助隐私监管密码算法实现交易及资产等数据的隐私可监管，最终目标是流程更透明、业务更高效、数据更安全、市场更活跃（图 1）。

本项目的愿景是发挥区块链的作用，在碳交易中践行习近平总书记生态文明思想，促进数据共享、优化业务流程、降低运营成本、提升协同效率、建设可信体系，为国家减碳战略做铺路石。

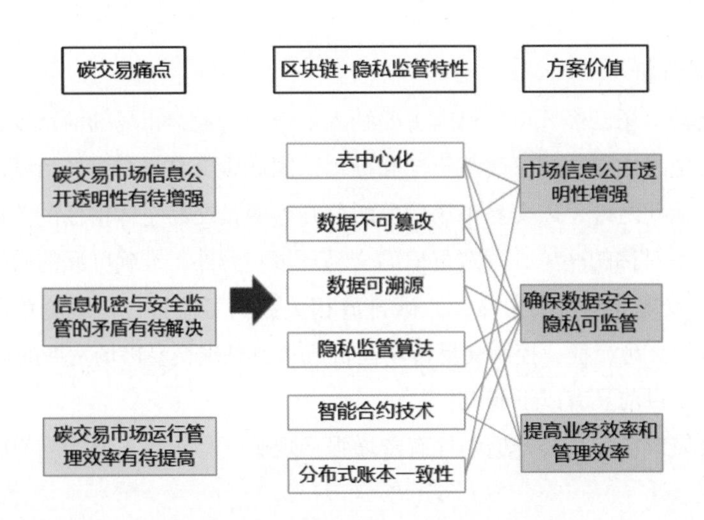

图 1 痛点与解决途径

2.3 建设内容

本项目基于联盟链，政府机构和经审核的企业都可以作为节点加入平台，投票选举出公信力较强的节点作为共识节点进行交易共识和出块。平台主要参与方为监管审核机构、CEA 买卖方、CCER 项目开发方 / 买卖方。其中监管审核机构为政府行政机构，负责企业入驻审核、CCER 注册登记、CEA 发布分配登记等；经审核的 CEA 用户可以购买和销售自己的配额；经审核的 CCER 用户，可以进行项目备案和登记，经监测核查后，可以挂牌销售，当然买家审核通过后可以直接进行购买。

平台主要参与方为监管审核机构、CEA 买卖方、CCER 买卖方。区块链提供统一上层接口，各主体能够便捷参与业务流程，以信息流、碳资产流和资金流形式与平台交互（图 2）。底层自研星原链区块链平台，结合隐私监管算法、形式化验证的智能合约，存储购售信息、历史交易等明密态共享账本，建立了一个信息传递、隐私监管、流程协同的碳交易平台。

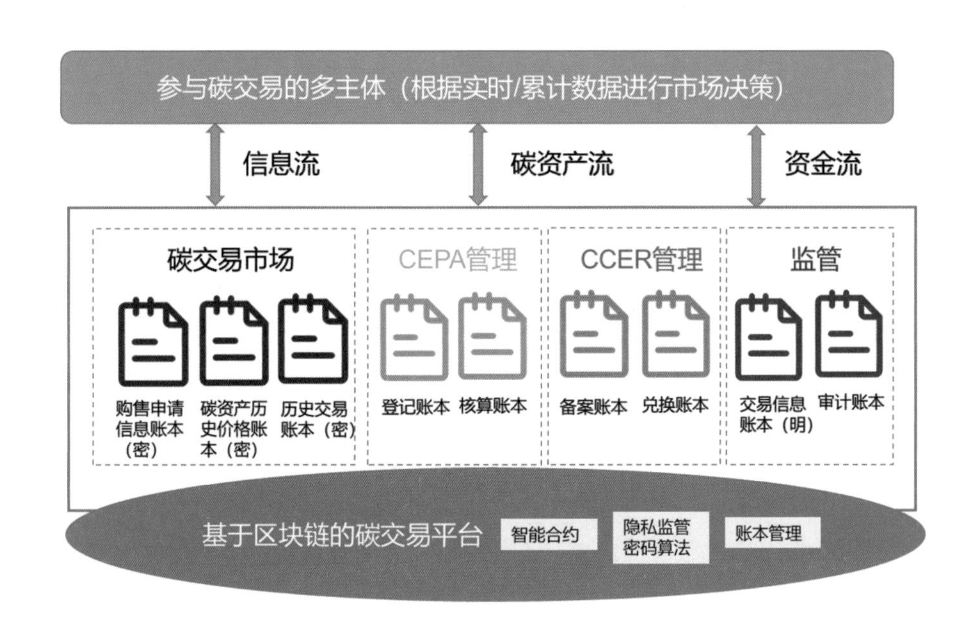

图 2 基于区块链的碳交易整体架构

（1）碳交易平台将交易方购售碳资产相关信息、碳资产价格信息等实时信息按需上链，建立公开透明的交易市场信息库。区块链平台的智能合约技术可以为市场碳交易提供自动撮合服务，及时完成交易。随后，区块链平台将完成的交易信息存储起来，形成历史交易账本，所有符合权限的参与方公开共享数据，助力打造透明公开交易市场。

（2）市场将历史 CEA 登记 / 发布 / 分配等细节数据上链存储，建立账本，为相关机构企业提供查询数据库，确定碳资产真实性与实效性。

（3）市场提供 CCER 和 CEA 兑换账本，为 CCER 资产交易提供实时参考标准，可为碳资产交易提供数据检验库。

（4）交易双方可以隐藏身份信息和交易数据，保证数据安全；政府机构可对交易信息进行监管，查看交易双方真实身份和交易内容，助力建设健康公平市场，并建立碳交易审查/监管账本，保证监管公平公正公开。

（5）各碳资产交易方根据碳排放计量仪器的实时/累计碳排放数据、企业碳排放规划、区块链碳交易平台上的相关信息等决定参与市场决策。

2.4 技术特点

基于区块链的碳交易平台分为数据层、网络层、共识层、合约层和应用层（图3）。

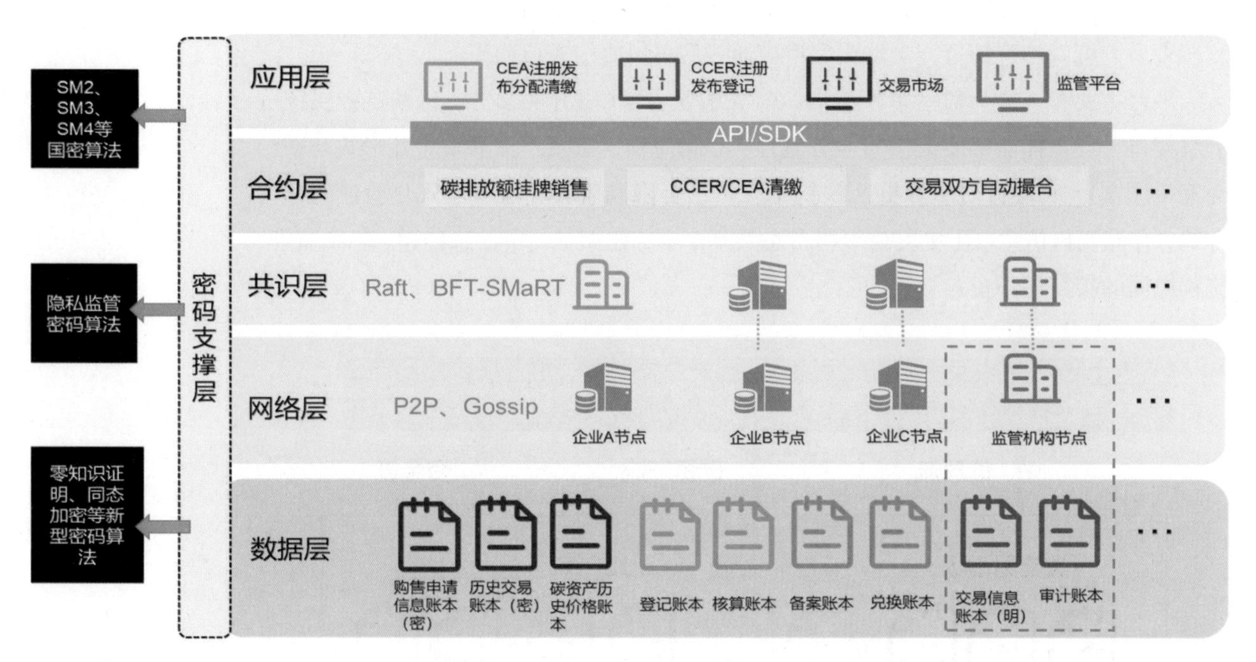

图3 基于区块链的碳交易平台分层说明

数据层记录着平台购售申请信息账本（明文和密文）、历史交易账本（明文和密文）、碳资产历史价格账本、CEA登记账本、CCER备案账本等，用于整个平台的数据流转和共享。

网络层使用P2P、Gossip等协议，由大型企业及监管机构组成的联盟链网络，具有一定公信力，提供足够的带宽和服务器资源，作为联盟链节点。中小企业可以通过这些节点参与碳交易市场运作。

共识层是由网络层中的所有节点进行投票选举来确定，负责交易打包和出块，并根据政策提供一定的激励。

合约层部署着碳排放额挂牌销售、CCER/CEA清缴等业务合约以及隐私监管算法，上层业务可以使用统一接口调用合约和算法。

应用层包含CEA注册发布分配清缴、CCER注册发布登记、交易市场、监管平台等功能，是面向企业的窗口。

本方案基于区块链技术建立碳交易市场，将碳资产交易方的交易数据实时上链存储，对交易数据可进行全流程溯源和隐私监管，确保碳资产数据的安全性与真实性，保障交易双方的利益，也维护交易市场的安全。同时多业务融合提升多方协同性，对建立高效市场具有促进作用。

碳交易平台主要模块为企业注册、CEA 发布分配登记清缴与交易、CCER 注册登记与交易、CCER 项目减排量与 CEA 的抵消计算、交易监管等。碳交易流程（图 4）概括如下：

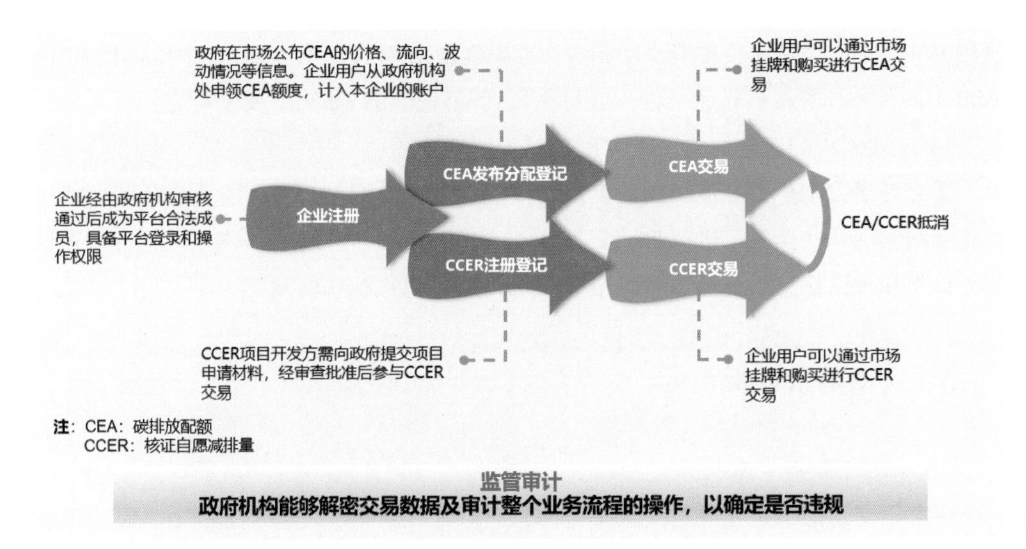

图 4　业务流程

（1）企业注册。参与交易的机构和企业都需要提交必要信息进行证书注册，经由政府机构审核通过后成为平台合法成员，具备平台登录所需的账号密码等。

（2）CEA 发布分配登记。政府在市场公布 CEA 的价格、流向、波动情况等信息，以便碳资产交易方根据市场的碳资产价格、碳资产交易历史记录等信息，按照自身规划确定市场决策。CEA 买卖方从政府机构处申领 CEA，计入本企业的账户中，然后在碳交易市场交易。政府会维护 CEA 发布分配表。

（3）CCER 注册登记。CCER 项目开发方需向政府提交项目申请材料，经审查批准后参与 CCER 交易。政府会维护 CCER 项目表。

（4）CEA 清缴与交易、CCER 交易。碳交易平台的主要功能是 CEA 清缴与交易、CCER 交易，企业用户可以使用隐私监管算法发起交易，算法可以隐藏发送方、接收方以及交易数据，第三方无法获知这些信息，而政府机构作为监管方可以确认发送方、接收方和交易数据。交易发起后由智能合约完成运算、清缴（CCER 与 CEA 的抵消），交易合法则存入区块，记录账本中。

（5）监管审计。政府机构拥有隐私监管算法的陷门信息，参与了发送方、接收方身份隐藏和交易数据的加密，能够解密交易数据，获知发送方、接收方和交易数据明文。同时监管方能够审计整个业务流程的操作，以确定是否违规。

2.5　应用亮点

1）创新设计了可证明安全的高效隐私监管算法

采用一次性地址对发送方和接收方身份进行隐藏；采用门限环签名对发送方身份进一步隐藏；采用可监管的密态金额算法结合 Bulletproofs 范围证明对交易数据进行隐

藏。第三方无法获知交易双方的身份和交易内容，只有监管方能通过陷门解密交易信息，获知交易双方身份和内容。

2）自研底层星原区块链平台，国产化安全可控

自研联盟链底层平台，适配 SM2、SM3、SM4 等国密算法，嵌入隐私监管算法，使用 GMTLS 进行数据传输保护，全方位保障数据与通信安全。支持 Raft 和 BFT-SMaRT 两种共识算法。平台可使用硬件密码产品保护用户私钥，安全可靠。

3）主要流程智能合约化，极大提升业务处理效率

碳交易平台主要业务流程涵盖申报、核查、配额分配、交易、清算等环节，使用智能合约实现这些业务，进行自动交易，省去人工成本和时间成本，并且能及时查看业务日志和报错信息，全环节缩短交易时间，提高业务效率。

3 应用前景分析

3.1 战略愿景

建立碳交易市场是完成我国减排目标，应对天气变化、缓解水土侵蚀、保护生物多样性的重要有效手段，我国碳交易市场处于建设初期，现存问题和未来发展需要区块链的技术支撑。在将来碳交易市场发展中，区块链碳交易模式的研究，以信息技术、经济、生态环境可持续发展的耦合研究工作将需长期进行。本项目融合了区块链和多种密码算法，对该领域的发展具有借鉴意义。

本项目以习近平新时代中国特色社会主义思想为指导，深入贯彻实施习近平总书记生态文明思想，打造国内首个基于区块链的隐私监管碳交易平台。该平台基于自主可控的自研区块链技术建立了新的碳交易模式，解决了原有碳交易市场的不透明、低效率、商业信息机密与安全监管的矛盾等问题。根据业务需求制定一套隐私监管算法，让企业用户在不泄露隐私信息的条件下，能够正常完成碳交易流程。这是兴唐公司以“区块链 + 安全”为核心，在国产自主可控的星原链平台（已通过中国信息通信研究院权威检测）基础上，内嵌国内首个通过国家密码管理部门组织院士专家审查的隐私监管算法，破局隐私安全、可控监管、高效协同的难题，构建安全可信任、高效可监管的符合中国国情的碳交易区块链平台，助力实现国家“双碳”重大战略决策。

3.2 用户规模

平台目前在试验验证阶段，预计在 2023 年启动试运行。预估的平台用户数为百万级，节点覆盖国内 30% 的大中小城市，40% 的大中小企业。

3.3 推广前景

平台成果可进行规模复制推广，输出的技术解决方案和产品体系可用于为各行业碳排放提供可信及时的行政监管，为万亿元规模的碳交易市场提供可信的数据基础。目前，中国企业普遍处于“碳中和”的早期阶段，大部分企业还仅仅在做“双碳”目标的规划，如何将自身生产与碳减排、碳金融相结合成为企业运营过程中的重要一环，未来还有巨大的增长空间。根据测算，到 2025 年，碳盘查、培训、规划

服务的市场规模将达到 1 423 亿元，其中，企业碳盘查总空间为 367 亿元，企业碳培训、平台、规划市场规模约为 917 亿元，政府碳规划、培训、核查等业务市场规模约为 139 亿元。

一个市场运行的时间长短会决定它成熟度的基本状态，因为市场交易量的扩大、市场交易产品质量的提高、交易体制的健全、市场透明度的提高需要运行时间作为铺垫。2011 年 10 月，国家发改委批准北京、上海等 7 个省市开展交易试点工作。

我国于 2013 年正式开始碳交易试点，2014 年 7 月 20 日完成配额交收工作，不同市场对违规企业制定了相应的违约措施，一定层面上说明政府监管的力度正在不断加强，关于企业实际碳排放量的监测等工作也在完善之中。

在技术成熟度方面，各种区块链平台和碳交易机制已经较为完善，随着企业意愿的深入和政策的完善，基于区块链的碳交易平台会很快出现在公众面前。

3.4　产能增长潜力

中国人民大学生态金融研究中心副主任蓝虹指出：目前全国碳交易市场的表现并不足以反映其潜力，未来还拥有更为广阔的发展空间。

第一，在进入碳市场的配额方面，目前的全国碳市场，首批纳入的是电力行业，这部分虽然属于碳排放最大，也是需要最优先考虑的部分，但是在其他生产制造领域，碳排放也不容忽视。后续必然会扩大准入行业，从而进一步增加市场活力。预计在石化、化工、建材、钢铁、有色、造纸、航空等行业覆盖之后，全国碳市场的配额总量有可能会从目前的45亿t扩容到70亿t，覆盖我国二氧化碳排放总量的60%左右。

第二，碳市场交易率和交易量将大幅提升，并在我国经济与金融中发挥更大作用。目前，我国碳市场的活跃度还不高，交易率不到 4%，与欧盟碳交易市场超过 400% 的交易率相比，还存在较大差距。但这也显示出我国碳交易市场的发展潜力。我国碳交易市场交易率较低，一是因为进入碳市场的行业较少，目前只有燃煤电厂一个行业，碳交易市场活跃度依赖于交易主体之间的碳减排成本差异，只有较多行业进入，才能增加减排企业成本之间的差异，提升市场交易活跃度；二是因为我国碳市场金融化不足，还没有发挥好金融推动扩大交易范围和交易额，调动市场活跃度的能力。目前我国碳市场基本还是一级市场，二级市场还没有很好地开发出来，比如，碳期货等衍生产品还没有开展。随着我国进入碳市场的行业增多，碳市场金融化逐渐成熟，我国的碳市场交易率和成交额将大幅提升。

第三，我国碳交易市场体系类型和产品将更加完善，形成以全国强制性碳交易市场为主体、自愿碳减排市场和碳普惠交易为补充的综合发展体系。碳交易市场的发展是供给与需求互动的结果。强制性碳减排交易市场，是满足大型排放源减排交易的需求，但是，中小型减碳项目，其减碳产生的环境效益也需要获得合理的回报，才能解决因为外部性激励不足导致的减排供给缺乏的问题。自愿碳减排市场就可以弥补强制性碳减排市场的空缺部分。要实现碳达峰碳中和，广大居民的绿色消费激励必不可少，此时，各种类型的碳普惠交易平台被开发出来，以满足居民参加碳交易的需求。所以，随着碳减排市场供给与需求的发展，我国的碳交易市场类型和产品将会更加完善，更加多样化。

基于区块链的隐私监管碳交易平台增长潜能有望大幅提升。2021 年 7 月 16 日，中国碳排放权交易市场正式启动，成为全球覆盖温室气体排放规模最大的碳市场。随着我国电力、石化等八大行业全部纳入碳市场后，按市场规模为 60 亿 t、碳价格 50 元 /t 计算，未来全国碳市场的现货配额资产总值将达 3 000 亿元。加上碳期货、碳债券、质押融资和碳基金等碳金融产品和衍生工具，整体市场规模将是几十万亿元至上百万亿元级别。

随着中国碳约束加强、碳配额收紧及免费配额比例下降，碳资产将逐渐成为稀缺资源，碳价上涨是必然趋势。同时，未来国际碳市场实现连通，我国的碳价也将看齐发达国家的水平上涨，后续增长的想象空间很大。根据世界银行最新发布的《2022 年碳定价现状与趋势》，2021 年全球碳定价收入大幅增加，主要来自碳排放交易系统，碳排放交易系统产生的收入也在 2021 年首次超过了碳税产生的收入。2021 年全球碳定价收入约 840 亿美元，比 2020 年增加了 310 亿美元。2021 年中国碳排放交易系统自由分配了所有配额，是现有运营体系中最大的排放交易系统（就覆盖的排放量而言），但是收入并不高，未来的增长潜力巨大。

4 价值分析

4.1 商业模式

平台预估的市场规模是覆盖全国 30% 的大中小城市，40% 的大中小企业。创收点为平台交易手续费和入驻费用，其中手续费为重要营收点。预计交易手续费的收入是稳定的随着入驻企业的数量增加平稳上升的。而且，随着隐私监管碳交易平台的普及，企业的入驻费用也会是收入的来源。成本主要集中在平台研发成本和入驻企业的获客成本，前期投入较高，稳定后会逐步降低。

4.2 核心竞争力

（1）采用隐私监管密码算法，解决用户隐私保护难题。隐私监管密码算法，让企业用户在不泄露隐私信息的条件下，能够正常完成碳交易流程，而且效率高、适用多场景。采用一次性地址对发送方和接收方身份进行隐藏；采用门限环签名对发送方身份进一步隐藏；采用可监管的密态金额算法结合 Bulletproofs 范围证明对交易数据进行隐藏。第三方无法获知交易双方的身份和交易内容，只有监管方能通过陷门解密交易信息，获知交易双方身份和内容。

（2）自研联盟链底层平台，实现数据安全存储和传输。自研联盟链底层平台，适配 SM2、SM3、SM4 等国密算法，嵌入隐私监管算法，使用 GMTLS 进行数据传输保护，全方位保障数据与通信安全。支持 Raft 和 BFT-SMaRT 两种共识算法。平台可使用硬件密码产品保护用户私钥，安全可靠。

4.3 项目性价比

预估平台的投入产出比为 1 ∶ 5。前期需要投入的点为平台部署和运营，商业宣传，企业合作资金，平台入驻福利等。后期平台规模成熟后，收益点为交易手续费、入驻费用等，能够实现长期稳定的盈利。

4.4 产业促进作用

本项目针对各个行业痛点，给出以下解决路径，为提升社会经济效益做贡献。

（1）解决数据同步、交易环节各成员之间互信不足问题。利用联盟链架构，敏感隐私信息加密存储，隐私信息的访问记录发布在联盟链供各主体监督，去中心化的结构提高互信。在区块链平台上申报、发布信息，依法披露信息，提高信息的透明度，实现信息低成本共享，构建各主体公平竞争环境；信息可溯源且不可篡改，杜绝抵赖和虚假行为；基于区块链本身的加密技术保障数据及隐私信息的安全。

（2）解决分布式参与交易主体多，信息透明度低，交易规模小、成本高、效率低下，数据不可信，用户隐私问题等。区块链结合高可信、交易透明、双方匿名、不可篡改、可追溯特点；满足分布式交易分散式、高频次、低成本及数据安全、海量存储等要求。可提供联盟链的准入机制、市场主体身份认证服务、分布式发电交易业务自动撮合成交。

（3）解决碳核查不清、碳排放数据底数不清、数据可获取性限制、数据真实性欠缺、数据流通不畅及交易无法溯源等问题。针对具体业务，进行智能合约化数据分析，区块链技术的数据可信共享、不可篡改、可追溯等特点，可为精细化碳排放数据核查、科学化碳减排措施优化以及精准化碳排放管控提供技术支撑，解决碳交易市场交易体制不健全、数据流通不畅等痛点。

（4）助力企业碳排放管理能力的提升。基于区块链的隐私监管碳交易平台通过技术手段的加持，可对碳排放数据的全生命周期提出完善的解决方案，从标准规范的碳排放核算、数据质量合规性保障、符合行业特性的数据采集手段等角度，为不同信息化程度的企业提供低成本、高成效的技术改造方案，从而提升企业碳排放管理能力，并为全社会低碳策略的推进提供有效的基础支撑。

（5）消除企业数据泄露的担忧。基于区块链的隐私监管交易平台可以保障企业的碳排放数据不被泄露，做到信息可以验证但是不可见，数据的访问权限可以临时开放给特定的潜在合作伙伴、上下游企业、第三方监管机构，消除企业数据被泄露的担忧，推进碳中和目标的实现。

（6）促进碳交易市场更加透明有序。利用区块链可分布的节点共享、可追溯的特点能实现碳资产实时动态的跟踪和记录配额的合理分配，让碳交易市场更加透明、有序，并且更容易实施。将碳排放的控制通过区块链来实现，实现碳排放额度自动化记录和计算，使整个流程变得更加顺畅和高效，以有效控制碳资产的生产和管理成本，对在全球范围内减少碳排放起到积极作用。

供稿企业：兴唐通信科技有限公司

数据安全与数据共享

开放式中医药产业联盟链平台——仙茱链

1 概述

2021年10月，由广西柳药集团股份有限公司及旗下广西仙茱中药科技有限公司在广西南宁召开的“第九届中药材基地共建共享交流大会”上正式发布“仙茱链”平台，联合国内领先的区块链技术企业江苏众享金联科技有限公司、融一数字科技（江苏）有限公司以及柳药旗下广西鼎擎科技有限公司共同打造国内首个基于区块链技术的“开放式中医药产业联盟链平台”。

通过近一年的摸索以及结合地域实际情况和行业特殊性，从进一步规范完善做到中药产品的“来源可追溯、去向可查证、责任可追究”和中药溯源制产业链的建立整合、完善质量治理、促进质量提升、升级产业生态系统集成程度，以及持续提高信息化建设等实际需求出发，通过仙茱链区块链联盟平台的建设，一方面吸引号召地方及全国的同业加入联盟，为联盟参与方企业提升企业产业数字化程度，共同制定联盟数据标准，统一行业规则并向输出供数字化建设能力及一站式溯源能力，从源头开始提升中药材质量品质。另一方面，希望能为政府监管部门提供一个更便捷、更高效的有力新抓手，通过平台的信息共享来管控生产质量和药品安全；为广大消费者提供真实可信的信息查询渠道，帮助其验证药品的溯源信息，保障消费者的知情权、选择权，增强安全感与信任感；为生态产业链上下游企业提供数字化、智能化的产销手段。并且，针对中小企业“融资难、融资贵”的难题，还可以基于产业供应链条形成真实完整的可信数据流帮助整个产业链上下游企业提供产业数字金融服务，缓解企业资金压力。从而最终实现“监管有抓手、产品有身份、销售有平台、金融有服务、技术有支持、合作有保障”六位一体的整体目标。强化医药信息互通共享效率，实现全品类、全过程医药溯源、监督与全链条管理，将信息触达企业、政府、消费者，全面提升产业管理及协同效率，助力推动广西乃至全国医药产业的高质量发展。

2 项目方案介绍

2.1 需求分析

当前中药材产业转型升级迫在眉睫，"数字化"作为当下经济发展的重要引擎，为中药材产业发展提供了新思路。建设产业互联网，已成为推进中药材产业升级、实现高质量跨越式发展的重要举措。应用大数据、区块链、物联网等技术对产业链相关企业的种植、生产、科研、仓储、物流、金融、营销等进行数字赋能，将中药材种植、初加工、仓储、溯源、检验检测以及贸易等环节紧密联系起来，形成产业链闭环和一二三产业融合发展生态圈，以共享经济的方式提供给产业生态中广大从业者使用。

（1）整合第一产业形成产业种植环节生态。建立种植环节标准化平台，通过农业三资管理实现规模化种植和分散种植模式的整合，通过区块链、物联网、大数据等技术手段，建立种植环节的数字化管理平台，结合区块链共享经济价值互联网整合能力，实现产业生态整合。通过建设种植标准化平台结合数据，利用农业保险、涉农金融机构的业务能力为种植环节提供服务，提升可持续性。

（2）建立数字化工厂打通第二产业产业链。利用工业互联网业务整合模式实现中药材加工、仓储、药品生产环节的连通，通过区块链技术实现生产过程中的溯源、检验检疫的标准化。

（3）建立电子化交易平台整合第三产业。通过建立基于区块链电子化交易平台，实现贸易环节的业务整合利用，电子交易平台缩短了中药材交易的大部分环节。电子交易平台极大程度上降低了中药材交易的成本，提高中药材交易效率，避免或减少中药材在经营企业之间长距离来回周转，还能快速对中药材价格进行实时监控，调节供需关系，增加市场信息透明度。通过区块链上记录的可信交易信息，实现贸易真实性的验证，帮助产业链的企业实现交易信用的建立，提升企业的融资能力。

2.2 目标设定

实现"监管有抓手、产品有身份、销售有平台、金融有服务、技术有支持、合作有保障"六位一体的整体目标。强化医药信息互通共享效率，实现全品类、全过程医药溯源、监督与全链条管理，将信息触达企业、政府、消费者，全面提升产业管理及协同效率，助力推动广西乃至全国医药产业的高质量发展。

2.3 建设内容

基于区块链、大数据、物联网等前沿技术，实现仙茱链平台"区块链溯源系统、联盟监管子系统、BI 数据分析子系统、隐私保护子系统、技术服务子系统、产业数字金融子系统"六大系统功能模块的开发。

1）区块链溯源系统

通过 Golden-Chain 对接以下系统的数据接口：SRM 系统（采购管理系统），ERP

系统（企业资源计划系统），MES 系统（制造执行系统），WMS 系统（仓储管理系统），TMS 系统（运输管理系统），销售系统，桂中大药房海典系统，TCM 系统（追溯系统），东盟大数据交易平台。

将中医药行业的种源、种植、采收、加工、质检、仓储、保管、生产、销售过程中的相关数据上链存储，实现中医药从种源到消费全链条信息可信不可篡改，进一步保证相关上链数据的真实性和安全性。另外，提供配套区块链浏览器，支持区块信息展示、交易信息展示和节点信息展示三项功能。

2）联盟监管子系统

对仙茱链平台中全过程的流转溯源进行实时数字化质量跟踪，并且上链的相关信息数据及其相关责任主体都进行数字签名并附上时间戳，为监管部门部署专门的节点参与仙茱链平台联盟，并开放特定监管权限，监管部门可以通过平台及时追溯到相关责任主体及定位出现问题的环节，行使有关监管职能。

3）BI 数据分析子系统

实时展示联盟参与方角色在区块链网络中节点状态、区块高度、交易信息、关键业务指标项、状态监控等。实现区块链溯源信息展示、全国各地联盟参与方角色信息展示、农户及联盟平台成员收益展示、物流及销售信息展示。通过众多联盟参与角色集成多维度、多个环节数据所形成的完整的可信数据流，及时了解终端消费市场中药材需求，强化信息互通共享效率，辅助上游端种植生产和营销决策、监督与全链条管理，助力解决中药材质量追溯难题和供需矛盾，为中药材交易和进出口贸易提供信息保障和可视化展示，推进地方乃至全国中药材国际化发展进程。

4）隐私保护子系统

基于超轻量化零知识证明的隐私保护技术需要在特定场景结合智能合约实现联盟参与方在交互和验证过程中的敏感数据可用不可见，从而完成证明和共识，同时需要保证加密数据的绝对安全和算法本身绝对安全。借助超轻量化零知识证明，让联盟成员企业可以放心地提供数据而不用担心数据内容的外泄和复制。

5）技术服务子系统

基于各个企业之间信息化建设程度、种植、采收、加工技术参差不齐等情况，需要有针对性地开发数据采集、录入、复核、统计、展示 APP、小程序和相关的标准 API 接口，向联盟成员企业输出相关专业技术服务及一站式区块链溯源能力技术支持，提升整个行业的信息化水平和数字化能力。同时，平台将积累形成的数据规范和溯源标准等信息化能力持续向联盟成员开放，逐步迭代形成统一的行业规范和标准。

6）产业数字金融子系统

基于平台积累的多维度、多个环节的可信产业链数据，依托物联网、区块链、人工智能和大数据等技术，提供“融信通”“融货通”两款覆盖供应链上下游的金融产品，通过技术赋能产业链上下游，实现让产业链上下游信息数据的全透明、全上链，建立起可信、可靠、透明、不可篡改的产业链数据全场景，真正实现主体信用与交易信用的结合，让监管机构和资金方可以快速了解种植企业实际经营情况，为金融机构提供更完善、更可信的风控参考，扩展金融服务的广度和深度，解决联盟生态成员企业融资难、融资贵的问题，真正惠及产业供应链中的上下游企业，最终实现产业可信数字生态的目标。

2.4　技术特点

本项目通过众享科技自研的区块链服务平台 WisChain 作为综合运维、服务和管理平台，众享区块链应用平台 WisChain 构建高效、安全、智能、可扩展的企业级区块链架构体系。采用创新的一键部署及多链技术，实现不同企业区块链网络的快速搭建、可视化维护、多链连接及扩展。通过和企业现有 CA 系统平滑集成，为区块链网络提供可靠的接入安全认证。提供多业务信道和可编程链码调用资源，为企业业务运行提供定制化智能合约。WisChain 现阶段已支持 Fabric、ChainSQL、长安链、FISCO BCOS、百度超级链等多个区块链技术引擎的部署与监控，在用户登录后可执行区块链节点的部署、智能合约的安装，以及节点监控、区块监控、节点配置、合约管理、交易数据查看、业务数据可视化、日志分析、监控系统报警等功能。

仙茱链联盟平台主要分为六大功能模块：

（1）区块链溯源系统：通过对接 SRM 系统、ERP 系统、MES 系统、WMS 系统、TMS 系统、销售系统、桂中大药房海典系统、TCM 系统、东盟大数据交易平台等，将中医药的种源、种植、采收、加工、质检、仓储、保管、生产、销售过程中的相关数据上链存储，可以实现中医药从种源到消费，全链条透明化监管，且相关数据一旦上链，便难以进行篡改，进一步保证了相关上链数据的真实性和安全性，在提质增效的同时，也提升了信誉度和品牌形象。

（2）联盟监管子系统：为监管部门部署专门的节点参与仙茱链平台联盟中，并开放特定监管权限，通过对仙茱链平台中全过程的流转溯源进行实时质量跟踪。并且上链的相关信息数据及其相关责任主体都进行数字签名并附上时间戳，产品一旦出现质量问题，监管部门可以通过平台及时追溯到相关责任主体及定位出现问题的环节，立即开展调查，行使有关职能并及时加以整改。大大提升了工作效率。为监管部门工作开展“扫盲角、补短板”，提供更多维度的有力新抓手。

（3）BI 数据分析子系统：通过众多联盟参与角色集成多维度、多个环节数据所形成的完整的可信数据流，及时了解终端消费市场中药材需求，强化信息互通共享效率，指导上游端种植生产和营销决策、监督与全链条管理，助力解决中药材质量追溯难题和供需矛盾，为中药材交易和进出口贸易提供信息保障，推进地方乃至全国中药材国际化发展进程。

（4）隐私保护子系统：基于超轻量化零知识证明的隐私保护技术可以在需要的特定场景结合智能合约实现联盟参与方在交互和验证过程中敏感数据可用不可见，从而完成证明和共识。

（5）技术服务子系统：基于各个企业之间信息化建设程度、种植、采收、加工技术参差不齐等情况，可通过平台向联盟成员企业输出相关专业技术服务及一站式区块链溯源能力技术支持，联盟成员可无须再花费高昂成本负担单独搭建区块链及溯源系统。不仅降低产业生态内大量重复建设的额外费用。同时，平台将积累形成的数据规范和溯源标准等信息化能力持续向联盟成员开放，也更方便、更有利形成统一的行业规范和标准。

（6）产业数字金融子系统：通过平台积累的多维度、多个环节数据所形成的完整的可信数据流，将主体信用与交易信用相结合，作为风控的延长线为金融机构提供更完善、更可信的风控指标参考，对于联盟成员融资以及提交的材料进行更高效的确权，对风险进行更有效的评审。从而有利于缩短款项下发周期。依托于可信经营数据，让监管机构和资金方可以快速了解企业实际经营情况，从而为快速融资等提供可能。实现将“供应链金融”的传统模式升级为产业数字金融，减少对核心企业的过度依赖，扩展金融服务的广度和深度，真正惠及产业供应链链条中的上下游企业，最终实现产业可信数字生态的目标。

2.5　应用亮点

1）技术创新

中草药产业生态联盟链以区块链技术为依托，通过区块链技术搭建产业链，联盟区块链系统是一个多方参与的共享系统，这个系统中的各方都是联盟链的参与者，区块链就是通过技术手段解决多方的信任问题，系统将会是服务于中草药联盟生态的基础，将是一个多维度的技术解决方案。区块链技术对于繁重的信息处理负担具有先天的技术优势，尤其是在当前中草药产业经济环境、产业条件、社会结构以及利益格局具有高度复杂性的前提下，区块链技术对于促进利益各方系统合作具有成本和效率上的优势。一方面，区块链技术将产业发展的具体情况和参与方的技能、服务等专项能力等数据进行双向需求匹配，引入政府监管服务为产业推动和发展方向提供实时政策建议，将产业发展和政策导向结合起来，实现产业利益共享的成效最大化；另一方面，区块链技术能够建立产业链的合作信息平台，为政府、制造企业、销售、生产种植的农户、涉农企业、金融机构等群体提供信息交流的通道，并且区块链的共识机制与不可篡改机制可以打造信息造假的技术铁笼，有效杜绝信息造假与诈骗等违法现象，为产业链的各方提供安全可靠的交流协作平台。

2）模式创新

（1）创新的监管模式。区块链本身蕴含的实时动态在线、分布式总账本、全网广播等思想内核，使其天然地与监管高度契合。在区块链以“全息”化的结构连接所有节点的同时，各个参与方将信息实时上链，并且在经过全网共识后便永久留存下来。区块链的这种跨时空连接、全网记录和自信任机制，能够有效提高监管效率，把监管放到区块链上，实时在线，动态更新，提高监管的透明化和安全性，避免“信息暗箱”和“摆钟式”监管。区块链保障监管数据安全透明。在区块链技术背景下，在区块中记录的信息通过加密算法和哈希函数进行保存，每个区块与前一个区块间都有唯一的哈希值。由于哈希函数的不可逆性，前后区块之间也是不可逆的，按照生成的时间先后顺序以时间戳的形式标记。已经记录上链的信息在区块链中全网广播，所有区块节点中都有备份，都可以看到通过其他节点上链的信息，仅仅修改某个节点区块的数据无法实现修改的目标。由于区块链的防欺诈和难以篡改，可回溯查看的优势，用区块链记账的金融机构数据和监管数据将更加安全透明。相比于传统监管要求上报一系列文件材料，需要进行烦琐复杂的会计、审计和风险控制，耗费大量的人力、时间和财力成本，以区块链构建的监管科技平台可以实时存储扶贫参与方的各节点信息，对于扶贫资金流向进行动态跟踪，记录结果经过相关方共同确认，信息一旦上链不可修改，可以有效减少实践中出现的财务造假、获取内幕信息的问题，监管机构可以及时得到真实数据，也可以随时进行查看和复核分析。

（2）创新的合作机制。通过深入分析产业链的特征和金融需求特点，可以创造出具有中草药产业特色的供应链金融新模式，有效解决金融机构与产业链参与方贷款博弈中长期存在的信息不对称问题。金融机构通过与中草药产业化龙头企业、农民专业合作社等合作，依据供应链信息对农户进行选择，实际是一个对农户信誉信息过滤、处理的过程，因为龙头企业、专业合作社比金融机构更充分地了解农户，因而能够现实地避免贷款客户选择中的盲目性，进而可以较有效地防止道德风险的发生，降低贷款的违约风险，提高贷款的回收率。同时，通过龙头企业、专业合作社的担保或资金流监控，不仅缓解了农户提供抵押担保的压力，而且缓解了信贷人员的工作压力，节约了人力、时间等放贷成本。

3）流程创新

过去的数据是单一储存在各个参与方，由各方进行记账。这种记账流程往往需要大量人力，且由于标准不一，数据的可信度和可用性都存在一定的问题。作为分布式的、去中心化存储的一种链式数据结构，区块链的出现解决了各个业务之间的数据孤岛问题，通过区块链的智能合约，统一了各方的数据标准，从中心化账本变成了分布式账本。在区块链的应用场景下，所有的记录由多个节点共同完成，每个节点都有完整的账本。区块链本身具有的最显著特征是：分布式、去中心化、信息不可篡改。依托区块链，中草药产业将过往的业务流程升级，形成了多方参与的共享系统，也解决了多方的信任问题。

3 应用前景分析

3.1 战略愿景

通过仙茱链区块链联盟平台的建设，一方面吸引号召地方及全国的同业加入联盟，为联盟参与方企业提升企业产业数字化程度，共同制定联盟数据标准，统一行业规则并向参与企业输出数字化建设能力及一站式溯源能力；另一方面，希望能为政府监管部门提供一个更便捷、更高效的有力新抓手，通过平台的信息共享来管控生产质量和药品安全。为广大消费者提供真实可信的信息查询渠道，帮助其验证药品的溯源信息，保障消费者的知情权、选择权，增强安全感与信任感；为生态产业链上下游企业提供数字化、智能化的产销手段，从种植、加工、生产、销售等全生态各环节带动整个中医药产业链发展，带动更多的就业和区域的乡村振兴。并且，针对中小企业

“融资难、融资贵”的难题，还可以帮助整个产业链上下游企业提供产业数字金融服务，缓解企业资金压力。从而最终实现“监管有抓手、产品有身份、销售有平台、金融有服务、技术有支持、合作有保障”六位一体的整体目标。

3.2　用户规模

目标用户可为整个中药产业从生产到加工，销售所有环节的参与方都能够参与联盟，共建、共治、共享、共赢，包括作为生产角色的农户、种植供应商、农资工具供应方、三方认证机构、金融机构、科研机构等所有上下游企业，共同使仙茱链联盟生态环节配套完善、公信力强、可信度高的中药产业联盟链。

当前已上链农户、供应商、农资工具供应方、认证检测机构、行业协会、金融机构、科研机构、合作社、生产企业等全流程参与方的数据信息。

平台搭建的联盟数据看板展示的上链信息包含：区块高度、节点数量、平均落账时间、联盟链成员总数、数据上链趋势、积分发放概览、链上存证数据量、联盟各成员数量、各成员上链信息占比等相关信息，如图 1 ~ 图 3 所示。

图 1　平台搭建的联盟数据看板展示的上链信息

图 2　专门的区块链浏览器查看区块数据

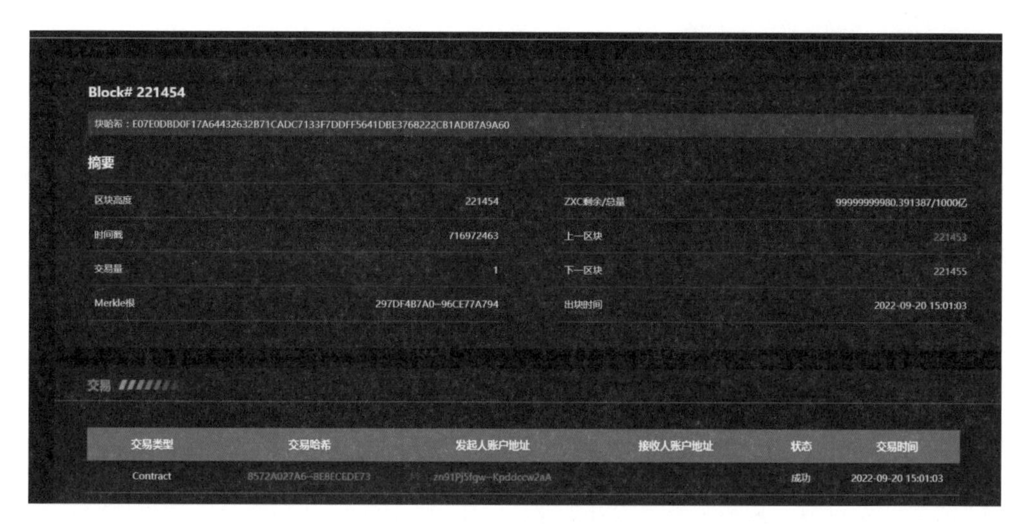

图 3　每笔交易的详情展示

3.3　推广前景

（1）搭建区块链平台，推动中药产业高质量发展。广西柳药集团公司在全国第九届中药材基地共建共享交流大会上正式发布国内首个开放式中医药产业联盟链平台——仙茱链。该平台利用区块链数据不可篡改、数据信息互通共享的特性，通过中药材种苗培育、种植、采收、加工、质检、仓储、生产、销售流通各个环节端口的数据接入，实现中药材从“出生”到“使用”全过程的跟踪，同时通过采集多个环节数据所形成行业大数据资源，可及时了解终端消费市场中药材需求，指导上游端种植生产和营销决策，助力解决中药材质量追溯难题和供需矛盾，为中药材交易和进出口贸易提供信息保障，推动广西乃至全国中药材国际化发展进程。

（2）推动数字化生产建设，实现产业转型升级。公司根据广西中医药发展实际，结合企业优势，以科技创新助力广西中医药、民族医药产业发展。公司加大在药品生产领域的应用软件研发，推动数字化生产落地，获得多个软件著作权。同时，公司申报的“中国东盟道地药材种植大数据服务及交易平台”项目入选数字广西建设标杆引领重点示范项目，项目的实施对未来广西中药可溯源体系建设和国际贸易的开展具有重要意义。

（3）推进互联网思维应用，助力“新零售”业态形成。随着互联网信息技术的发展，如何利用互联网推动医疗资源的合理配置，提高群众健康消费便利性成为新的课题。公司积极实践“互联网＋医药”经营模式，一方面自建电商网络平台、微信公众号、呼叫中心等，开展网订店取、网订店送的“新零售”服务模式；另一方面，试点接入医疗机构互联网医院平台、城市公共 APP 平台，开展处方外购合作，患者可在医院就诊后在就近药店取药，减少了医院门诊药房压力，方便了患者购药，大大提高居民健康消费获得感。目前公司旗下连锁药店已先后参与了广西区内多个核心医疗机构处方共享平台项目。

4 价值分析

4.1 商业模式

该平台通过区块链等技术，基于数据不可篡改的特性创新医药产业管理模式，强化医药信息互通共享效率，实现全品类、全过程医药溯源、监督与全链条管理，将信息触达企业、政府、消费者，全面提升产业能力和管理效率。对政府来说，该平台为政府提供监管保障和监管手段，政府通过平台开放数据来管控药品安全，做好药品监管这项民生工程；为柳药及其他药企提升了企业产业数字化程度，共同制定联盟数据标准，当联盟链条搭建好后，之后参与的企业不用建立自己的溯源网络，可以直接进行节点对接，这样免去了重复建设的成本，大大提高了企业效率；为医药产业链上下游企业提供产业数字金融服务，缓解企业资金压力，同时提供数字化、信息化的产销手段。最后，平台还为消费者提供了真实可信的信息查询渠道，帮助其验证药品的溯源信息，保证消费者的知情权、选择权、安全感与信任感。

4.2 核心竞争力

产业方面拥有柳药多位专家保驾护航：周凤娇，高级工程，参与负责仙茱链中药材溯源标准制定；郑晓霞，高级工程师，参与负责仙茱链中药行业交互平台建设；欧彪，教授、高级工程师，参与负责仙茱链中药材行业持续发展规划。柳药集团经过六十多年来在医药大健康领域的深耕细作，旗下已拥有40余家子公司，形成“以医药批发、医药零售、医药工业为主业，供应链增值服务、医药互联网服务、终端健康服务等创新业务协同发展”的综合性医药大健康产业集团。2021年公司营业收入171.35亿元，荣获“2022中国服务业企业500强第313位”“2022年广西民营企业100强第7位”“2021年度中国药品流通行业批发企业主营业务收入排序第16位”“2021年度中国药品流通行业零售企业销售总额排序第12位”等荣誉。

平台区块链技术提供方江苏众享金联科技有限公司核心团队及主要技术骨干均参与投入到仙茱链平台项目建设，团队囊括多位技术专家、高级工程师、国家科技专家库在库专家、各行业专家以及教授咨询团队，并且拥有多个大型区块链平台的系统设计、建设及运维经验，涵盖金融、政务、海关、电力、农业、物流、医药、工业制造等多个关键领域，支撑业务规模近万亿元。具备从底层技术产品到区块链技术应用平台到区块链标准化产品工具以及行业解决方案的区块链全生态技术体系。包括自主知识产权的区块链数据库应用平台ChainSQL、数据隐私护航体系产品StealthHat、区块链智能部署运维服务平台WisChain、区块链可视化应用平台ChainViewer，以及基于国际主流商用的底层技术Fabric优化后的企业级区块链平台Golden-Chain，并且满足人民银行JR/T 0193—2020《区块链技术金融应用评估规则》。

4.3 产业促进作用

目前，仙茱链致力解决的行业痛点主要为以下几点：

1）种植和产地加工不规范

药农仍是中药材种植的一大主体，因缺乏相关植保、环保等意识，在种植过程中存在滥用农药、施肥不规范等问题，导致中药材品质下降。因缺乏统一的产地加工标准，且产地加工监管较难，卫生条件差、初加工设备简陋的小作坊数量较多，极大地影响了中药材产地加工质量，产地加工规范性有待提高。

2）中药材仓储水平参差不齐

目前部分中药材产区仍保持一家一户的经营模式，不具备建成集约化仓库的能力；为节约仓储成本，部分药商会选择租用民房来储存药材，建设集约化仓库的意愿不高。这就导致多数中药材仓库环境简陋，多种药材混乱堆放，极易出现虫蛀、霉烂、变质等情况。

3）流通环节效率低下

中药材流通呈现环节多、效率低的特点，中药材自产区至销售者，中间流通环节众多，存在层层加价、掺假率高等问题，人为增加了中药材与饮片的交易成本，加大了消费者的负担。

4）溯源体系标准不完善

目前，全国已建立了一系列中药材溯源系统，但由于溯源标准不统一、溯源系统不兼容、溯源数据易造假等，现有溯源系统对促进中药材产业规范性的作用尚未有效发挥。

5）中药材源头检验检测能力缺失

长期以来，中药工业企业、饮片企业具备检验检测能力，但是中药材源头生产在农村，药农既缺乏资金购买检测设备，也难以招募到专业的检验检测技术人员，无法形成有效的检验检测能力。而送至第三方检验检测机构耗时长、费用高，普通药农药商难以承受。

6）中医药产业规模化与标准化有待提高

中医药产业在相当程度上与第一产业捆绑在一起，中医药的原材料是中草药。作为中医药产业化的组成部分，中草药的栽培和收获属于第一产业，但其规模化远不如农业，成分的标准化远不如矿业。然而中草药对品种、产地、气候、培育、品质等都提出了精细要求，这种要求远远高于对同样是第一产业的农业和矿业的要求。

供稿企业：江苏众享金联科技有限公司

“源链－安心筑”建筑产业数字化方案

1 概述

“源链－安心筑”建筑产业数字化方案以国产自主可控的联盟链——源链®平台为区块链底层基础设施，联合“安心筑”建筑产业互联网平台，针对当前建筑行业因为建筑产业数字化尚未形成而导致的质量追溯、雇主和建筑工人的权益维护等问题。

方案以源链®平台为区块链底层基础设施，依托区块链技术，构筑规范、可信、安心的建筑产业价值互联网，从底层客观、真实地记录各方主体及个人的从业履职数据，做到“质量可追溯、信用可评价、薪资有保障”。构建诚信机制，规范建筑行业秩序，助力行业监管的落地与完善以及实现建筑产业服务的升级转型，加速了建筑产业的数字化升级。

观源（上海）科技有限公司依托于上海交通大学，以“产教融合校企合作”为主要模式，通过科研创新，用密码技术来解决数字经济时代的安全问题。公司由首席科学家、管理团队、专家团队组成，并进行了人才梯队建设。公司目前有全国顶尖的密码团队，目前已有博士及以上学历人员近10人，硕士学历近30人，本科学历超30人，其中超90%都是211/985/QS200人员。

观源（上海）科技有限公司先后参与并完成了国家973课题、国家自然基金、国家重大专项课题、国家发改委专项、工业和信息化部专项和上海市科技创新计划等多个纵向科研任务。获得过国家科技进步二等奖、上海市科技进步一等奖、CTF世界冠军、金融密码杯创新赛三等奖、金融密码杯挑战赛二等奖、长三角区块链技术应用创新大赛优秀奖等。

2 项目方案介绍

2.1 需求分析

当前，建筑业总体规模巨大，建筑业增加值占国内生产总值比重上升趋势明显，建筑业国民经济支柱产业地位稳固。但是，伴随着人口老龄化趋势加剧，建筑行业从业人员面临着讨薪难、维权难、职业认可度低等问题；建筑行业企业面临着招工难、用工信用成本高、人员流失严重等问题。在数字中国建设的大环境下，建筑业数字化转型升级空间巨大且刻不容缓。

2.2　目标设定

项目以推进建筑产业数字化、赋能建筑业未来为目标，融合建筑建造、区块链、大数据、物联网、人工智能等多项核心技术，打造新一代建筑业互联网平台。

项目计划通过搭建一套建筑产业的智能化数据管理、共享平台，通过人工智能、区块链、物联网、大数据等技术，实现农民工工作、绩效、发薪的全流程管理，通过安心筑建筑业互联网平台，为建筑工人护航、为政府分忧、为行业赋能（图 1）。

图 1　安心筑建筑业互联网平台长期目标

2.3　建设内容

为推进建筑产业数字化进程，观源（上海）科技有限公司联合一智科技（成都）有限公司，以“建筑 + 互联网”理念，基于大数据、区块链、云服务、AI、物联网等现代科技，依托源链®平台，倾力打造“安心筑”建筑业互联网平台，着力开发“智慧施工管理系统”（图 2）。

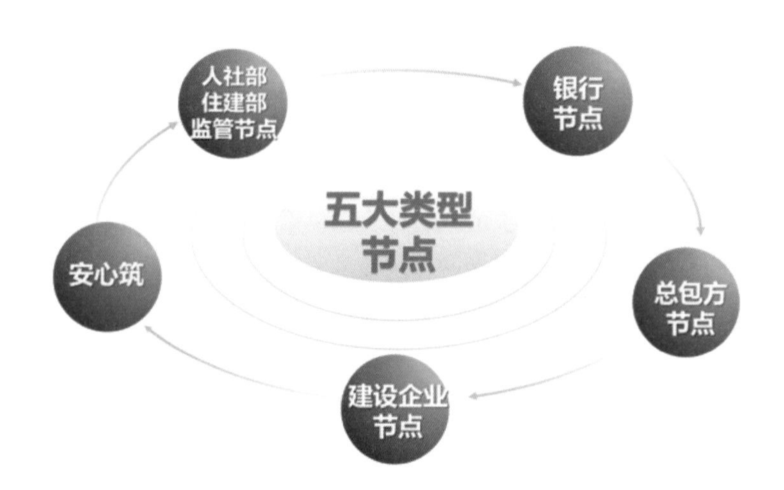

图 2　联盟链合作模式

通过首创电子智能合约 + 电子记工单 + 国密区块链 + 评价体系，确保对相关各方形成合约约束，完整、准确记录各方主体履职履责数据，彻底解决发薪人卡分离“两张皮”、工资表及劳动合同造假现象，实现工人工资按约、实名发放到卡到人，真正做到“质量可追溯、信用可评价、薪资有保障”；构建以履职评价为基础的行业诚信体系，倒逼行业规范，通过平台大力弘扬工匠精神和劳模精神，促进工人队伍高质量建设；为行业监管提供精准数据服务，助力精准执法，根治行业乱象，维护工人合法权益，加快形成公平公正、和谐有序的良性竞争环境。

1）实名制管理

“源链 – 安心筑”平台通过打通公安系统的人脸识别认证技术，通过实名认证，确保身份信息真实有效；通过校验工人的入场协议及当天的施工任务，确认工人的进出场权限，使得工人可以根据权限快速进出全国施工现场（图 3）。同时，“源链 – 安心筑”平台在项目现场通过无感人脸识别 + 电子围栏手段，多维度验证工人出勤真实性并确认工人的在场工时，将实名认证数据通过源链平台上链，提高项目的管理效率，降低管理成本。

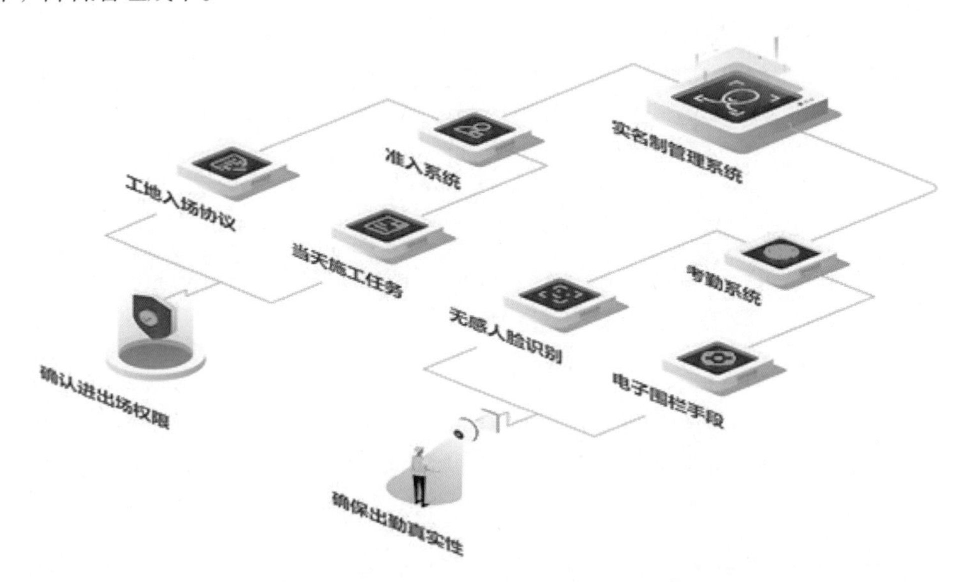

图 3　实名制管理示意

2）合约管理

为避免线下合约流程繁杂冗长，相关文件签署、整理、归档费时且不规范等情况，“源链 – 安心筑”采用全流程线上化的合约管理。通过《班组劳务分包协议》《新型灵活用工协议》《三方入场协议》三个智能协议和《检验批微合约》《检验批施工项微合约》两个智能微合约组成的安心筑智能合约体系，全程记录工人与用工单位建立合约关系的全流程数据，适应建筑劳务多层级的管理模式和高流动的就业特性，可使合作各方快速签订合约（图 4）。

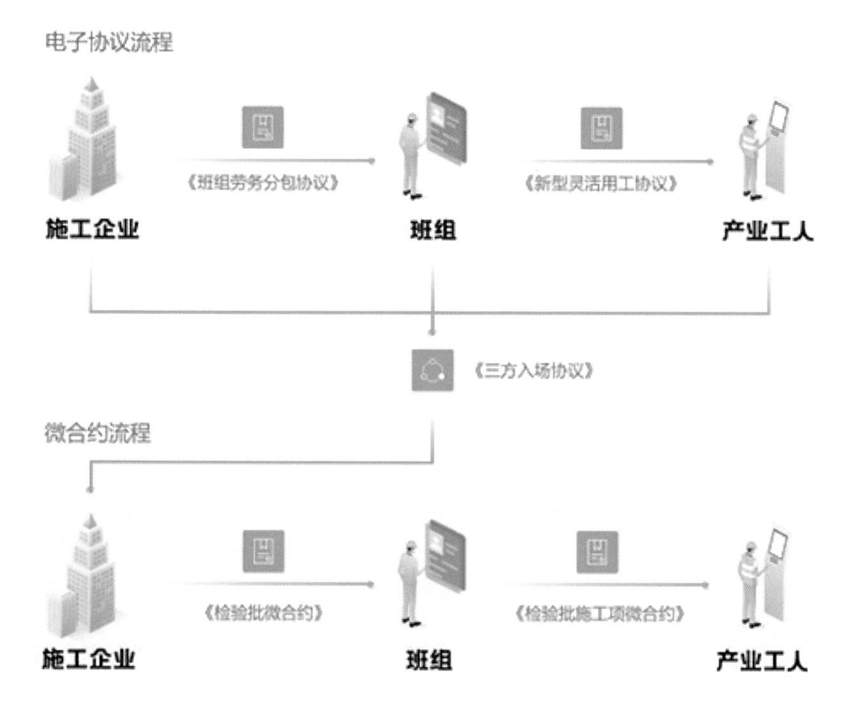

图 4　合约管理示意

3）记工管理

“源链 – 安心筑”平台首创线上“记工单”，对于施工项目记工、工人薪资发放、工程进度把控、工程成本造价均起到了至关重要的作用。其中，“记工单”数据在经过多方线上确认后，会被存储到源链平台上。这使得工人的履职数据具有不可篡改性和永不丢失的特性（图 5）。此外，“源链 – 安心筑”平台完整地搭建了基于“记工单”的风控模型，让谎报错报无处遁形，确保每一个施工项目均可被追溯，大大降低了各方主体的沟通成本和信任成本。

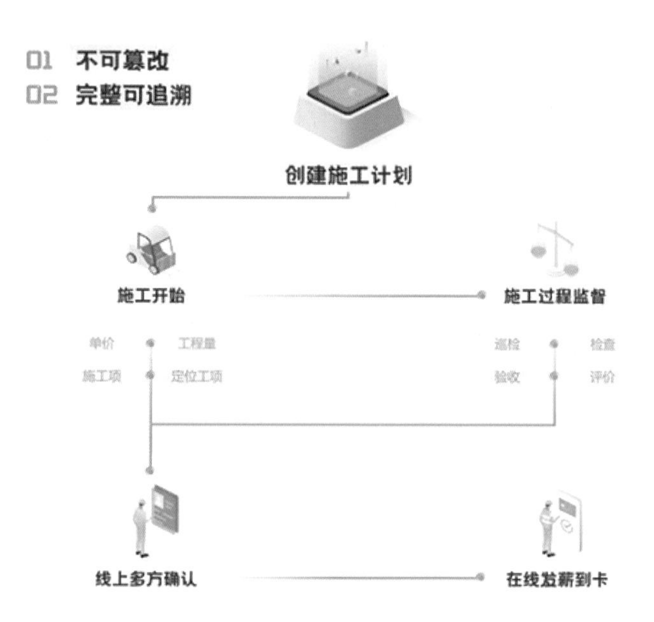

图 5　记工管理示意

4）发薪管理

“源链 – 安心筑”平台打通多银行渠道：经班组、工人、总包三方确认后，总包委托金融机构按时按劳代发薪资，保证薪资发放高效便捷。建立项目人工费分账制：通过算法比对，校验发薪数据真实有效，确保工人工资“按月”“足额”“发薪到卡”（图 6）。同时，可提供工资台账档案管理服务，把发薪相关数据存储到源链平台上，为监管机构提供薪资发放信息的追溯机制。

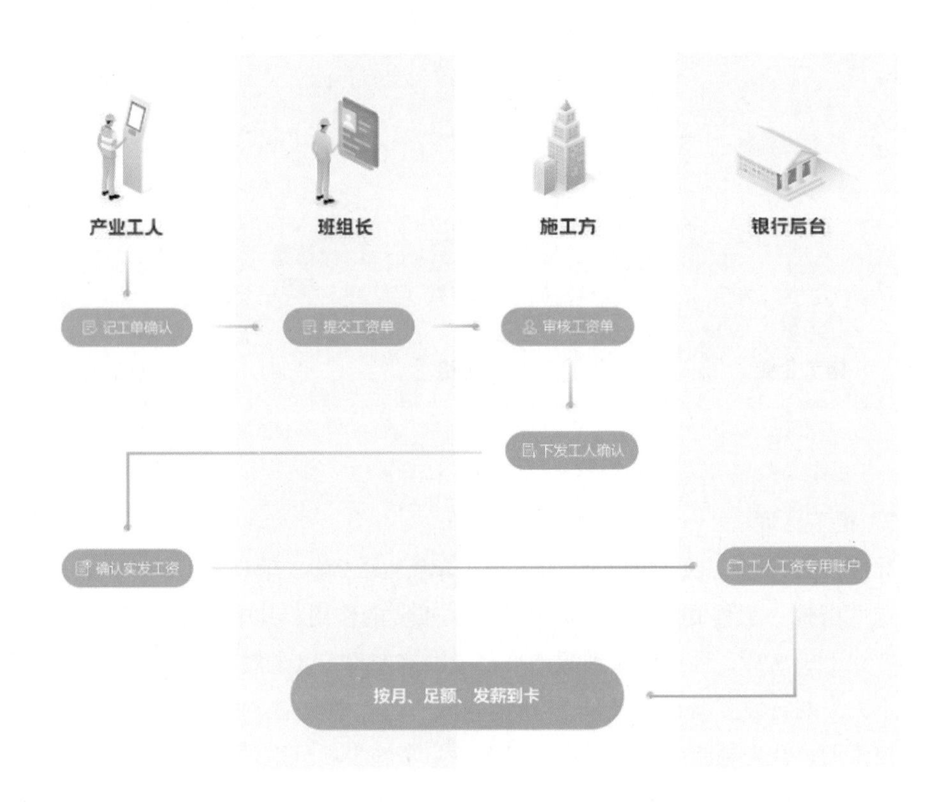

图 6　发薪管理示意

2.4　技术特点

项目依托观源科技自有的源链®平台的强大功能，将数据实时上链。其中，源链®平台是观源科技与上海交通大学密码与计算机安全实验室（LoCCS）科研团队联合自主研发的国产联盟链平台，具有一系列的自主知识产权，包括共识机制的设计与实现、跨链机制的设计与实现、安全高效的密码算法实现等。

源链®平台根据功能划分成 7 个子系统，分别为共识子系统、智能合约子系统、跨链子系统、系统功能子系统、网络子系统、算法子系统、数据存储与管理子系统，其架构如图 7 所示。

2.5　应用亮点

“安心筑”平台具备建筑工人注册认证、考勤打卡、派工交底、电子记工、在线发薪、行业监管等功能，实现施工人员全实名制管理，彻底消除建设项目欠薪讨薪的扯皮风险。

图 7　源链®平台的架构

1）创新“多维度实名制管理系统”

打通公安系统人脸识别认证数据，以真实身份信息为基础，通过安心筑 APP 线上采集实名认证信息，通过智能门禁自动校验进场人员的入场权限，并将智能门禁、视频监控、电子围栏抓取的信息进行整合，关联进场、派工、记工记录，多维度验证进场人员的在场信息，形成施工现场全员覆盖的实名制管理体系，彻底解决考勤记录造假、数据不真实的问题。

2）创新“电子智能合约”

适应当前建筑业复杂环境现状及灵活用工、共享员工需求，创建数字化智能合约体系，通过有价、有量、有完整技术交底和安全交底的派工单，将相关各方的责权利都记录留痕，通过互联网实现线上快速签约，彻底解决劳动合同造假、事实上无合约约束的问题。

3）创新“电子记工单”

在派工单施工任务完成后，按检验批进行验收和评价，形成“有价、有量、有评价”的电子记工单，通过实名考勤数据、派工单数据、记工单数据的相互校验，保证发薪数据真实性，为工人薪资发放提供可靠依据，彻底解决工资表造假、盘剥克扣工人薪资的问题。

4）创新“工资结算支付方式”

打通多银行渠道，工人可以自主绑定和更换工资卡，施工企业通过农民工工资专用账户向工人工资卡或社保卡实时、线上发薪，保证工资发放高效、便捷，保证工人工资按约、足额、实名发放到卡、到人，彻底解决劳务公司和班组长扣押工人工资卡套现的问题。

5）创新“区块链溯源体系”

运用国密区块链技术搭建联盟链平台，在确保数据安全及源头保真的前提下，将各方履职数据实时上链，为行业监管提供精准数据服务，彻底解决行业监管缺乏完整、真实数据支撑的问题。

3 应用前景分析

3.1 战略愿景

对于建筑业的转型，农民工权益保障，国家多部委联合进行了多项政策指引（图 8），明确拖欠农民工工资行为的法律责任，明确了施工总承包单位通过专用账户直接将工资发到农民工本人的银行账户，明确劳动用工实名制管理，编制书面工资支付台账，且至少保存 3 年。

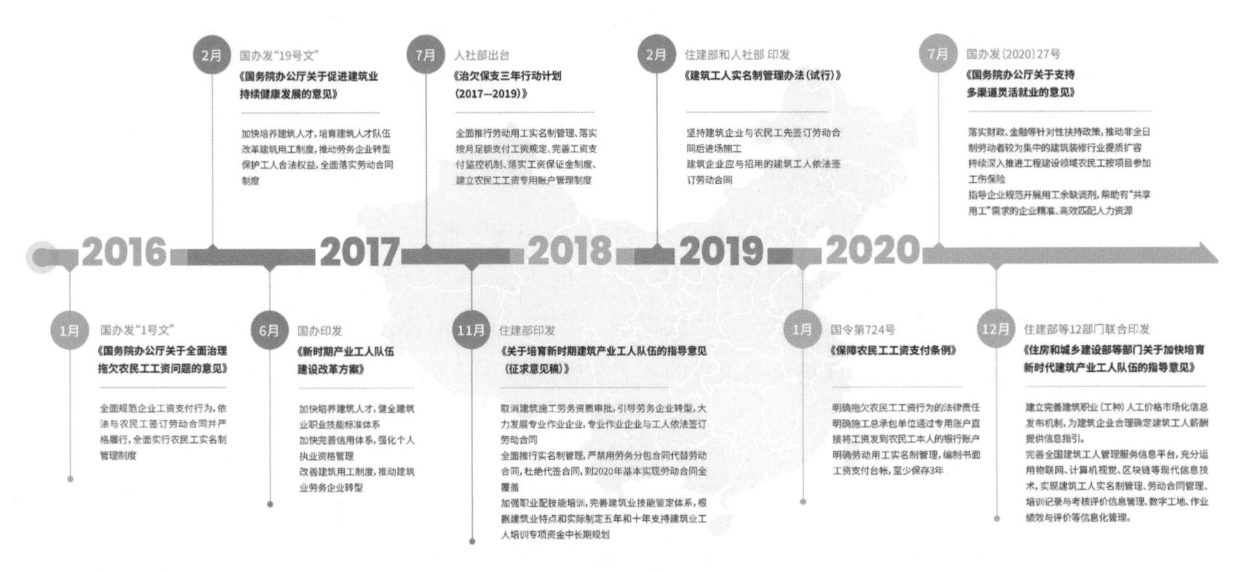

图 8 政策指引

在政策执行上，有如下 5 个具体目标：

（1）到 2020 年劳动合同签订率 100%，推进专业作业企业建设。

（2）人工费分账单列，从建设单位到工人穿透性按月足额发薪到卡，且不断强化总承包主体责任。

（3）加强职业培训、技能鉴定，培育工匠精神，推进产业工人队伍建设。

（4）加强实名制管理，推动信息化平台建设、诚信机制建设。

（5）根本杜绝恶意欠薪和讨薪，维护农民工合法权益，维护社会稳定，助推行业健康发展。

在区块链的发展方向上，国家也先后出台了相关的政策要求，区块链被列入国家“十四五”规划，总书记将区块链上升至国家战略，提出要培育壮大区块链产业。同时，发改委将区块链纳入新基建范畴，工业和信息化部和国家互联网信息办公室发布加快区块链技术应用的指导意见。

3.2 用户规模

2020 年 7 月，“安心筑”建筑互联网平台开始推广运营，截至 2022 年 11 月，已在全国近 70 个项目进行试点，超过 8 万名农民工实名注册，累计发薪超过 5 800 万元，无一起欠薪、讨薪事件。

帮助逾 10 万家建筑企业实现向数字化转型，赢得 5 400 万建筑工人和 1 500 万从业人员的信赖，助推行业高质量发展。

3.3 推广前景

1）通用数据上链

平台支持通用型数据、哈希型数据、积分型数据、身份型数据等多种格式的数据上链。且数据上链过程可做到秒级安全确认，即秒级上链，可满足绝大多数的上链场景。其吞吐率可达到每秒数万笔交易。

2）高效数据查询

平台为需要查询的链上数据制定解决方案，可为链上数据建立索引，具备高效的链上数据查询速度。

3）区块链浏览器

平台为“有向无环图（DAG）”和“块链式”双层数据建立可视化的实时的区块链浏览器，实时展示链上数据的实时概览以及查看区块、上链数据的详细信息等。

4）智能合约管理

平台可为智能合约提供可信运行环境，实现智能合约的上传、运行和升级。

5）实时运维监控

（1）告警管理。平台支持多维度设置自定义告警规则，支持对告警规则的编辑、禁用和删除等相关操作，并且支持查看历史相关记录。

（2）日志管理。平台支持对历史日志信息执行查看、检索、下载等操作，支持运行日志、系统日志和错误日志等多种类型。

6）共识机制和 DAG 数据结构

平台采用了混合共识机制和双层数据结构，如图 9 所示。底层的数据结构采用传统的“块链式”数据结构，存储了共识委员会成员信息的数据；上层的数据结构采用“有向无环图（DAG）”结构，存储了链上数据。本系统采用了两种共识算法，形成一种创新性的共识机制。

GYBFT 共识机制是在 PBFT 共识算法的基础上加以改进得到的。PBFT 的网络通信复杂度为 $O(n^2)$，而 GYBFT 的网络通信复杂度为 $O(n)$，降低了一个数量级别，为支撑海量节点提供基础。

7）准入机制和权限管理

平台提供安全的准入机制和权限管理。

（1）采用基于数字证书的准入机制，通过建立链上数字身份管理和数字证书管理子系统，实现安全的准入机制。

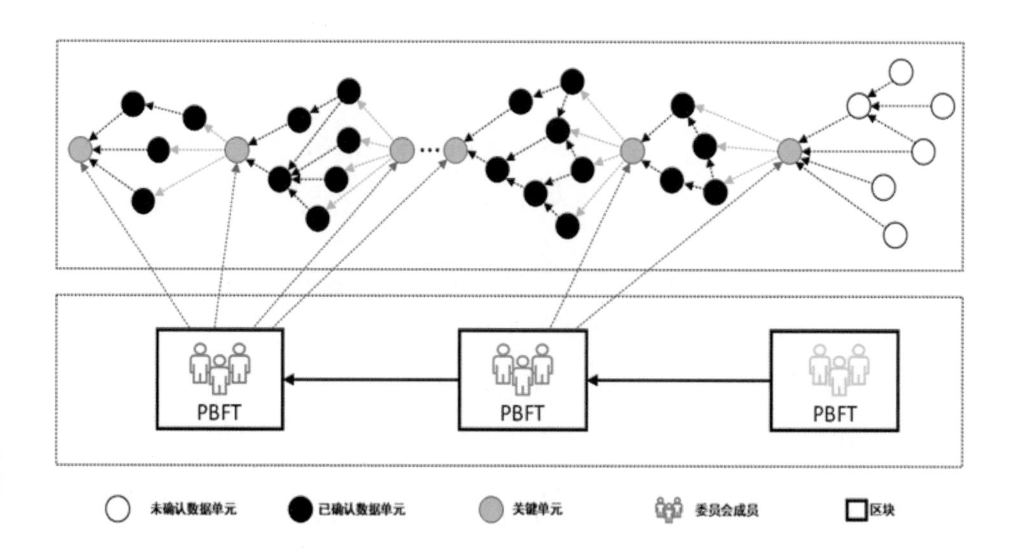

图 9　源链®平台的共识机制与数据结构示意

（2）通过数字身份，平台可以为不同身份的成员实现不同的数据访问等权限，实行权限管理。

8）隐私保护

平台可提供数据隐私保护。源链®平台实现了零知识证明、安全多方计算、数据加密上链、授权式数据共享等协议，可做到数据可用不可见，实现数据隐私保护。

9）节点加入和退出

平台可提供支持节点动态加入和退出。平台提供基于跨链机制的分片技术，可通过增加分片数线性提高整个联盟链网络平台的 TPS 吞吐率。

10）国密数字证书

平台使用了 SM2、SM3、SM4 等商用密码算法，使用了国密数字证书，符合我国的法律法规要求。《密码法》等法律规定，“使用商用密码进行保护的关键信息基础设施，其运营者应当使用商用密码进行保护。”平台率先支持后量子密码算法，抵抗量子计算的攻击。

11）强兼容跨链

支持异构区块链之间的互联，允许异构的资产互换、数据互通及服务互补。

3.4　产能增长潜力

通过“安心筑”平台的线上合约管理功能，平台实现了快速签订合约。平均每位工人从到场到入场的时间从 10 min 以上缩短到 10 s 左右，极大提升了签约效率，也保证了签约过程全程可追溯。

1）建设单位、施工企业、班组长和工人对“安心筑”的评价

各试点项目依托“安心筑”平台进一步强化了实名制管理，建立了对农民工切实有效的合约保障。通过对 60 余个工地使用“安心筑”情况的汇总，在剔除因为各地政策因素和数据接口不统一造成的影响后，工人实名注册的数量大幅度增加，截至 2021 年 5 月 23 日，已累计注册工人 17 782 人，注册班组 1 807 个，通过“安心筑”派工、记工、发薪的项目，无一例欠薪、讨薪事件发生。

2）有关领导对“安心筑”的评价

“安心筑”运用互联网、区块链技术实现了用工管理和施工过程的数字化留痕，为政府监管提供了有力抓手，能够有效解决困扰建筑业多年的层层盘剥、劳动合同造假、欠薪讨薪、工程质量和安全事故频发等行业乱象，是当前根治农民工欠薪顽疾的最佳解决方案，利国利民利企，具有重要的社会意义和推广价值，受到住建部、人社部以及四川省、成都市两级政府和行业管理部门的普遍赞誉。

3）政府和有关行业主管部门给予了有力支持

成都市新经济工作领导小组于2020年11月13日召开了专题会议，认为“安心筑”建筑业互联网平台运用新技术新模式，从薪资问题入手，解决建筑业的管理痛点和行业顽疾，为推动建筑业信息化、数字化转型提供了技术支撑，在帮助企业降低管理成本、提高管理效率，保障建筑产业工人权益等方面进行了有益探索，具有在建筑行业进行推广应用的社会价值，也具备一定的公共服务属性和功能，要求市级有关部门和高新区要切实抓好平台应用试点工作。

2021年2月，成都高新区三个政府投资项目启动了“安心筑”平台的部署和应用。高新区拟依托“安心筑”将这三个项目打造成为住建领域农民工工资零拖欠的示范工地，并逐步扩大“安心筑”在全区工程建设项目的应用（图10）。

2021年5月28日，安心筑首次公开演示了用区块链技术保障农民工工资发薪的创新成果，获得四川省住建厅、人社厅等领导高度评价，中国政府网、央视、新华社、人民网、光明网等近百家国家级和省级媒体对此进行了深度报道，获得了广泛好评。

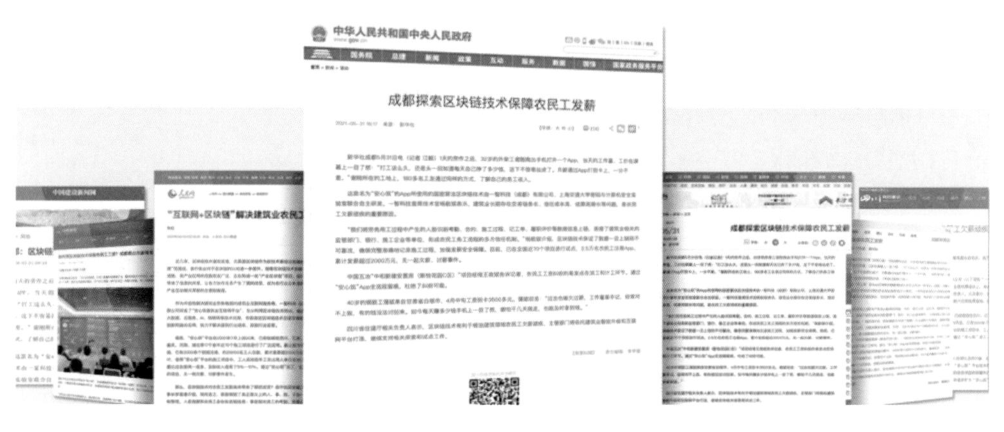
中华人民共和国中央人民政府

成都探索区块链技术保障农民工发薪

图10　相关报道

“源链－安心筑”平台，未来将加强场景供给，扩大试点范围，将安心筑打造成全国根治农民工欠薪顽疾的样板和建筑数字化转型的标杆，并在此基础上，推动“安心筑”在全国建筑领域的应用。

4　价值分析

4.1　商业模式

项目主要是面向建筑行业，针对当前建筑行业因为建筑产业数字化尚未形成而导致的质量追溯、雇主和建筑工人的权益维护等问题，而打造建设的以国密算法的区块链技术为核心支撑的智慧施工管理系统。随着“源链－安心筑”平台的应用，可以起到以下作用：

（1）跳过建筑行业的中间盘剥层，提升行业效率和资源配置效率。

（2）降低因虚增工程量、非法逃税、套取挪用专项贷款的风险。

（3）有效降低政府监管部门对建筑行业的监管成本，挽回政府税收收入。

（4）降低企业的劳务用工成本，规避恶意讨薪风险。

（5）减少建筑业班组高额垫资风险，提高管理效率，增加班组收入。

（6）帮助建筑工人规避恶意欠薪风险，提高出勤率及收入。

在“全社会都要关心关爱农民工，要坚决杜绝拖欠、克扣农民工工资现象，切实保障农民工合法权益”的要求下，和“要利用区块链技术探索数字经济模式创新，为打造便捷高效、公平竞争、稳定透明的营商环境提供动力，为推进供给侧结构性改革、实现各行业供需有效对接提供服务，为加快新旧动能接续转换、推动经济高质量发展提供支撑”的指示下，“源链－安心筑”将会处于一个更利好的市场环境。

4.2 核心竞争力

该项目由观源科技提供源链®平台，并提供相应的节点运营；上海交通大学提供区块链底层技术支撑，攻关一些关键技术点运用国密区块链技术；观源科技在确保数据安全及源头保真的前提下，将各方履职数据实时上链，为链上各监管单位和企业提供高可信度、高安全性且无法篡改的数据，彻底改变行业监管无完整、真实的底层数据支撑的现状，实现 100% 全监管。

目前已经取得相关技术产权如下：

1）软件著作权

观源联盟链平台软件［简称：SourceChain］V1.0

2）专利

数据传输的加密和完整性校验方法（授权号：ZL200910045955.8）

一种基于有向无环图的区块链系统中区块的定序方法（申请号：CN202111647539）

一种基于区块链的数据同步方法及系统（申请号：CN202111637541）

基于有向无环图的区块账本构建交易共识的方法及系统（申请号：CN202111637453）

一种基于区块链的建筑领域中数据打包的方法（申请号：CN202111619321）

一种拜占庭容错协议中的视图切换方法（申请号：CN202111606817）

4.3 项目性价比

本项目是从区块链技术出发，围绕建筑行业产业数字化尚未形成而导致的一系列问题，而打造的智慧施工管理体系，区块链与建筑互联网的结合，实现了高效真实的实名制管理，提高了建设单位的管理效能，解决了施工企业的招工难题，提升了建筑工人的信任度与幸福感，降低了政府的监管成本。

4.4 产业促进作用

1）去除盘剥环节，实现企业增效、工人增收用互联网信息技术有效减少建筑劳务中间层盘剥，在大幅降低行业用工成本的同时，提高工人出勤率和务工收入，在原基础上为工人增收5%～10%，促进农民工就业，增强建筑工人就业信心，稳固脱贫攻坚成果。

2）提升管理效率，节约工程建设投资

通过“电子记工单”的准确计量计价，形成系统、全面、真实的底层数据，并用区块链技术确保数据不可篡改，能够有效提升企业管理效率，避免纠纷和扯皮，杜绝虚增工程量损企肥私，降低项目管理成本，进而为国家节约数千亿元工程建设投资。

3）引导依法纳税，增加国家税收

目前，因为存在普遍的工资表造假，建筑业农民工个人所得税基本是“零”缴纳。如能充分考虑农民工流动务工、收入不稳定、更适合“多点执业”“共享员工”灵活用工模式的现实状况，参照快递、网约车、外卖等服务行业的做法，对建筑业农民工按2‰～5‰的灵活用工政策征收个税，每年可为国家增加数百亿元税收。同时规范企业经营行为，提高农民工纳税意识。

4）提供数据服务，提高政府治理水平

基于“电子智能合约”和“电子记工单”，构建施工任务全流程管理体系，为监管部门提供最全面、最真实、最实时的数据支持，保证工程质量可追溯，有效解决质量和安全事故频发的问题，促进实现有预警机制的数字化监管，助力监管部门精准执法，减少司法资源浪费。

5）促进行业变革，推动构建行业新生态

以履职评价为基础，创建行业诚信体系和评价体系，加快形成公平公正、和谐有序的良性竞争环境，弘扬工匠精神和劳模精神，重塑行业新形象，让建筑工人找到价值感、获得感、幸福感，引导更多新时代年轻人加入到建筑工人队伍。

通过持续的推动和应用，目前已经取得了显著的市场成效，区块链技术对建筑产业数字化转型升级带来了降本增效的产业赋能效应。

截至2022年11月8日，“安心筑”建筑互联网平台已实现覆盖工地项目93个，实名注册工人82 295人，实名班组数2 364个，累计为工人发放薪资5 852.4万元，且实现了100%按时、足额发放。在项目现场的实名制管理中，主要通过无感人脸识别+电子围栏的技术手段，验证工人出勤的真实性。同时，把考勤数据直接上链，没有中间环节，保证了数据的真实可靠性，基本上达到了100%的实名制认证水平。

供稿企业：观源（上海）科技有限公司

基于区块链的企业数字台账产品

1 概述

随着企业数字化转型、智慧园区、数字政府等工作的快速推进，区块链、物联网、人工智能等新一代信息技术构建的新型数据基础设施，正在满足日益丰富的数据交互流通和网络化协同需求。

江苏荣泽信息科技股份有限公司通过新型基础设施 + 企业台账应用 + 数据生态体系的建设模式，推出“基于区块链的企业数字台账产品”，通过在企业内部建立标准化的数据采集、管理规范，对企业生产、财务、能耗等各类数据进行收集统计，并授权与其他外部系统对接，可以实现以“一次采集，多系统可信共享”。对内满足企业内部数据管理需求，帮助企业降本增效，在原生可信的基础上，实现数据的对外确权流通，帮助企业获取更多的社会资源和专项服务。

截至目前，本平台已在 11 个省市的政企协同领域广泛应用和深入试点，包含统计上报、合规监管、政策兑现、普惠金融等多个场景。预期也可以在发改、科技、工信、海关等各类政府职能体系以及园区等组织与企业的链接中发挥更多作用。

2 项目方案介绍

本项目以云网协同为载体，以区块链技术为核心，结合云计算、物联网、人工智能、密码学、情报学，旨在构建适合产业化应用的“信、算、网”融合的区块链可信综合管理平台，如图 1 所示为本项目案例原理示意。首先利用网络连接泛在算力，算力的泛在拓展推动项目中区块链性能的提升，使得平台多方多云可信接入、连接随动，提高平台端边云的协同工作效率和智能可信服务能力。通过网络、存储、算力等多维度资源的统一协同调度，增强“云、边、端”异构资源的纳管和多集群协调的融合，提升平台整体的资源利用率和服务质量。再以创新设计的轻量级密码协议打通边缘节点与云端节点的数据传输，实现数据在可信平台管理下的整合，然后通过采用非对称加密、匿名隐私保护等技术，权衡数据隐私性和共享性，对链上隐私数据中关键信息进行匿名保护，确保数据的连续可信与可追溯性。

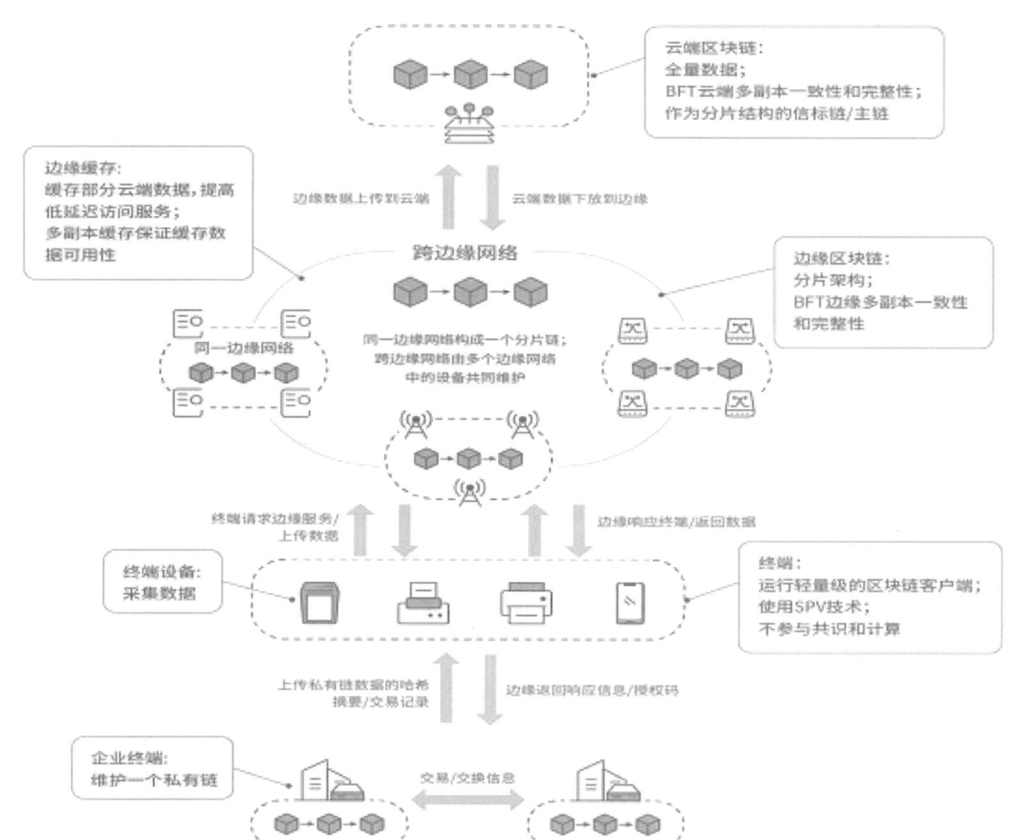

图 1 项目案例原理示意

本项目已实现的技术突破和技术创新点如下：

（1）鉴于区块链扁平化结构和基于算力网络，设计融合核心云、区域云和边缘云的云网跨层混合信任模型，通过结合端边系统中不同层次设备的特点，部署层次化链与多重区块链，提高端边纵横向协同效率和可信管理平台数据可信溯源和监管能力；通过对可信计算服务化、集中化和分级化处理，实现对泛在算力设备的算力资源调度和网络连接部署的最优化，提升平台整体资源利用率和可信管理服务质量。

（2）本项目设计出了一个通过多视角印证获取可靠性进程信息的取证技术。使用虚拟机监视器在硬件拦截所有进程切换事件，探测在处理器中活动的所有进程，并通过位于内核的驱动程序获得操作系统视角中的进程信息，通过获得硬件和内核的两个进程信息的交叉视图，可以可靠地识别所有被篡改的进程信息，验证和抵抗恶意敌手行为。

（3）实现了区块链核心技术的国产化以及自主可控，获得麒麟软件 NeoCertify 认证、荣泽科技区块链一体机与麒麟适配认证、人大金仓－产品兼容性认证、鲲鹏技术认证书、BaaS & 统信 UOS 适配证书。通过完成区块链回滚事件的共识协议，以支持对区块在满足特定条件下的受限回滚。采用联盟链的穿透式监管技术，并联合智能合约，提升监管的自动化水平，对联盟链中参与各方的各种行为的本质进行监管，以应对监管对数据的真实性、准确性和甄别业务性质等方面的要求。

本项目中已授权专利在项目中实施的作用见表1。

表1 核心专利作用

已授权专利名称	在项目中实施的作用
1. 基于分布式网络技术存取第三方信息的预言机管理系统 2. 基于区块链技术的跨链协作方法 3. 一种用于区块链网络的共识效率控制系统 4. 基于区块链预言机的高价值数据上链系统	对本项目中算网融合下的区块链跨链跨域事务提供技术支撑：预言机管理系统保障了区块链可以利用预言机合约妥善地使用链外可信数据源，极大方便了对既有大规模数据的有效可信使用；跨链协作方法提供了跨链中协作的流程与多链磋商的有效范式，规范了跨链中的事务、交易的监管与边界
5. 一种基于TEE技术的区块链加解密服务安全可信系统 6. 一种基于PCIE的可插拔加密存储装置	对本项目中数据隐私安全提供软硬融合的方案：基于可信执行环境（TEE）的区块链加解密提高了本项目中数据加解密的效率和安全性，满足金融、公共安全行业的需求；可插拔加密存储装置可以方便快捷地部署在带有已经广泛使用的PCIE接口的设备上，保障了可信管理平台端到端的可信事务管理
7. 一种分布式存储区块链账本的方法	为本项目中存算效率提供优化方法：对区块链中的资源进行有效管理，减少边缘设备中非必要可信任务对计算资源的使用；针对边缘设备存储资源问题，结合分布式数字身份自动分配边缘存储分片策略，大幅提高存储效率

2.1 需求分析

国家统计局每月需要向规上企业搜集企业“一套表”，企业根据《一套表统计调查制度》要求，定期登录省联网直报平台填写企业统计报表，如未及时填报，园区会有专人提醒其尽快填写并进行核对，如有异常数据会电话核实。因为报表与实际经营脱钩，其经常靠拍脑门来填内容。即便如此，在其他部门配合顺利的情况下，每次填写也需要花半天至一天时间。

1）场景问题

（1）数据真实性低：数据类型多、来源广，各部门难以快速高效整理，因此靠“编”数据来满足统计上报需要。

（2）数据准确性低：财务口径与统计口径在数据标准上存在差异，无法直接将财务数据直接作为统计数据上报。

（3）数据及时性低：因业务发生时间与统计上报时间存在时间差，往往业务还未结算时已经要求上报，否则将关闭填报。

2）解决方案

产品生态建设目标：建立企业与统计局单位的穿透式监管网络，企业仅需在业务发生时及时上传企业原始数据，数字化台账工具根据统计规则，将统计指标分解下发至企业原始台账，建立报表指标与台账的规则关系，即可快速准确地形成统计“一套表”。

2.2 目标设定

新型企业台账产品是一个帮助规模以上企业自主提升数据治理能力、强化数据质量与安全、促成高质量数据流通、实现可信数据服务交互的应用。其产品愿景是让企业触达可信数据网络，让可信数据网络服务企业（图 2 ～图 4）。

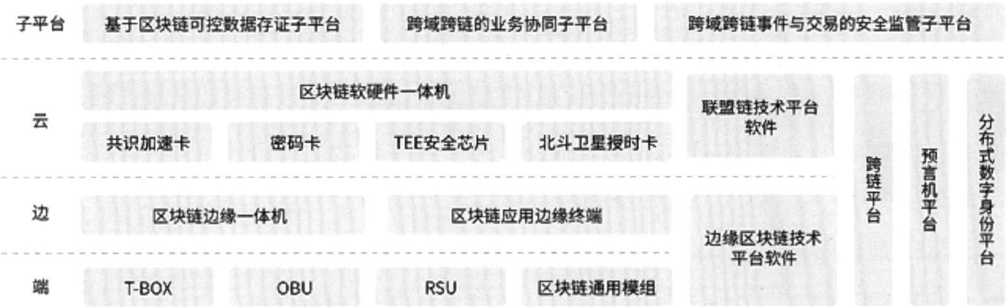

子平台
基于区块链可控数据存证子平台
跨域跨链的业务协同子平台
跨域跨链事件与交易的安全监管子平台
云
区块链软硬件一体机
共识加速卡
密码卡
TEE安全芯片
北斗卫星授时卡
联盟链技术平台软件
边
区块链边缘一体机
区块链应用边缘终端
边缘区块链技术平台软件
端
T-BOX
OBU
RSU
区块链通用模组
跨链平台
预言机平台
分布式数字身份平台

图 2　新型企业台账产品的数字基础设施全景

硬件赋能
区块基链赋能
三方扩展赋能
可信企业身份平台
可信数据交换平台
可信数据计算平台
可信数据存证和溯源平台
企业数据保险箱产品
时间戳服务
CA动态证书
电子签名
IPFS
荣泽区块链管理系统(RBaaS)
荣泽RBC
Fabric
+
人工智能
大数据技术
联邦学习
态势感知
+

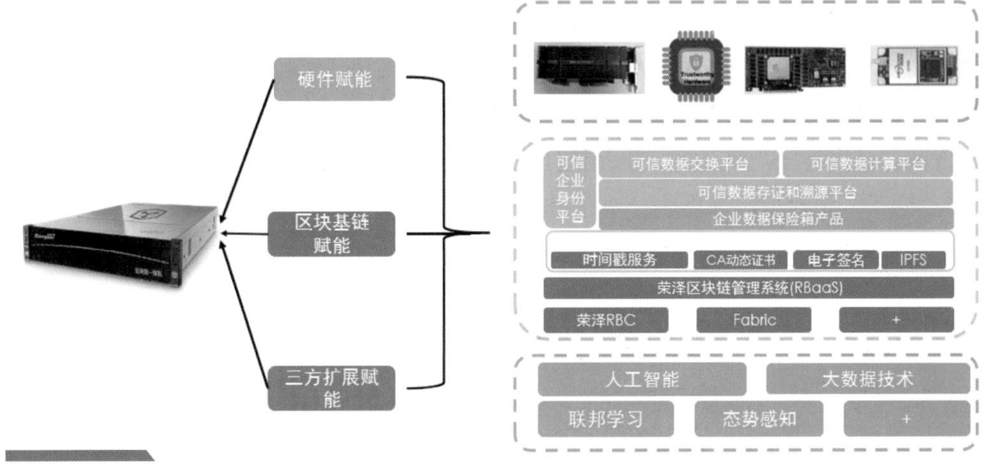

图 3　新型企业台账产品的核心硬件之一：荣泽区块链一体机功能示意

协同治理
政府
社会公众
平台
行业组织
企业

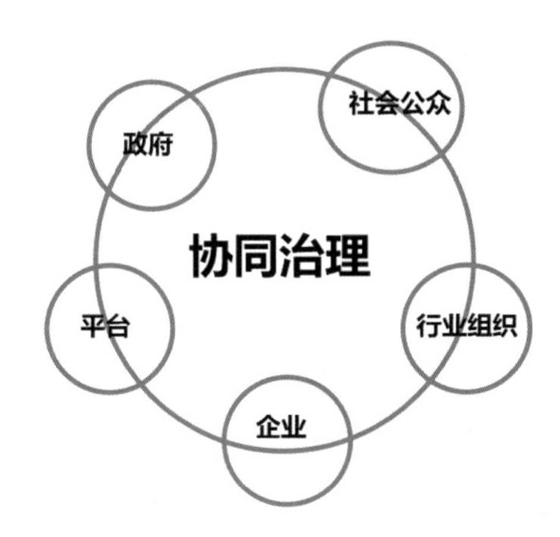

图 4　数字经济治理体系示意

为达成上述愿景，新型企业台账产品生态的具体建设目标包含以下两个方面：

一是提升企业数据管理能力，强化数据质量与安全。产品对照 GB/T 36073—2018《数据管理能力成熟度评估模型》（DCMM）国家标准，持续提升数据管理能力，定期开展数据质量评估。探索数据拥有方的行业数据分类分级方法，细化行业数据分类标准和分级规则。同时强化高质量数据供给，使企业依法合规开展数据采集，聚焦数据的标注、清洗、脱敏、脱密、聚合、分析等环节，提升数据资源处理能力。

二是激发数据流通活力，释放数据要素价值。新型企业台账探索数据资产授权运营模式，以“可用不可见”“可用不可得”“可用不出域”等不可回溯方式，进行“场景式”开发利用，使得本产品成为企业与地方政府共建数据安全共享与开发的服务平台和安全沙箱，实现基于特定场景的政企数据融合应用。

2.3 建设内容

新型企业台账产品生态在建设方式上选择两大主要阶段进行。

1）第一阶段（2021—2022 年）

首先实现国家统计局的企业电子统计台账试点与全面推行。2021—2022 年，与国家统计局共同制定下发分专业分企业规模的企业电子统计台账模板，根据国家统计调查制度的统一规定，结合企业自身行业特点和信息化管理实际情况，定制企业电子统计台账账页，开发企业电子统计台账软件系统，制定企业电子统计台账工作规则和记账方法，督促指导企业及时记账并依托电子台账报送统计报表（图 5）。选择部分“四上”“四下”企业组织开展企业电子统计台账试点。2022 年末，总结试点经验，完善电子台账模板、软件系统。在所有“四上”企业和具备条件的“四下”企业全面推开

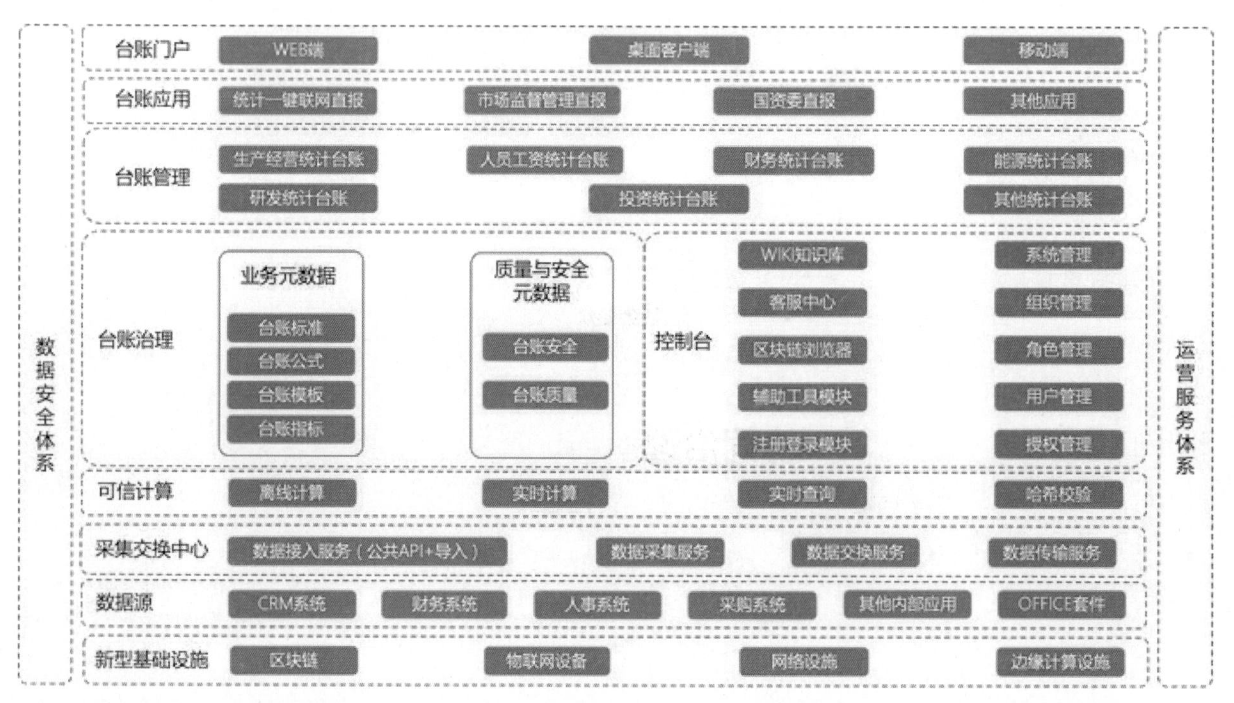

图 5 第一阶段（2021—2022 年）产品架构

电子统计台账推动视同法人产业活动单位、“大个体”、个体户和商业综合体等调查对象建立电子统计台账，最终实现所有企业类统计调查单位建成企业电子统计台账。

2）第二阶段（2023 年后）

2023 年开始，为实现企业台账数据要素流通目标进行产品研发，主要存在两项任务。

（1）基于区块链的台账数据价值管理。数据价值管理是对数据内在价值的度量，从数据成本和数据应用价值两方面来开展。数据成本一般包括采集、存储和计算的费用（人工费用、IT 设备等直接费用和间接费用等）和运维费用（业务操作费、技术操作费等）。

（2）基于区块链的台账数据共享（流通）管理。主要是指开展数据共享和交换，实现数据内外部价值的一系列活动。数据共享管理包括数据内部共享（企业内部跨组织、部门的数据交换）、外部流通（企业之间的数据交换）、对外开放（图 6）。

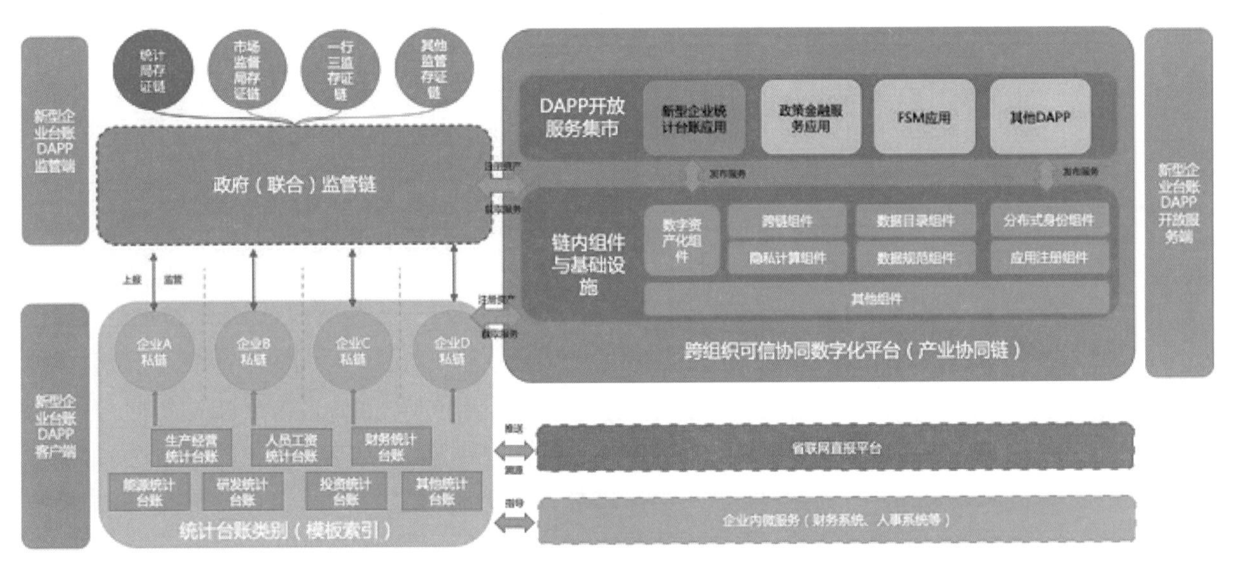

图 6　第二阶段（2023 年后）生态架构

2.4　技术特点

（1）软硬一体、算网融合的统计台账智能终端（图 7、图 8）。

图 7　统计台账智能终端设备结构

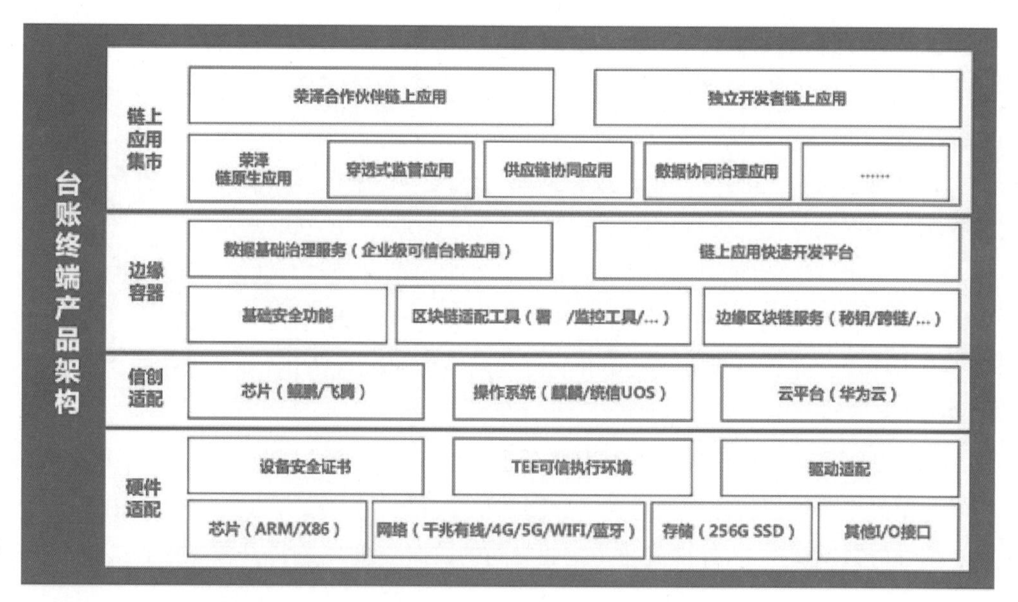

图 8 统计台账智能终端产品架构

（2）云边协同、跨链协作的可信数据流通网络。

（3）灵活接入、实时调度的企业原始数据接入。

（4）所见即得、上手便捷的台账数据治理手段。

（5）明确权属、授权使用的数据安全隐私权限。

2.5 应用亮点

项目的创新表现在高质量数据供给解决方案——基于区块链技术和企业数据台账搭建的“可信数据底座”，具有去中心化、难以篡改、可溯源等特点，是融合多种信息技术为一身所生成的新的数据供给方式。同时，包含区块链技术的可信数据底座，规范了数据资源目录和数据流通标准，实现了数据交换管理，用数字信封加密或者可信计算安全沙箱技术确保数据隐私安全，使数据不落地、不外泄，并借助密码学、共识算法和分布式存储等技术，组合出一种新的数据共享方式，通过数据的公开透明、不可篡改与集体维护等措施，让整个系统降低信息不对称，从而促进新信任机制的生成。

3 应用前景分析

1）产品发展预期

预计 3 ~ 5 年内将建设十万级节点，形成包括“生产经营统计台账”“人员工资统计台账”“财务统计台账”“能源统计台账”“研发统计台账”“投资统计台账”等六大类的台账。未来预期在生态合作方面对接融资机构降低中小企业融资负担与风险。利用荣泽科技在金融领域对接银行机构和投资机构的先期优势，打通跨域数据共享协同，推动企业数据的信息流通和协同利用，为制造业企业实施数字化转型项目对接融资租赁渠道，降低中小企业融资负担，同时为金融和投资机构提供新的风控手段，降低投资风险。

2）销量预期

预期仅在“十四五”期间的统计报表上报领域，就将覆盖全国 10 个以上省市的 30 万家企业。

3.1　战略愿景

研发基于新一代信息技术的企业电子统计台账软件，推动企业原始记录、企业电子统计台账、统计报表的无缝衔接，探索建设企业私有链，以全面保障企业电子统计台账数据真实、准确、完整、及时。开展应用研究工作，初步搭建高质量数据要素系统的应用原型，验证基于区块链技术在各系统的闭环工作效率。预期到 2023 年，基本形成 1 个政务统计管理和服务协同平台（区块链 + 台账管理系统），1 个成果应用创新服务平台，若干个国家级统计数据质量保障服务示范区或企业的 1 + 1 + N 格局，提出新一代企业台账的标准化技术规范，并由此形成 1 ~ 5 件关联性的专利成果。

3.2　用户规模

本项目案例的目标用户在第一阶段有两大类，第一类为监管端 / 服务端用户，主要为国家、省、市、区县、街道五级统计机构；第二类为企业端 / 客户端用户，为全国超过 100 万家规模以上统计调查单位。

自 2022 年开展试点工作以来，本项目案例得到了全国 11 个省级统计局的积极响应与支持。虽然“新冠”疫情客观影响了不同地区、不同行业参与试点的节奏，但各省统计局克服困难，至 8 月末，协调安排了合计超过 1 000 家规模以上企业参与项目试点。试点统计局与企业深度参与此项工作，提出各类合理化建议与意见 200 余条，转化为项目需求研发的 95 条，促成项目试点的广度与深度均取得显著进展。

分项描述如下：按试点地区分类如图 9 所示，按试点行业分类如图 10 所示。

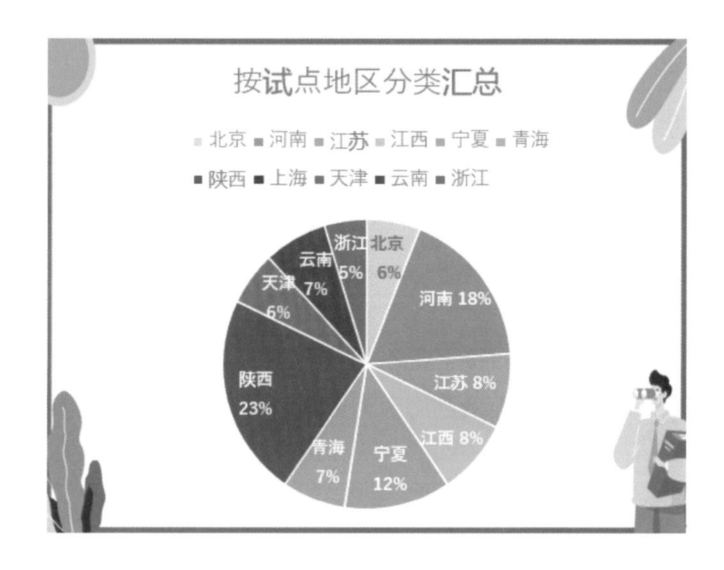

图 9　台账试点企业地区分类

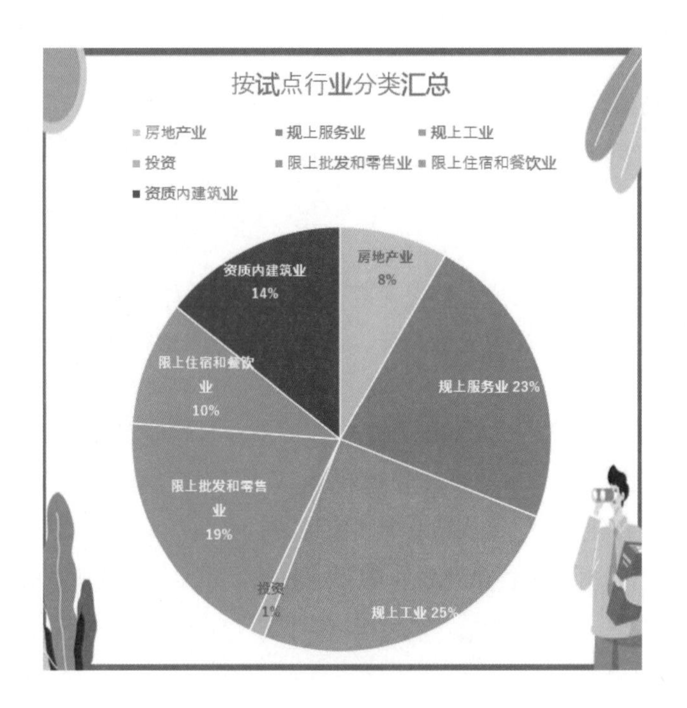

图 10　台账试点企业行业分类

3.3　推广前景

基于荣泽新型企业级电子台账软件平台形成的“可信数据底座”，是集区块链技术与企业台账管理工具为一体的可信数据终端组网形成的企业级数字基础设施，可信数据终端中管理维护着企业生产、经营、管理等各类业务台账，并实现组织身份标识和数据资产标识。企业数字化台账管理工具构建在区块链技术之上，利用区块链节点连接企业、政府、服务机构形成联盟链组网，企业自主管理丰富可信的台账数据与区块链网络形成“可信数据底座”。可信数据终端组网后形成的可信数据协同网络，以促进产业链融合、供应链协同为建设目标，以支撑数据流通共享为建设内容，以建设可信数据的开放生态应用为抓手，以企业数据确权为关键驱动要素，支撑“产业链协同”“产业供需对接”“产业金融”等多种新兴产业生态，通过数字科技重构企业关系和生产经营模式，为推进“智转数改”建设提供有力支撑和坚强保障，值得大力推广。

3.4　产能增长潜力

面向规模以上企业，在《企业电子统计台账模板》的指导下建立各类型的统计台账模板（生产经营、人员工资、财务、能源、研发、投资）。实现从台账到企业一套表上报的全流程生产管理和上报任务，在业务发生阶段及时形成统计台账。具体降本增效能力与外部资源赋能包括：

（1）可信采集原始数据：对接企业各应用系统，实现与业务系统的有效互通。

（2）规范治理统计台账：有效利用人工智能算法与区块链智能合约技术，自动计算统计指标。

（3）无缝衔接统计报表：统计台账一键生成统计报表，与联网直报平台无缝衔接。

（4）有效赋能企业经营：通过区块链建立政企间的可信协同服务通道，提升企业服务水平。

4 价值分析

4.1 商业模式

荣泽目前主要的收入构成分成三个部分：一是解决方案收入，基于荣泽各类产品提供的数字化解决方案收入，结合政务、零售等客户对区块链技术应用的需求，发挥区块链技术的存证安全以及协同特点，为客户针对特定的业务设计解决方案，包括政务区块链应用、零售的资产管理供应链溯源等应用，大部分采用招投标形式形成合同收入；二是产品化销售收入，主要结合目前数据化转型、穿透式监管的大背景需求，利用区块链构建隐私数据采集、连接、计算等能力，以满足供应链“链主”企业和监管部门业务要求情况下，在各类场景中推进研发和销售各种可信数据网络场景中的应用协同终端产品；三是运营收入，获得网络运营与数字化应用运营的收入。其中，产品化销售从 2021 年重点开始打造，也是公司未来三年的主要收入构成。

4.2 核心竞争力

荣泽科技现有员工 151 人，本科及以上 115 人，占员工总数 74.1%，其中博士 11 人，占比 7.3%；硕士 13 人，占比 8.6%；本科 91 人，占比 60.3%。

荣泽科技员工现有研究开发人数 125 人，从事区块链研发人数 59 人。现拥有高级职称 8 人，中级职称 15 人，初级职称 89 人。

荣泽科技现拥有或投资三个产学研机构，分别为：

（1）荣泽区块链研究院（院长：石进，现为南京大学教授、国家保密学院副院长，南京大学保密安全实验室主任、江苏省互联网服务学会副秘书长、江苏省密码学会理事；主要从事情报学、保密安全研究；先后主持了国家自然科学基金、国家社会科学基金、江苏省自然科学基金等项目 20 余项）。

（2）南京慧链和信数字信息科技研究院有限公司（院长：张涛，现为天津大学教授、电气自动化与信息工程学院副院长、天津市仿真系统控制重点实验室主任专家；主要从事智能声音采集、分析及处理，智能计算方法研究；国家音视频编解码标准工作组音频组专家；主持发改委数字电视产业化重大专项、信息产业部电子行业发展基金等重大科研项目 50 余项）。

标准名	标准号
区块链数字身份框架规范	T/JSHLW 008-2020
区块链应用测试及评估规则	T/JSHLW 005-2020
区块链基础架构规范	T/JSHLW 001-2020
区块链密钥管理规范	T/JSHLW 010-2020
区块链安全加密规范	T/JSHLW 006-2020
区块链数据通信及互操作性协议规范	T/JSHLW 004-2020
区块链智能合约应用规范	T/JSHLW 002-2020
基于区块链的电子存证应用规范	T/JSHLW 009-2020

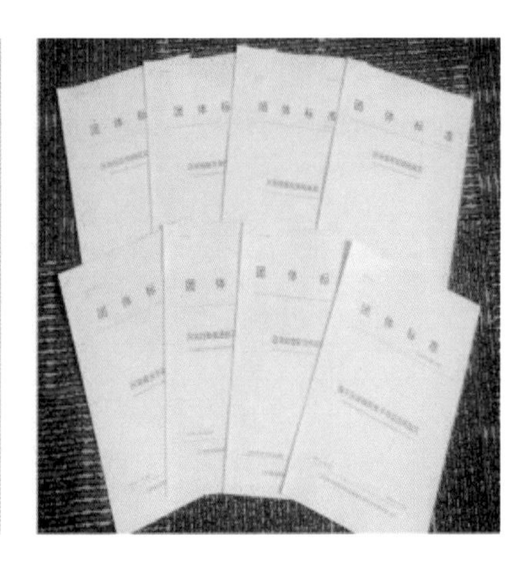

图 11　项目案例团体标准使用

（3）苏州思萃区块链技术研究所有限公司（所长：杨国忠，先后在技术 / 管理 / 综合等岗位工作，具备全面的能力和广阔的视角，现为荣泽科技副总裁；高级职称）。

4.3 产业促进作用

1）解决短板痛点

本项目通过在端边云层次化架构和扁平化的区块链技术架构进行融合，在不同层次部署多类型的节点机，形成混合形态的区块链基础设施，解决了大规模数据共享时存在的数据孤岛、隐私泄露、数据安全等问题；同时建立了区块链辅助的大规模物联网数据收集智能框架，利用异构无线传感器网络协作身份验证协议，确保数据源的可靠性；构建分层的海量数据聚合方案，实现高效、安全地收集海量物联网数据，并定义出基于区块链的海量物联网数据管理方法，建立了不同方之间的信任。

本平台提升了企业数据管理能力，强化数据质量与安全。同时强化高质量数据供给，使企业依法合规开展数据采集，聚焦数据的标注、清洗、脱敏、脱密、聚合、分析等环节，提升数据资源处理能力。

2）经济社会效益

（1）经济效益。基于本项目方案技术，已应用于企业电子统计台账等多个领域；面向 1 类企业数字化转型场景，包括高耗能领域的碳排放报告与核查、供应链协同领域的数据共享，已累计实现合同销售 4 500 万元；新增分布式应用盒子系列产品 1 类——统计台账区块链智能终端，用于多方共享的数据在云边进行安全且可信的协同，实现合同销售 3 150 万元。预计项目面向全国铺开后，将实现产品年销售收入 50 000 万元以上。

（2）社会效益。

① 推进政府数据资源化。本项目建设将充分运用区块链、大数据等高新技术，不断提升数据资源的汇聚和利用能力，打通两地数据孤岛，促进政务数据的资源化管理和流通，促进协同共享和数据要素化资源利用。

② 推动数据共享一体化。本项目可有效促进跨地区跨部门信息共享和业务协同，支撑全省跨地市的政务服务，助力“放管服”改革，实现让数据多跑路、让群众少跑腿，促进服务流程显著优化、服务模式更加多元、服务渠道更为畅通。

③ 推进企业服务精准化。本项目建设将大大促进以南京为中心的都市圈建设，建立全省政务数据有序流通和便民服务的开展，有利于园区与企业的互动和交流，为愈加精细化的政府监管提供支撑和帮助，有效促进本地区经济发展。

供稿企业：江苏荣泽信息科技股份有限公司

基于区块链的房地产资产评估可信共享平台

1 概述

云评众联“基于区块链的房地产资产评估可信共享平台”项目是由云评众联发起，联合华为技术共同研发完成的一个链接资产评估房地产估价业务需求端和服务提供端的一个区块链可信评估共享平台，为B2B、B2C和C2C等交易系统提供基于区块链的可信、可追溯、不可篡改的资产评估SaaS软件服务和评估行业可信共享平台。项目团队的核心成员包括云评众联的李秀荣和江艺聪。

云评众联基于区块链的可信评估共享平台对接评估业务需求端（个人、银行、国企、国资委、破产法庭资产保管人等）和评估业务提供端（评估和估价机构），并将评估业务需求端分布在全国各地的、品类繁多的各种待评估资产分配给平台上的联盟评估服务提供端专业评估机构的注册估价师进行专业评估，全过程数据上区块链，可信、可追溯、不可篡改。该可信评估共享平台除了链接评估业务的需求端和服务提供端之外，还可以接入评估协会、政府监管部门、小贷公司、拍卖公司、保险机构、国资委和中介机构等评估工作的利益相关方，在评估工作进行的全过程中，利益相关方均可以实时在线、随时了解评估进展和评估过程，监管部门也可随时介入进行监管。

2 项目方案介绍

2.1 需求分析

互联网+评估行业的发展大势已经成熟，以互联网、大数据、人工智能和区块链等信息化手段，助力评估行业转型发展势在必行。中国资产评估协会的评估行业信息化5年规划还在推进中，而国家对生产要素的数字化和循环流转已经箭在弦上。目前评估行业还存在如下市场痛点：

1）评估业务需求端、评估标的物和评估机构的错位对接

（1）资产评估覆盖面大，资产种类繁多；对评估师素质和专业水平要求高，对评估机构的数据和知识积累要求高。

（2）资产标的值高，定价空间巨大；评估结果必须足够权威和公允。

（3）由于评估报告的跨机构和评估标的物的跨区域，监管难度极高。需要可信的

评估机构联盟将评估业务需求端、评估标的物和评估服务提供端三方对接起来。

（4）评估业务新需求（如证据保全）和新资产评估需求（如林权碳汇、数字资产）无法得到市场满足；行业评估技术发展滞后。

2）评估师层面

（1）信息化工具较少，缺乏科技和数据的支持，缺乏基于区块链的资产评估软件系统的保护和数字化运算能力的支撑，传统评估师可能因计算过程的失误而造成严重的后果，责任重大，压力巨大。

（2）评估项目作业周期长。

（3）评估过程重复劳动频率高，缺乏适合评估师的行业基于区块链的资产评估软件。

（4）人才培养难，时间长。人力成本耗费大。

3）机构管理层面

（1）标准化程度低、理论研究滞后、技术发展缓慢、方法创新乏力。

（2）评估机构内部知识积累慢，不利于核心竞争力形成。

4）行业面临的外部环境变化压力

（1）评估法实施后，监管部门检查频率和处罚力度加大。

（2）实现作业标准化、规范化，是信息化发展的基础要求。

为强化全面质量管理和提升行业竞争力，推动线上评估服务提供端和评估业务需求端的全面对接，推动全面线上评估服务，实现线上委托评估、线上流程管理、线上移动查勘、线上项目管理、线上撰写报告，实现以大数据为支撑，使得询价更客观、更准确，基于区块链的资产评估可信共享平台成为解决评估行业痛点的一个重要手段（图 1）。

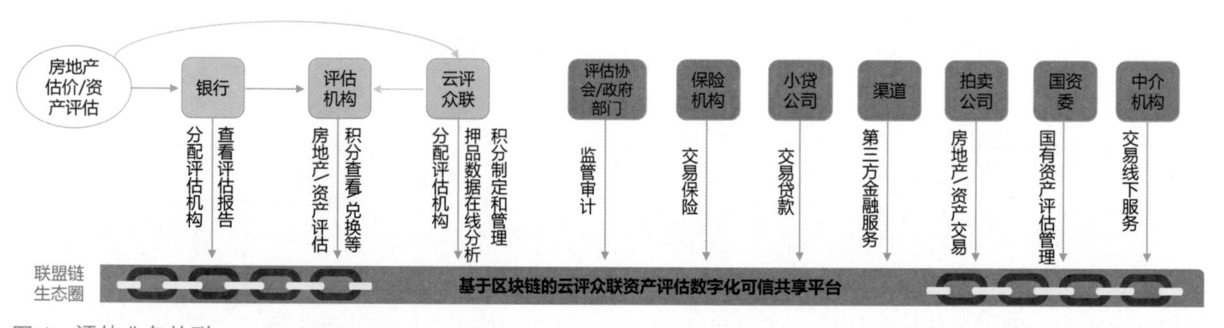

图 1 评估业务的联盟链生态圈

利用该基于区块链的可信评估共享平台，评估项目的推送、管理、查勘等均可在线执行，可信，可追溯，不可篡改。该平台可使评估业务的整个生态圈都能随时掌握项目进展，通过线上协作，相关评估过程和结果及报告均可上区块链。该共享平台严格规范了评估操作流程，降低了技术风险，极大地保障了估价和评估的可信度、准确性和安全性，全流程可追溯，不可篡改，并提高了工作效率。

2.2 目标设定

云评众联基于区块链的可信评估共享平台要实现的目标包含如下主要功能：

（1）多方协同：在相关参与方之间共享房地产 / 资产评估报告信息。

（2）区块链：房地产 / 资产评估报告端到端可溯源，难篡改，易于监管审计。可多方验证和存证，实现由“自证”到“他证”。

（3）积分激励：评估机构可参与会员积分激励计划，多劳多得。

（4）生态扩展：方便监管审计部门、保险、小贷公司、渠道、拍卖公司、国资委和中介机构加入。

2.3 建设内容

云评众联基于区块链的可信评估共享平台可分为业务应用层、智能合约层和区块链服务平台层。它们的主要建设内容如下：

（1）业务应用层：面向用户实现各项业务功能及服务，并集成对接智能合约层的组件。

（2）智能合约层：面向业务应用层提供系统智能合约接口服务，访问区块链账本数据。

（3）区块链服务平台层：形成整个区块链平台的核心基础，提供区块链网络支撑。

需要上链的数据内容如下：

（1）房地产评估报告的每项内容及每个附件的 hash 和 url 等。实现评估报告的安全隐私保护、不可篡改、可追溯，可在相关方之间信息共享。

（2）资产评估报告。

（3）会员等级设置：设置会员等级制度，包括会员等级设置编号、会员等级名称、积分范围、生效时间、失效时间。

（4）会员积分规则。

（5）会员积分记录：会员 ID、积分事项、积分值、积分时间。当会员查询积分详情的时候展示。

（6）会员积分：会员 ID、会员名称、会员积分值。会员积分值需要在每次积分变动时更新。

2.4 技术特点

云评众联基于区块链的可信评估共享平台的联盟链上链机构及管理模块如图 2 所示。

云评众联基于区块链的可信评估共享平台架构如图 3 所示。

该基于区块链资产评估可信共享平台具有如下特点：

（1）简单易用。5 min 完成区块链配置、部署，相对于自建节约 80% 开发部署时间和成本。

（2）高安全。华为安全立体安全防护；多级加密：签名、通道、内容；支持国密、加法同态保护数据隐私。

（3）高可用。节点弹性伸缩，故障自动恢复；可扩展、海量弹性文件存储共享账本。

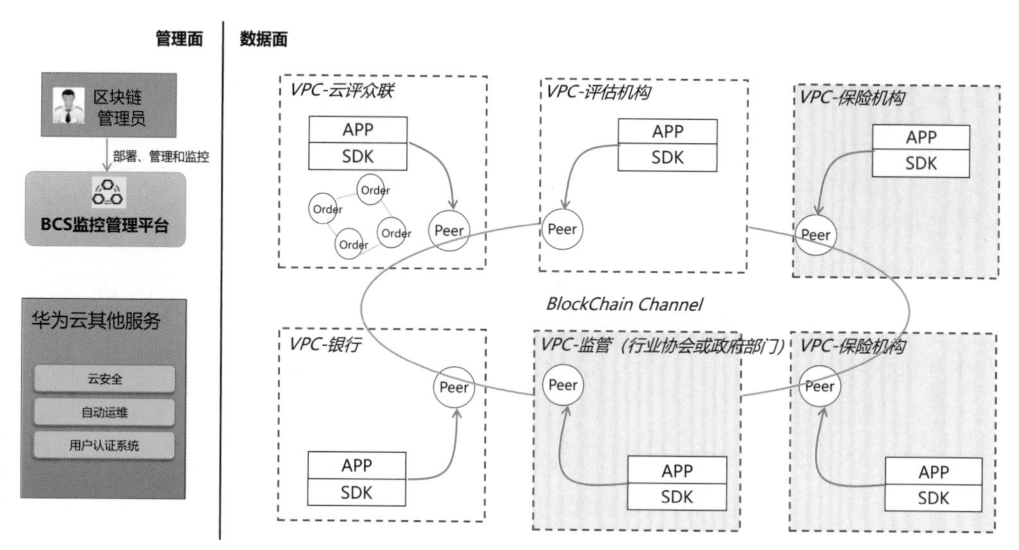

图 2　云评众联基于区块链的可信评估共享平台的联盟链上链机构及管理

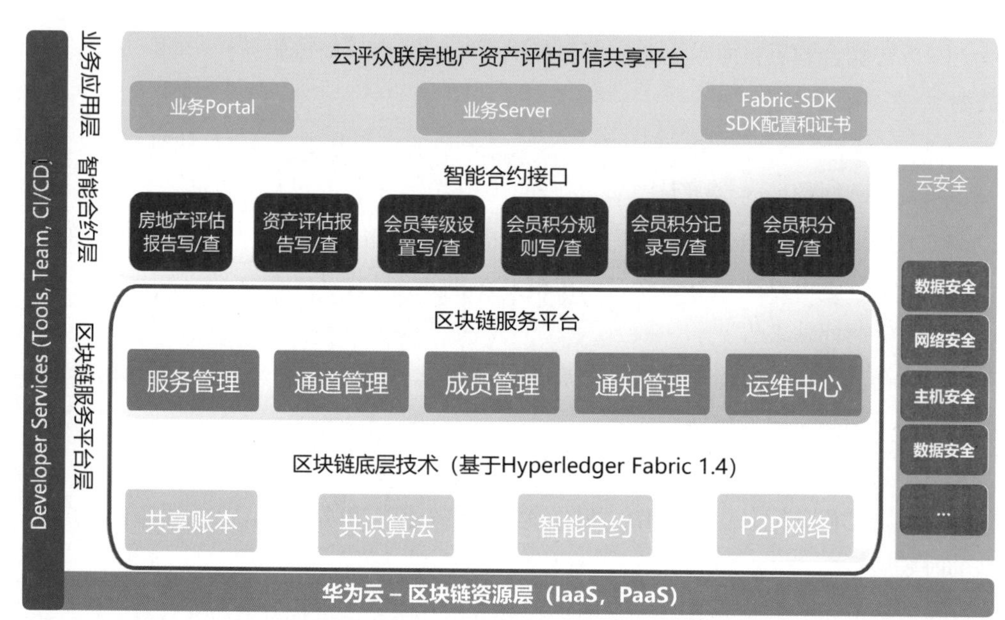

图 3　云评众联基于区块链的资产评估可信共享平台架构

（4）高性能。秒级共识；多种高效共识算法可选；交易性能优秀；电信级网络，系统延时小于 300 ms。

2.5　应用亮点

1）基于区块链的资产评估可信共享平台提高了评估报告的可信度和权威性

评估报告在流转提交给报告的实际使用人的过程中，有可能存在评估报告被篡改或伪造的可能性。而现有的技术方案又缺乏有效的防伪手段，导致评估报告的可信度和权威性受到了极大的威胁。

云评众联基于区块链的资产评估可信共享平台通过如下方案，有效解决了评估报告存在被篡改可能性的关键问题。

（1）将查勘信息、评估报告和附件上链，确保报告的真实准确性。

（2）通过云评众联和银行等报告使用人之间的智能合约，可以将评估结果和报告直接提交给银行。

（3）通过云评众联和其他联盟评估机构之间的智能合约可以共享数据资产和研究成果。

2）基于区块链的资产评估可信共享平台用于流程管理

当前的评估业务需求端在将评估业务委托给评估机构开始，一直到拿到评估报告，整个过程周期很长。当待评估资产种类繁多或分别处于不同地域时，评估业务委托方在整个委托评估过程中还需要不停地做多方协调，信息繁复，工作量极大，导致无法高效率地进行全流程管理。同时，在评估的计算过程中，由于需要多方协调运算，计算量大，容易造成估价错误，提高了评估行业的执业风险。

云评众联基于区块链的资产评估可信共享平台通过如下解决方案，有效地提高了评估工作效率，提高了客户的满意度。

（1）通过区块链及时推送项目进度，协调各方及时跟踪项目进展。

（2）通过在线沟通、在线催单、进度通知、附加管理等功能使得委托方可与专业估价师零距离交流。

（3）报告作业全流程监控，每个环节操作均留有时间戳。最后可以进行数据汇总和统计，便于管理者进行全数据化管理。

（4）有许多便捷小工具，辅助提升对项目的管控。

3）基于区块链的资产评估可信共享平台用于移动查勘系统

现场查勘是评估行业作业中的重要步骤。传统的异地评估作业工作很难进行有效管控，而在等异地评估工作完成后开始撰写评估报告时，又耗时很长，无法及时溯源，很容易出错。

为解决异地评估作业的有效管控问题，云评众联基于区块链的资产评估可信共享平台具有移动查勘功能。该移动查勘系统具有如下功能：

（1）对查勘作业进行精准定位，杜绝造假。

（2）实现对查勘对象的基础信息、图片和定位数据的同步获取，并自动同步到电脑端，实现高效查勘。

（3）查勘信息以华为区块链技术及时上链保存，可追溯，防篡改。

（4）可应用人脸识别技术，确认查勘人员身份，确保查勘过程和报告的有效性。

3 应用前景分析

3.1 战略愿景

中共中央政治局明确提出推动区块链技术和产业创新发展。2022 年 12 月 19 日《中共中央国务院关于构建数据基础制度更好发挥数据要素作用的意见》要求逐步完善数据产权界定、数据流通和交易等主要领域关键环节的政策及标准。

借助云评众联基于区块链的可信评估共享平台技术，云评众联已经接入数字中国区块链服务基础设施“数中链”，并为杭州数字交易中心提供数字产品。云评众联的基于区块链的资产评估系统已嵌入数字中国基础设施成为数字新基建的价值评估底层 SaaS。云评众联通过区块链链接国内领先专业评估机构，助力数字资产流通生态平台的建设，为数字中国资产交易如智慧城市交易平台的价值评估环节提供底层评估技术支撑和软件技术支撑。

3.2 用户规模

云评众联基于区块链的资产评估可信共享平台既为银行、金融机构、国资委、破产法庭等行政机关提供增值 SaaS 服务，同时也为资产评估机构和房地产估价机构等同行提供增值 SaaS 服务（图 4）。

云评
Yunping.com

客户案例汇总

公司名称	项目数 / 个
厦门均达房地产资产评估咨询有限公司	14 018
福建建科房地产估价有限公司	13 057
中山市佳信土地房地产估价有限公司	6 956
宁波仲恒房地产估价有限公司	6 074
湖南益宏房地产评估有限责任公司	5 528
厦门均达房地产资产评估咨询有限公司莆田分公司	5 333
福建正德资产评估房地产土地估价有限公司	3 212
厦门均达房地产资产评估咨询有限公司三明分公司	3 065
山东诚志房地产土地评估咨询有限公司	2 708
厦门均达房地产资产评估咨询有限公司泉州分公司	2 264
厦门均达房地产资产评估咨询有限公司漳州分公司	2 092
厦门均达房地产资产评估咨询有限公司福州分公司	1 880
福建海峡房地产资产评估有限公司	1 026
辽宁大丰房地产土地资产评估有限公司	979
新疆华远房地产评估有限公司	953
江苏万隆永鼎房地产土地资产评估有限公司	858
厦门均达房地产资产评估咨询有限公司龙岩分公司	615
厦门均达房地产资产评估咨询有限公司宁德分公司	524
江苏姑苏明诚房地产土地资产评估事务所有限公司	407
福建衡益资产评估房地产土地估价有限公司	400
河南宋城房地产土地资产评估有限公司	397
辽宁大丰房地产土地资产评估有限公司成都分公司	282

www.hwclouds.com • Huawei Confidential • 29

图 4　云评众联基于区块链的资产评估可信共享平台链上机构已经完成的项目数量

3.3 推广前景

1）人民法院破产审判职能辅助系统

云评众联根据厦门市中院破产法庭的要求自主研发了一套人民法院破产审判职能辅助系统，为委托方（破产管理人）提供有关财产清算价格核实，为处置破产财产、偿还债务提供依据，为实现破产案件审理中将执行标的询价分析提供资产评估技术支持和基于区块链的资产评估软件技术支持，并在基于区块链的可信评估联盟平台上将评估需求分发给可信联盟评估公司。

2）阿里资产 – 阿里拍卖

2022 年阿里法拍与云评众联合作提供数字评估服务，由云评众联提供智能询价、人工询价服务，嵌入阿里破产拍卖辅助系统，进行全国推广（图 5、图 6）。

2022 年 12 月，云评众联为鄂伦春农商行的破产重整资产涉及内蒙古多个地市的共 100 多个低值标的物在基于区块链的可信评估平台上做了估价，极大地降低了破产重整资产估价的费用。

图 5 阿里资产淘宝司法拍卖网页界面

图 6 阿里资产淘宝司法拍卖管理平台

3）证据保全

银行在房屋拆迁、租房、贷款时，对可能灭失或今后难以取得的证据，用一定的形式将证据固定下来，以供证明主体分析、认定案件事实。

云评众联围绕“存证 + 评估 = 证据保全”观点，打磨法证业务，嵌入数字评估新生态中。估价师通过移动查勘工具，按银行要求进行现场查勘及估价。估价师通过现场刷脸验证、GPS 定位签到，报告整合时间戳上传，对查勘的每个流程和结果都进行互联网存证，实现证据保全。在未来押品发生司法诉讼时，可为银行提供对应押品的《存证函》或《鉴证报告》(图 7)。

电子数据确认函

编号：DZQZ20200410000424

兹确认电子数据公证中心(ENC)于2020-04-10 12:35:42在电子数据存证云平台公证保全文件，相关电子数据信息如下：

1. 2020-04-10 12:33:30用户洪小燕打开并使用存证云网站提交目标网址

2. 网络环境检测：客户端将请求提交至存证云服务端，存证云服务端通过互联网持续访问正式网站来进行网络环境检测。

3. 本地环境检测（清洁性检查）：存证云服务端通过清除缓存、HOSTS检查、DNS检查、本地IP配置检查来进行本地环境检测。

4. 时间校对：存证云服务端时间校对。

5. 目标网址验证：存证云服务端可通过互联网正常访问目标网址，验证目标网址在互联网中真实存在。

6. 2020-04-10 12:35:42 存证云服务端通过截图方式对网页内容进行固定保全，文件信息如下：

文件名称：中国正式发布禁令，俄罗斯笑了，美国却坐不住了

用户提交网址时间：2020-04-10 12:33:30

存证目标网址：

存证目标IP：36.110.236.118

公证保全时间（服务器存证）：2020-04-10 12:35:42

存证服务器IP：117.30.72.202

授时中心保全时间：2020-04-10 12:36:24

凭证编号：

核验地址：点击查看/校验凭证信息

存证用户：洪小燕

存证类型：网页存证

存证来源：存证云网站

文件存储地址：存证云平台

图 7 云评众联联合美亚柏科为银行提供对应押品的证据保全服务

4）数字林权

中共中央、国务院《关于做好 2022 年全面推进乡村振兴重点工作的意见》提出：“强化乡村振兴金融服务”，为推动金融资源更好为乡村振兴服务提供了行动指南。

武平县 20 年前在习近平总书记的指导下成为中国林权改革第一县，2021 年 8 月，武平县林业金融区块链融资服务平台落地（图 8），加入数中链，成为林权交易服务

图 8 武平县林业金融区块链融资服务平台

平台，云评众联与林业主管部门共同研发林权数字资产评估模型，建立林权数字资产交易，并且由云评众联控股企业——厦门九万里科技有限公司将其进行全国推广，成为数字林业的标杆。

5）苍穹元宇宙可信生态联盟计划

“数中链”具备“苍穹元宇宙”“区块乐园”等开放元宇宙应用场景和区块链数字资产管理器，即将启动的“元宇宙可信生态联盟计划（MZ 计划）”将推动实现文化要素、生产要素、数据要素在不同的可信区块链之间进行资产、数据等的跨链使用与流转。

云评众联作为数字交易生态系统中提供价值评估环节底层 SaaS 服务的为数不多的民营企业，成为数字交易生态系统中不可缺失的一环（图 9）。

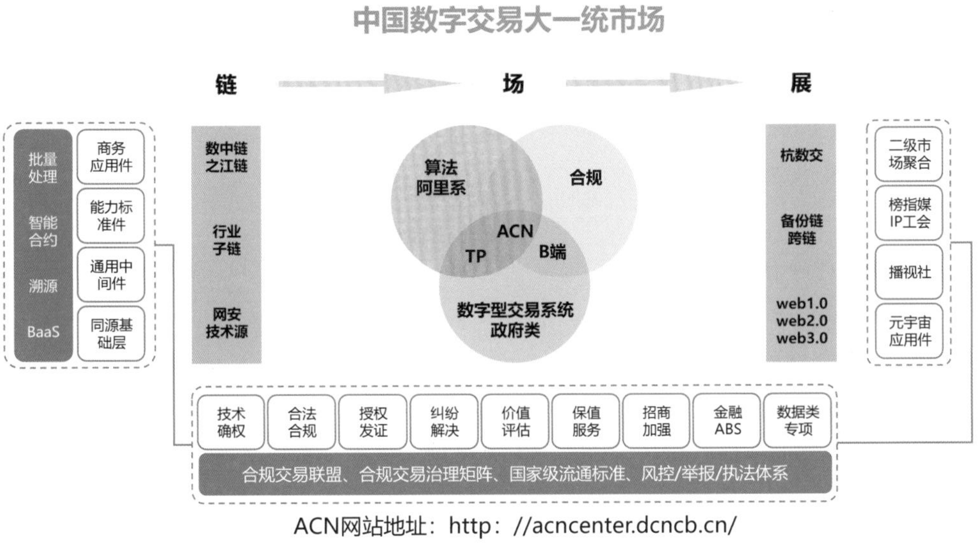

图 9　云评众联基于区块链的资产评估可信平台成为数中链的底层架构

6）国有生产要素数字化和循环流转

（1）《国民经济和社会发展第十四个五年规划和 2035 年远景目标纲要》指出，“推动生产要素循环流转和生产、分配、流通、消费各环节有机衔接。”

（2）推动生产要素循环流转和加快建设数字经济、数字社会、数字政府，以数字化转型整体驱动生产方式、生活方式和治理方式变革必然导致对生产要素的数字化要求和循环流转前的数字化评估需求。

（3）云评众联控股的厦门九万里科技有限公司已接入数字中国区块链服务基础设施“数中链”，云评众联基于区块链的资产评估系统已嵌入数字中国基础设施成为数字新基建的价值评估底层 SaaS。云评众联通过链接国内领先专业评估机构，助力数字资产流通生态平台的建设，为数字中国资产交易如智慧城市交易平台的价值评估环节提供底层评估技术支撑和软件技术支撑。

3.4　产能增长潜力

云评众联基于区块链的资产评估可信平台提升了评估业务需求端和评估服务提供

端之间的信任，使得报告的生成和使用的成本大幅降低。该可信平台具有如下优点：

（1）提供了多方共同维护的不可篡改账本，为交易多方提升了信任。

（2）通过多方共识解决争议，并及时纠正不一致的地方，保证上链数据的真实可信，从而保障业务进度。

（3）详细记录资产（评估报告和积分）的变动过程，便于业务追溯和取证。

（4）智能合约将忠实按照双方的约定条款自动执行，提升了业务效率，也消除了业务争议。

（5）智能合约与各方业务系统的集成可提升业务处理的实时性。

（6）监管审计部门可方便加入，实时进行监督和审计。

（7）生态扩展性强，未来可以将大型评估机构快速加入。

借助这些优势，云评众联得以在基于区块链的资产评估可信平台上开始服务于几十家银行金融机构。同时，在该平台的促进下，云评众联在数字产品、林权碳汇等新产品的评估业务上大力拓展，同时云评众联的数字产品得以进入阿里巴巴集团的数字产品交易架构的底层服务模块成为数字新基建的底层 SaaS。云评众联的数字评估服务也已经上线杭州数字交易中心。

4 价值分析

4.1 商业模式

1）云评众联模式

云评众联的商业模式采用城市发起人、城市合伙人和合作伙伴制度。城市发起人每个城市发展一家，均是入围最高院评估名单的一级评估或估价机构。城市合伙人则在各大中城市每个城市适当发展三家。

城市发起人和城市合伙人制度在某种程度上类似于云评众联分布在全国各地的基于区块链的资产评估可信共享平台软件服务运营商。在这些优秀联盟评估机构加入云评众联基于区块链的可信评估联盟平台后，除了他们自身可以享受云评众联对同行评估机构的基于区块链的资产评估服务外，还可以同时代理云评众联对银行、破产法庭等评估业务需求端的软件，为云评众联在当地向当地评估需求机构和评估及估价机构提供本地化的基于区块链的资产评估软件服务。

云评众联基于区块链的评估技术 SaaS 软件和可信评估数字化平台是目前唯一可以提供各类数字化资产评估和各类数字化增值服务的公司，涵盖了证据保全、数字植物、林权碳汇评估等新兴市场。

2）现有资产评估和房地产估价行业市场总规模

2015—2020 年资产评估行业和房地产估价行业的市场营收数据（图 10）显示，2020 年全行业市场营收总额是 568 亿元，6 年平均增速为 17.1%。2019 年开始总营业收入增长速度逐渐放缓，估计是受到了房地产市场整顿和“新冠”疫情的双重影响。

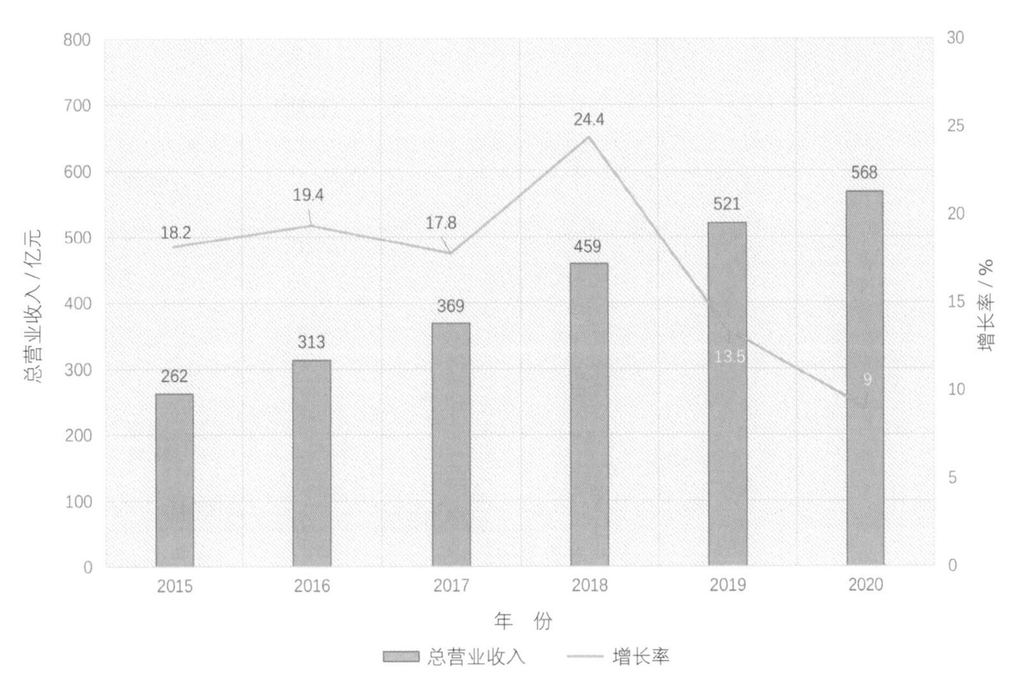

图 10 2015—2020 年资产评估行业和房地产估价行业总营业收入

3）银行等金融机构数量

截至2021年12月末，银行业金融机构法人共计4 602家，其中包括6家国有大行、12家股份制银行、128家城商行、19家民营银行、3家政策性银行、3 886家农村中小金融机构（农商行1 596家、农村合作银行23家、村镇银行1 651家、农信社577家、资金互助社39家）、1家住房储蓄银行、41家外资法人银行，以及506家银行业非银金融机构。其中2020年六大国有银行网点总数为106 526个。综上，银行金融机构单位数量总数约11万家。

银行金融机构是一个相对较新的市场。根据云评众联的测算，每家银行对云评众联基于区块链的资产评估服务市场需求至少在20万～40万以上，预计银行等金融机构的年服务需求总额为200亿～400亿元。

4.2 核心竞争力

云评众联是评估行业唯一一家为B2B、B2C和C2C等资产交易系统提供可信、可追溯、不可篡改的资产评估服务和评估行业接入平台。云评众联基于区块链的评估技术SaaS软件和可信评估数字化平台使得优质评估机构的可信联盟成为可能，解决了传统上评估报告的跨机构和评估标的物的跨区域导致监管难度极高的老大难问题。

云评众联已经接入由央企、党企和网企的头部企业联合打造的数字中国基础设施“数中链”，成为资产评估行业数字新基建，正在为数字交易平台提供底层SaaS服务（图11）。云评众联作为评估行业唯一行业数字化SaaS软件提供商，正在成为数字交易评估定价环节的关键底层SaaS服务商。

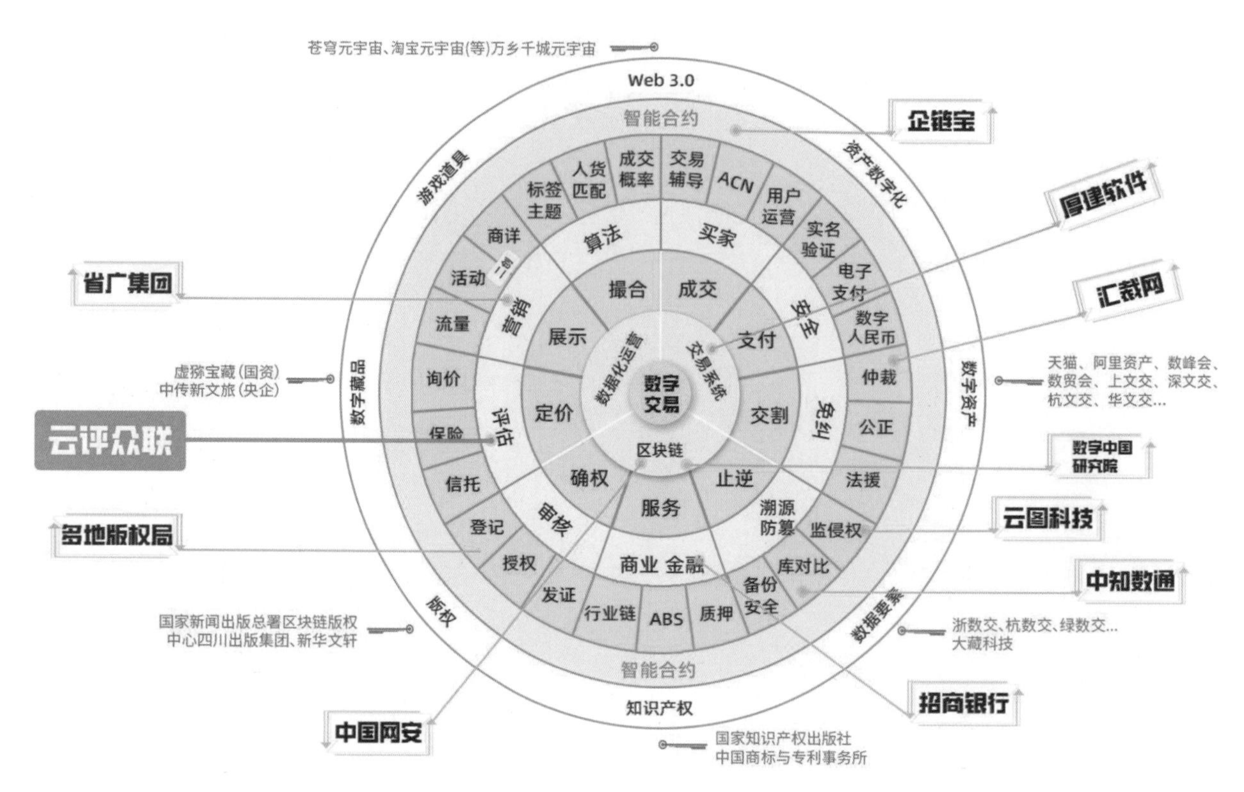

图 11　云评众联基于区块链的资产评估服务已上线杭州数字交易中心

阿里研究院：数字产品交易架构

4.3　项目性价比

云评众联基于区块链的资产评估可信共享平台使得云评众联在服务于银行金融机构、破产法庭、阿里司法拍卖和京东司法拍卖的同时，还接入国内众多的一流资产评估机构。2020 年起云评众联的营业收入以每年翻一番的速度增长。预计此后三年，云评众联的营业收入还将继续保持每年翻一番的速度（图 12）。

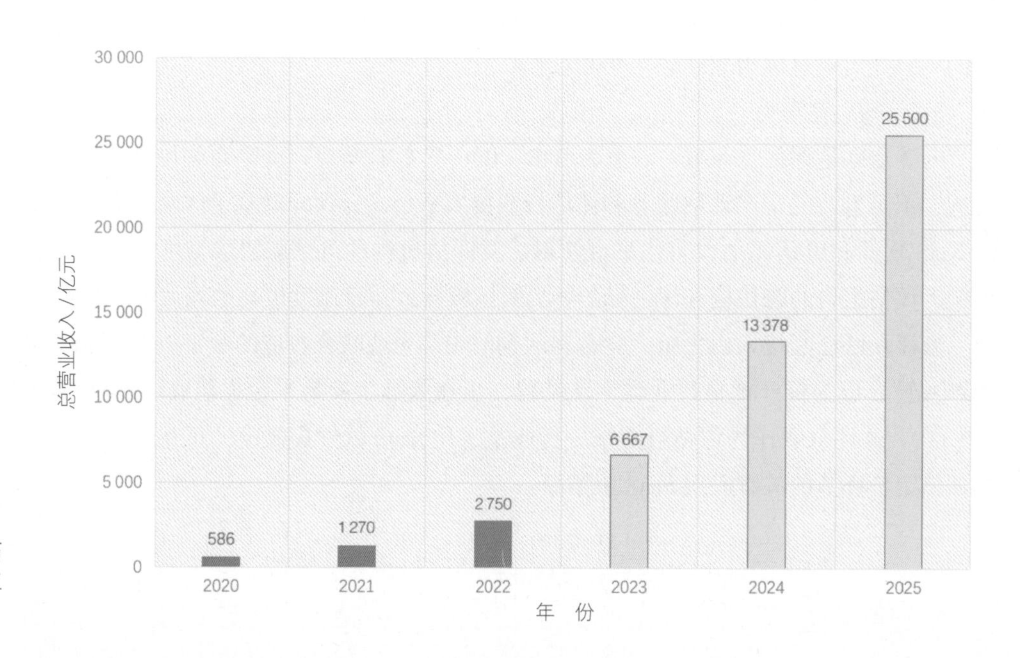

图 12　云评众联历史营收数据及未来三年营收预测

4.4 产业促进作用

云评众联是评估行业唯一一家为 B2B、B2C 和 C2C 等资产交易系统提供可信、可追溯、不可篡改的资产评估服务和评估行业接入平台。云评众联基于区块链的评估技术 SaaS 软件和可信评估数字化平台使得优质评估机构的可信联盟成为可能，解决了传统上评估报告的跨机构和评估标的物的跨区域导致监管难度极高的老大难问题。

云评众联基于区块链的评估技术 SaaS 软件和可信评估数字化平台也是目前唯一可以提供各类数字化资产评估和各类数字化增值服务的公司，涵盖了证据保全、数字植物、林权碳汇评估等新兴市场（图 13）。

基于区块链构建云评众联房地产资产评估可信共享平台

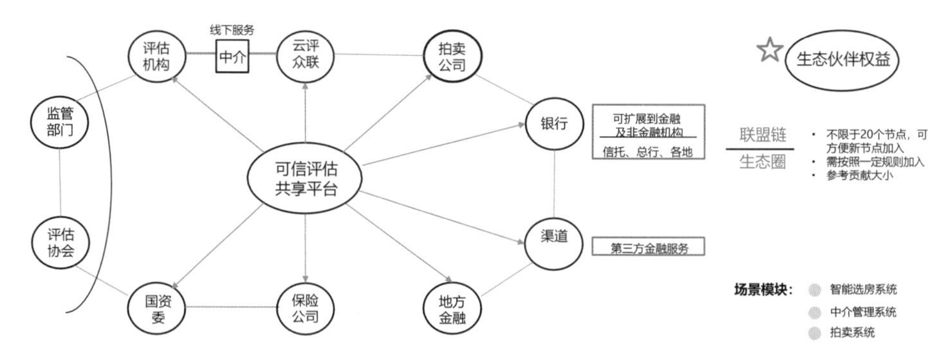

- 云评众联、评估机构、拍卖公司、银行、保险、渠道、地方金融、国资委等作为联盟链参与方加入评估区块链，构建评估报告可信共享平台，实现评估规则、评估报告在多方之间的公开透明，可溯源，难篡改
- 多个参与方在线上协作完成房地产/资产评估、评估报告出具及共享、中介维护真实房源信息、客户智能选房、房地产/资产拍卖等业务，对评估报告、房源信息和交易信息进行多方验证和存证，实现由“自证”到“他证”

图 13　云评众联基于区块链的资产评估可信共享平台

云评众联的数字化评估技术和基于区块链的可信评估联盟已经大大拓展了传统评估行业的业务市场范围，已经进入传统评估行业从未曾进入过的林权区块链评估、阿里拍卖、破产法庭、证据保全、元宇宙等新领域。

这些新市场正处于拓展中，未来市场规模潜力极其巨大。2022 年 12 月，云评众联为鄂伦春农商行手里涉及内蒙古多个地市的共 100 多个待破产重整的资产低值标的物在基于区块链的可信评估平台上做了估价，极大地降低了破产重整资产估价的费用。

云评众联的数字化评估技术和基于区块链的资产评估可信平台将极大地降低全社会的资产评估成本，为国有生产要素的数字化和全面循环流转做出积极的贡献。

供稿企业：厦门云评众联科技有限公司

元宇宙应用探索

MetaSEE 数字资产保护平台

1 概述

近年来产权保护市场规模与纠纷数量均高速增长，2018 年我国专利申请量为 432.3 万件，同比增长 16.9%，近五年来专利申请总量增加了一倍有余，同时 2018 年全国知识产权诉讼案件数量为 32.8 万件，同比增长 40.8%，近五年来知识产权诉讼案件增长率呈现持续上升态势。

MetaSEE 数字资产保护平台（图 1）是上海新净信集团旗下灵境人民艺术发展（海南）有限公司打造的版权服务平台，公司以“资产保护价值提升”为理念，基于“区块链 +DNA 溯源 + 大数据 +AI”等新一代信息技术，为原创者或内容生产机构及企业提供链上全流程存证、互联网传播监测、AI 比对、链上信息取证及维权等全链路

图 1 MetaSEE 网站首页

版权保护服务，建设国内领先数字资产认证评审平台，提供一站式数字资产管理、保护及运营服务，励志成为中国数字文创、艺术品领域的权威第三方 IP 认证与服务平台。

2 项目方案介绍

2.1 需求分析

平台会满足市场和客户定制化需求，通过将业务流程与区块链技术深度结合，为产业和企业起到降本增效、提高产能、增强企业品牌效应的作用。

由通用化产品功能组成，可通过快速组合来适应不同的企业或行业的应用场景，目的是在企业现有业务体系上高效融入区块链引擎，能做到以"周"为单位进行高效保质交付。

以联盟链为研发重点，致力于各领域区块链产品，提供快速部署服务，支持各种运行环境，灵活高效支撑各类业务应用场景，快速构建各种区块链应用平台。

2.2 目标设定

传统方式耗时耗力成本高，其主要表现在侵权举报依赖相近关系，线索量少，发现侵权不及时，触及范围有限；人工关键词搜索依赖人工，耗费人力成本，结果返回精确度低，需人工判断，触及范围杂乱和有限；监测项目制服务成本高昂，一般需要数万至数十万元，普通人难以享受到服务，灵活度低，难以满足临时需求。

MetaSEE 将提供可靠的细胞溯源描绘技术，为原创作品盖上章，可靠性无限接近 100%。同时提供精准的校验能力：AI+ 人工双重校验服务，让监测结果更加精准有效。平台具备灵活的授权管理：自动过滤已授权账户，授权关系一目了然，避免误伤。平台会使用低廉的成本进行数字登记：全生态支持，价格低廉。

平台会通过艺术专家委员会进行 IP 的评审，通过艺术品格来评审数字资产的品质，通过专业团队从资产的品质、艺术性、价值分析、意识形态等进行多方面的综合分析和评估。平台会通过 AI 对基于图文音像内容本身识别监测，识别精度精确到每一帧的比对（图 2）。

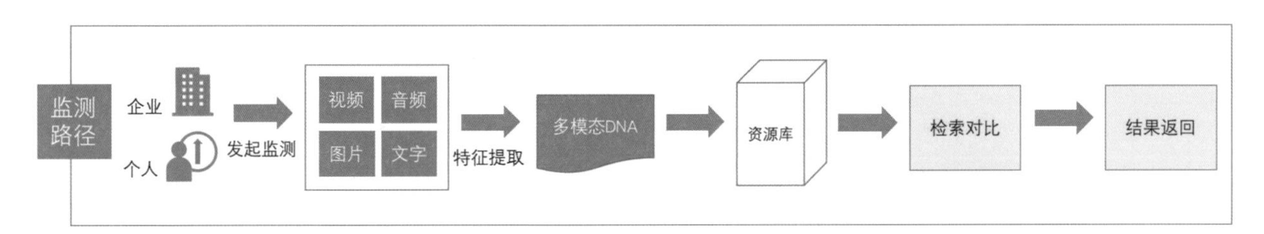

图 2 MetaSEE 平台的检测路径展示

通过多形态描绘细胞静态，动态内容识别进行精准识别。使用私有化部署描绘细胞，计算沙盒等技术保护数据安全。同时覆盖大量站点，满足不同内容范围需求。

平台会对数字资产的侵权和维权做一系列的跟踪和分析。

平台通过网络的广域搜索会实时对各类新型、不易发现的侵权进行搜索。搜索类型包括跨链发行、跨区发行、跨品质发行等不同的资产，包括作品的盗版、虚假签名等（图 3）。

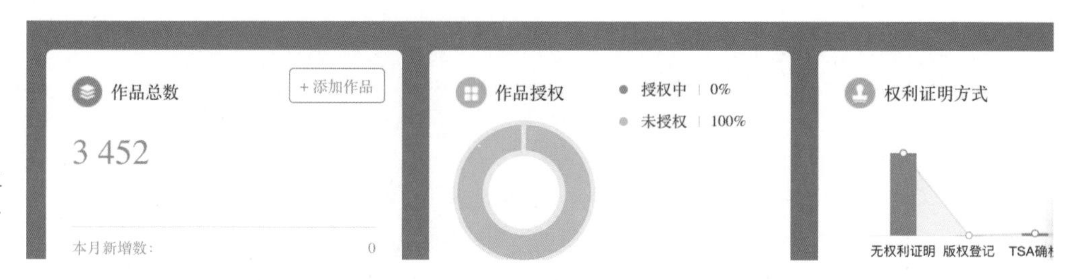

图 3 MetaSEE 平台的侵权维权的后台截图

目前传统取证是效力和成本的一种博弈，往往成本较高、操作复杂、认可度低。平台在取证上通过区块链和 AIGC 做了很大的改进。取证流程与全国多地公证处共建，全流程符合公证要求，全流程上链，并可事后申请公证证书。取证前设备进行自动清洁性检查，金融级加密算法，保障环境通道可信。取证全程上链防篡改，证据直通审判机关可核验，支持公证事后出证，加强效力应对多元需求。平台的维权能力在全国知识产权维权能力位列头部。

平台级数字资产的确权、监测、维权和授权服务，携手权威机构赋予认证标志，服务于发行平台、权利方、消费者：

（1）发行人正版认证标识，发行平台认证标识。

（2）消费者放心购买，帮消费者确认数字资产的正版。

（3）为数字资产权利方，针对平台是否遵守约定监测、维权。

（4）为数字资产方提供授权服务，使平台、创作者、授权链公开透明。

图 4 MetaSEE 平台网站的部分合作方截图

面对海量的侵权线索，新技术拥抱权威标准，结合形成新型高标准高效力的取证工具，高效低成本的同时提升服务量。在认证加数字资产授权服务基础上，进一步在确权、监测、维权、调解传统业务上服务行业创新、规范、自律。

2.3 建设内容

（1）链上全流程存证：基于“著作权自作品创作完成之时起产生”的法律规定，权益存证为权利人及相关主体提供创作完成后立即可用的“发布即存证”服务。基于区块链技术的开放性、匿名性、可追溯、不可篡改特性，将权利人身份信息、存证内容唯一身份 ID（哈希值）、存证时间等信息安全上链（图 5）。存证完成可获取对应的公证处证书及证据包，后续若作品被他人侵权使用，可以作为维权的权利基础和证据。

登记类别	类别说明
文字	指小说、诗词、散文、论文等以文字形式表现的作品；
口述	指即兴的演说、授课、法庭辩论等以口头语言形式表现的作品；例如喜马拉雅音频；
视听	包括有声电影、电视、录像作品和其他录制在磁带、唱片或类似这一方面上的配音图象作品等
美术	指绘画、书法、雕塑等以线条、色彩或者其他方式构成的有审美意义的平面或者立体 的造型艺术作品；例如PPT/漫画也可选此类
音乐	指歌曲、交响乐等能够演唱或者演奏的带词或者不带词的作品；
录音制品	指获取他人作品授权，并制作为录音作品。例如喜马有声小说；
录像制品	是指电影作品和以类似摄制电影的方法创作的作品以外的任何有伴音或者无伴音的连续相关形象、图像的录制品
摄影	摄影作品、是指借助器械在感光材料或者其他介质上记录客观物体形象的艺术作品；

图 5 MetaSEE 平台数字资产登记类型截图

（2）互联网传播监测：用户将需要监测的作品上传至平台，平台通过利用作品内容特性和关键词等技术手段，完成产品传播过程监测。发起监测任务后，系统自动执行 7×24 h 不间断监测，监测结果实时返回，用户可以确认返回的监测结果，同时可以对结果进行取证（图 6）。

（3）链上信息取证：如用户作品被他人侵权使用，可以使用链上取证功能进行取证保全（图 7）。链上取证支持多种取证形式，如网页截图取证、PC 端录屏取证、APP 录屏取证、微信公众号场景的自动录屏、阅读类等场景的半自动录屏取证。取证流程符合公证要求，每次取证前进行清洁性自检，线上化可便捷随时取用，证据上链司法链可核验，技术壁垒防攻击能力更强，证据防篡改。

图 6 MetaSEE 平台检测后台截图

图 7 MetaSEE 平台监控作品后台管理截图

（4）维权服务：集团公司拥有 1 000 多位具备法律、商业、技术、市场、政府关系等知识背景的专业团队，具备复合型的知识体系、出色的策划能力、强大的资源整合能力和有效的执行力，将为用户提供专业的法律咨询或代理律师服务。

同时通过与合作伙伴技术联合，为国内优质内容打通变现渠道，以专业可信、科技普惠的产品设计理念帮助每一个原创作品获得尊重和价值（图 8）。

图 8 MetaSEE 平台维权服务上下游的合作伙伴

2.4 技术特点

1）人民灵境链

人民灵境链采 IBC+iService 的跨链通信协议，不仅实现数据在多个不同区块链网络间可信交换与调用，更可为分布式应用提供面向服务的交互协议，后期还会全面与国际技术相接轨的区块链底层，未来将支持 BSN、星火链网等头部联盟链的跨越，成为真正意义的联盟链。

2）一站式流程：重要节点行为信息全部上链存储，形成证据链

基于区块链不可篡改特性，链接公证处、国家授时中心等权威机构，作品发布即可快速低成本完成存证上链，同时与最高院司法链打通，上链信息可以与司法链跨链核验，使存证具有更高权威性，并提升司法审判环节的应用效率（图 9）。存证时，会将数字内容特征哈希值、可信时间、可信存证主体即时上链，并即时出证，以备核验。

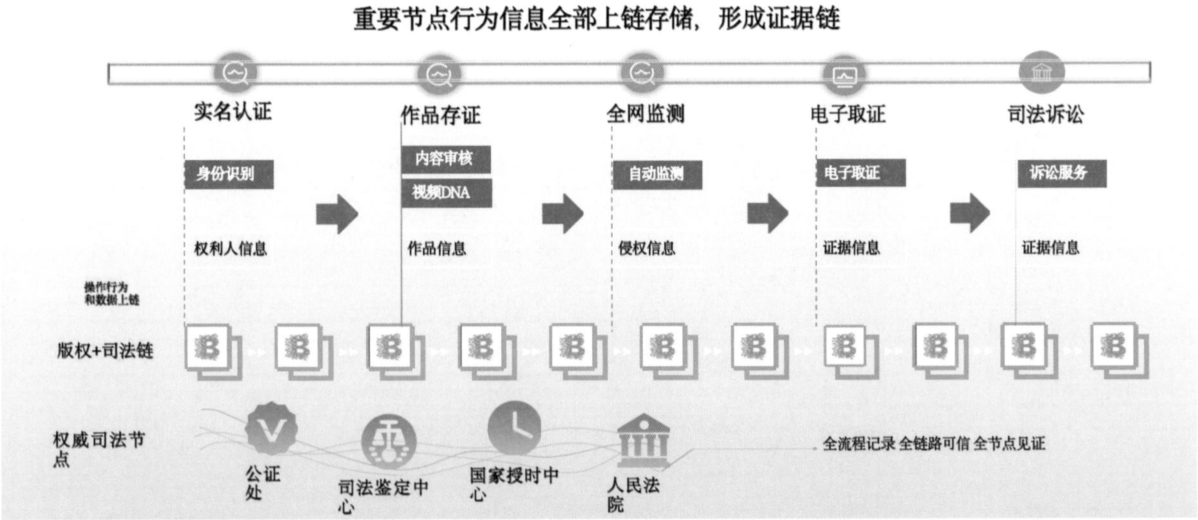

图 9　MetaSEE 平台存证、形成证据链等一站式服务流程

3）业务可视化

平台通过一站式流程形成资源证据链条，达到保护数字资产的同时，将汇聚正版资源以促进内容分析，为权属人提供数字资产、知识产权、IP 认证、监测、维权、交易的 SaaS 产品服务；接入交易系统，为中小企业梳理数字资产，挖掘价值，提供数字资产管理、保护、运营整体解决方案 + 产品 + 资源定制化服务，来实现产权获利（图 10）。

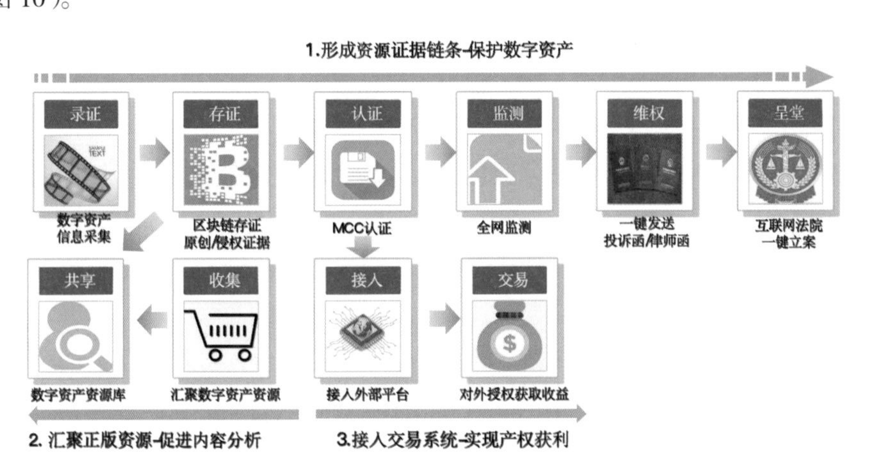

图 10　MetaSEE 平台业务可视化一站式流程截图

2.5 应用亮点

人民灵境链（图 11）是基于拥有自主知识产权技术开发的行业联盟链，秉承中立，开放、多元、价值原则，联合中国版权保护中心、工业和信息化部司法鉴定所、公证处等公信机构，以及行业组织、大型媒体机构、交易所、互联网平台等单位共建生态，共同面向数字版权领域，为联盟成员建立互信共识机制，为版权登记、保护、交易业务提供综合解决方案，实现多方协同、资源共享、多方联动等。

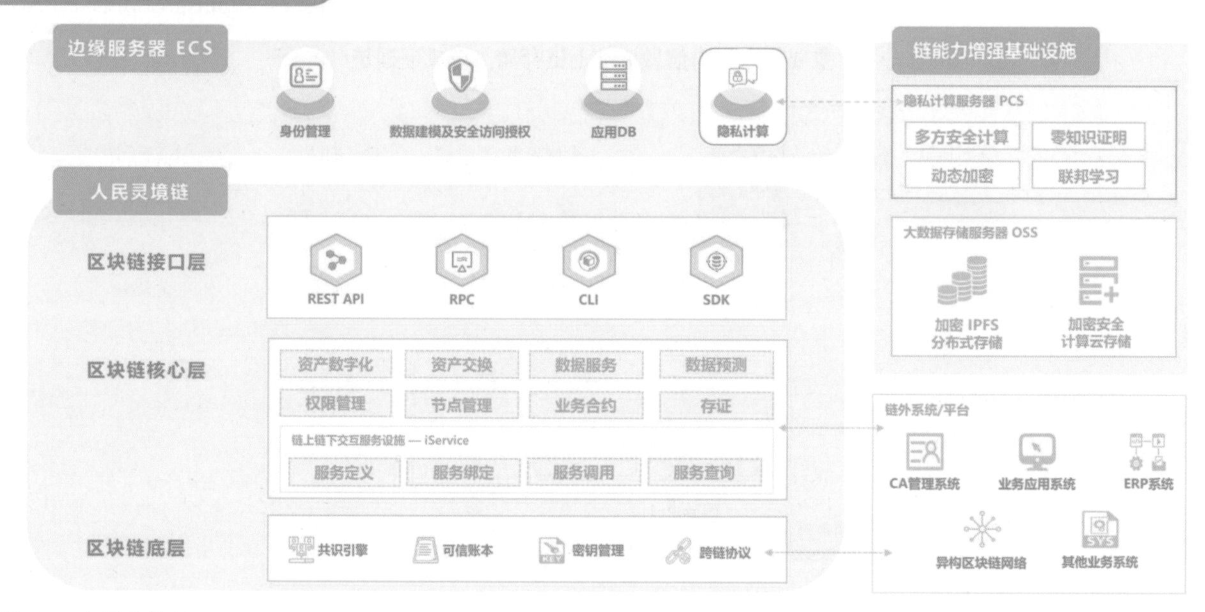

图 11 人民灵境链技术架构

（1）开放版权服务能力：支撑版权行业从确权到保护到交易变现的全流程业务下各个环节的生态开放和伙伴引入，实现协同工作、数据共享、联合治理等效果。同时联盟提供数据 DNA 特征提取、查重比对等原子级工具服务，方便链上成员更方便地开展业务。

（2）强隐私与高性能保障：数字版权链采用去中心化的联盟组织架构，支持端到端的加密传输，支持基于硬件可信执行环境（TEE）和基于多方安全计算（MPC）的隐私计算能力，密码算法成熟安全，能够提供强隐私和高性能的链上数据隐私保护服务，实现数据可用不可见，保障业务数据与联盟链进行可信交互。

（3）低代码业务应用平台：联盟提供低代码应用服务平台，支持联盟成员快速订阅已开放应用的同时，也可以基于业务场景进行应用服务的开发和管理。联盟提供 DAPP 合约开发工具、快速发布和插件服务，为联盟成员快速搭建版权应用提供统一技术标准和插件服务。

（4）可视化运维监控后台：提供可视化运维监控后台，实时监控链上运行状态和业务应用运行情况，通过监控有效发现业务系统存在问题，及时告警。监控告警平台具备可视化配置多视图模式。无须人工复杂配置，具备拖拉拽能力。通过监控告警平台有效降低系统运维成本，通过可视化告警大盘和数据大盘中心有效提升系统运营能力（图 12）。

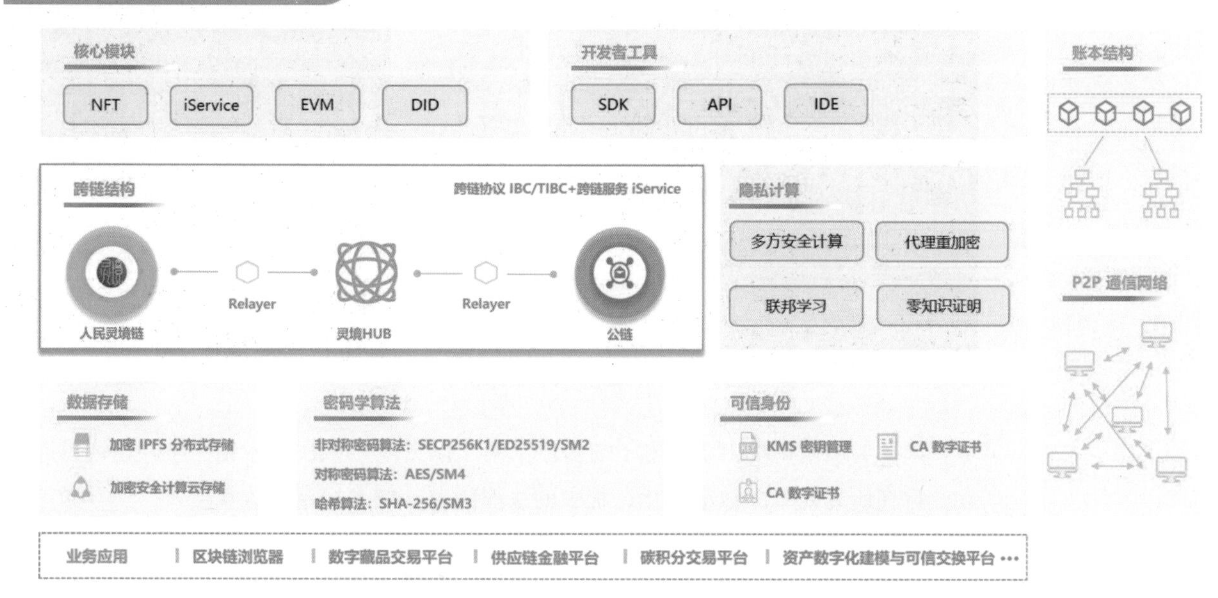

图 12 人民灵境链应用服务模块架构

3 应用前景分析

3.1 战略愿景

近年来，产权保护市场规模与纠纷数量均高速增长，2018 年我国专利申请量为 432.3 万件，同比增长 16.9%，近五年来专利申请总量增加了一倍有余，同时 2018 年全国知识产权诉讼案件数量为 32.8 万件，同比增长 40.8%，近五年来知识产权诉讼案件增长率呈现持续上升态势。

3.2 产能增长潜力

上海新净信集团是国内先进的知识产权保护服务商之一，公司自主研发“知识产权保护监测及维权平台（IPRSEE）”及“影视作品监测平台（IPRM）”，通过“线上技术解决方案”和“线下专业服务团队”相结合的服务体系，范围涵盖商标权、专利权和著作权三大主要知识产权权利类型，包括知识产权保护管理咨询服务、知识产权保护维权服务以及与知识产权保护相关的其他服务，已累计为近 600 家国内外知名企业提供“一站式”知识产权保护解决方案，保护客户的知识产权权利，提升客户无形资产价值。

新净信将以被国家知识产权局认定为“专利运营试点单位”及与科技部主办的“中国科技创新创业大奖赛”提供知识产权托管战略合作为契机，开发运营“EASYIP

知识产权托管平台”，为快速发展的科技型中小企业提供知识产权托管服务，形成以知识产权保护为业务核心的科技服务品牌。目前已完成四轮融资，曾入选 2013 年清科评选的“中国最具投资价值企业 50 强”等（图 13）。

图 13 上海新诤信集团介绍截图

人民灵境研究院由金报电子与新诤信集团以灵境・人民艺术馆为平台联合发起成立，旨在研究艺术品数字转化过程中的法律问题、技术规范及监管模式，引导数字艺术品市场的有序发展（图 14）。通过组织理论研究、学术探讨及实践调查，推动行业标准制定，完善管理规范，建立监管模式等，与学界、业界展开广泛交流，积极发挥智力枢纽作用，为艺术品数字转化提供行业及平台支撑、决策咨询。

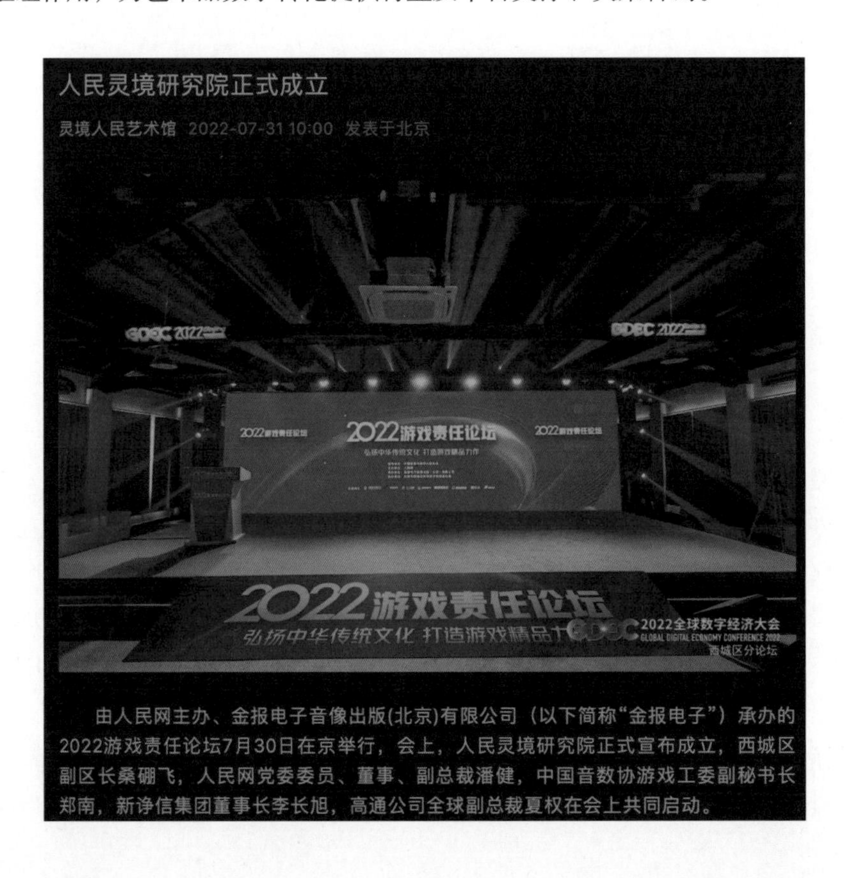

图 14 人民灵境研究院正式成立信息公众号截图

灵境·人民艺术馆由人民网打造，旨在为艺术家提供数字化平台，为优秀艺术作品提供数字化服务，用科技赋能中国传统文化，用数字技术服务大众艺术。国内艺术品数字转化方兴未艾，市场规则和标准也在不断探索中。灵境·人民艺术馆尝试通过数字出版的形式，通过对内容的编校、审核及出版审查，探索数字艺术品发行的内容监管模式。灵境·人民艺术馆还将在艺术类、展演类、影视类、公益类等领域推出与中华文化相关的数字艺术品海外发行计划，开辟中华文化走出去的新路径，探索海外传播的新形式。

金报电子是由人民日报社主管并主办、人民网负责日常管理的国家级电子音像出版社，专业从事党政时政数据库，教育、科技及文化宣传方面的音像制品和电子出版物出版。

3.3　推广前景

就目前在数字资产和数字藏品领域还没有同类型的竞争产品，结合灵境数科的技术积累和新净信集团的知识产权的积累。公司以“资产保护价值提升”为理念，基于“区块链 + DNA 溯源 + 大数据 + AI”等新一代信息技术，为原创者或内容生产机构及企业提供链上全流程存证、互联网传播监测、AI 比对、链上信息取证及维权等全链路版权保护服务，建设国内领先数字资产认证评审平台，提供一站式数字资产管理、保护及运营服务，励志成为中国数字文创、艺术品领域的权威第三方 IP 认证与服务平台。

4　价值分析

4.1　商业模式

数字经济是继农业经济、工业经济之后的主要经济形态，是以数据资源为关键要素，以现代信息网络为主要载体，以信息通信技术融合应用、全要素数字化转型为重要推动力，促进公平与效率更加统一的新经济形态。数字经济发展速度之快、辐射范围之广、影响程度之深前所未有，正推动生产方式、生活方式和治理方式深刻变革，成为重组全球要素资源、重塑全球经济结构、改变全球竞争格局的关键力量。“十四五”时期，我国数字经济转向深化应用、规范发展、普惠共享的新阶段。

基于表 1 数据，平台几乎可以提供给所有平台和所有市场资产数字化的能力，提供新一代的数字产业化的转型服务。

4.2　核心竞争力

（1）人民灵境链：基于拥有自主知识产权技术开发的行业联盟链，秉承中立，开放、多元、价值原则，联合中国版权保护中心、工业和信息化部司法鉴定所、公证处等公信机构，以及行业组织、大型媒体机构、交易所、互联网平台等单位共建生态，共同面向数字版权领域，为联盟成员建立互信共识机制，为版权登记、保护、交易业务提供综合解决方案，实现多方协同、资源共享、多方联动等。

（2）团队获 2022 数字中国创新大赛区块链赛道一等奖、第一届全国博士后创新

表1 “十四五”数字经济发展主要指标

指　　标	2020年	2025年	属　　性
数字经济核心产业增加值占GDP比重/%	7.8	10	预期性
IPv6活跃用户数/亿户	4.6	8	预期性
千兆宽带用户数/万户	640	6 000	预期性
软件和信息技术服务业规模/万亿元	8.16	14	预期性
工业互联网平台应用普及率/%	14.7	45	预期性
全国网上零售额/万亿元	11.76	17	预期性
电子商务交易规模/万亿元	37.21	46	预期性
在线政务服务实名用户规模/亿	4	8	预期性

创业大赛总决赛优胜奖、科技部2021年度国家重点研发计划“区块链”重点专项“区块链安全威胁感知与取证研究”项目、海南省实施区块链应用示范揭榜工程活动“农业”和“国际贸易”两个应用、2020数字江苏建设优秀实践成果奖。

4.3　项目性价比

MetaSEE平台能够非常便捷、高性价比地帮助所有企业和个人进行资产的数字化，同时提供了一站式的数字产权和数字版权的保护、跟踪和维权等服务。

4.4　产业促进作用

目前产业中数字资产的平台都是独立功能，并没有完成一站式服务。MetaSEE平台通过区块链、人民灵境链等综合技术，面对海量的侵权线索，使用新技术拥抱权威标准，结合形成新型高标准高效力的取证工具，高效低成本的同时提升服务量。在认证加数字资产授权服务基础上，进一步在确权、监测、维权、调解传统业务上服务行业创新、规范、自律。

能进一步地促进数字资产上下游的产业发展，从根源上对数字资产做了版权、产权的落链保护和跟踪。

供稿企业：灵境人民艺术（海南）有限公司

灵境藏品：基于“星火 · 链网”构建的数字藏品平台

1 概述

灵境数字（北京）科技有限公司为西安纸贵互联网科技有限公司（以下简称“纸贵科技”）的100%控股公司，于2022年2月28日推出了基于国家区块链新型基础设施“星火 · 链网”构建的数字藏品服务平台“灵境藏品”。灵境藏品通过“星火 · 链网”提供的区块链底座和标准协议，全面整合产业各方资源，在版权确权、版权存证、版权登记等数字版权服务基础之上，为IP文创、艺术家/机构、艺术爱好者提供便捷的收藏体验和全面完善的数字藏品服务。

纸贵科技成立于2016年，是一家专注于以区块链赋能实体经济的技术驱动型企业，是国家级新型基础设施“星火 · 链网”的核心建设商和生态合作伙伴、工业和信息化部“可信区块链推进计划”副理事长单位、中关村区块链产业联盟副理事长单位、超级账本全球首批认证服务商、国家级高新技术企业。

2 项目方案介绍

2.1 应用背景

目前，随着信息技术的不断发展，传统文创产业也在悄然发生变化，AI、5G、VR、区块链等一众技术与文化创作产业不断融合渗透，传统文创产业也逐渐走向了数字化变革之路。而数字藏品则在此浪潮中成为数字文创领域近年来的热点话题。数字藏品最初由来于NFT，通过区块链技术进行唯一性标识的链上资产，其具备可溯源性、不可篡改性以及唯一性等技术特点，并可通过链上链下数据映射实体资产，是实体资产数字化的高效加速器。但由于NFT自带的金融与可虚拟货币交易的属性，鉴于我国的合规政策，在剥离其交易属性后，数字藏品应运而生。

数字藏品是使用区块链技术通过唯一标识确认权益归属的数字作品、艺术品和商品，能够在区块链网络中标记出其所有者，并对后续的流转进行追溯，包括但不限于数字图片、音乐、视频、电子票证、数字纪念品等各种形式。数字藏品的出现，从本质上降低了原创内容在交易之前的验证门槛，从而使得交易中的信任成本得以降低，在充分释放其价值流动性的同时，保障了其价值的稀缺性。在国家大力支持数字经济发展的良好政策下，大量企业涌入数字藏品市场，使得数字藏品商业模式不断创新，迸发出了强大的生命，行业规模加速壮大成长，数字藏品市场发展进入了新的阶段。

市场上的数字藏品平台已有数百家，但火热的背后也暴露出一些问题：相关政策尚未落地；发行平台资质参差不齐；发行方式趋于单一化。各个数字藏品项目较为依赖其背后的中心化运营厂商，商业模式和交易生态仍处于探索阶段；受政策影响较大，例如 UGC 内容、游戏等 NFT 应用需要监管许可、内容审核并防范金融炒作，数字藏品行业亟须具有公信力的区块链基础设施以及相关配套法律法规来规范行业发展。

2.2 灵境藏品应运而生

相较于产业区块链过去的业务场景普遍面向 G 端和 B 端，数字藏品是一个珍贵的面向 C 端，且用户有付费意愿的区块链原生场景。2022 年 2 月 28 日，基于国家区块链新型基础设施“星火・链网”构建的数字藏品服务平台“灵境藏品”正式上线，面向国风艺术、大国重器、数字潮玩、社会责任等多个领域，以数字藏品为载体，链接知名潮流 IP、艺术创作者、艺术机构以及收藏爱好者，提供优质全面的数字藏品服务。

灵境藏品在中国信息通信研究院的指导下，由纸贵科技提供技术支持，通过“星火・链网”提供的区块链底座和标准协议，为每个数字藏品构建独一无二、无法篡改、不可复制的电子凭证，为数字藏品的发行、购买、收藏和使用等全流程保驾护航，助力我国文化产业的数字化发展。

依托纸贵科技在区块链领域的技术沉淀和灵境藏品的运营优势，灵境藏品能够为数字藏品应用客户提供集方案策划、藏品设计与发行、SaaS 服务、应用定制、合规辅导、品牌营销等一站式的数字藏品解决方案。

2.3 技术架构

灵境藏品建设采用两层架构设计，底层为“星火・链网”基础设施以及基于星火・链网主链的数字原生资产服务，上层为基于主链数字藏品统一协议构建的“灵境藏品”数字藏品平台（图 1）。

“星火・链网”底层基础设施为数字藏品的多链共识和流动能力提供底层网络支撑。数字藏品资产以区块链账本的形式存储在“星火・链网”中，得到了超级节点、骨干节点的共同背书。“星火・链网”通过服务网关与上层应用交互，并提供跨链互操作的能力，实现“星火・链网”体系内的数字藏品资产跨链，未来也可以实现与体系外区块链的资产跨链。

基于“星火・链网”主链的数字原生资产服务由“星火・链网”原生构建并提供服务，面向“星火・链网”体系内各类数字藏品应用提供数字藏品资产的全生命周期管理功能，支持通过 API 的形式进行服务调用。藏品流转监控平台是主链数字藏品配套服务，对数字藏品资产的资产情况、分布情况、持有用户、流转交易、网络状态等信息进行全面的监管监控，主动拥抱监管，在合规的前提下推动资产数字化业务创新。

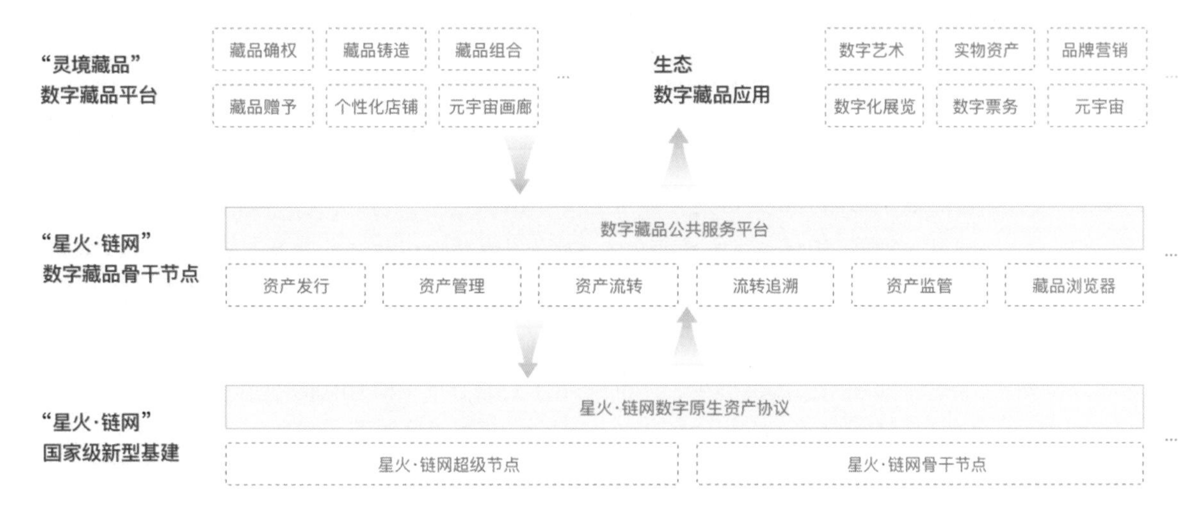

图 1 "灵境藏品"与"星火·链网"数字藏品骨干节点

2.4 平台核心优势

1）国家级新基建技术背书

"星火·链网"作为国家级新基建，相比于商业公司运营的区块链网络具备更强的技术背书，是众多政府机关、国央企数字藏品资产的更优选择。灵境藏品是首个基于"星火·链网"构建的数字藏品平台，"星火·链网"作为更具公信力的国家级区块链基础设施，有利于帮助灵境藏品平台在健康、合规的方向上规范发展。

2）统一 DNA 协议实现资产互通互认

"星火·链网"具有覆盖全国的主子链网络，在底层链技术能力和互联互通方面具有独特优势，灵境藏品可以基于"星火·链网"更好地联合行业内创新企业做好互联互通，打破数字藏品的"单机模式"。基于"星火·链网"覆盖全国的主子链架构和统一的 DNA 数字资产协议，可以实现资产在更大范围内的互通互认，实现跨链跨场景资产连通和融合应用。

3）创新的运营模式

灵境藏品会赋予 IP 发行方更多服务模式来构建开放生态，比如"一键开店"，IP 方可以打造自己的专属店铺，灵境藏品会提供一些运营的模板，在做好内容审核的前提下，让 IP 方入驻自己开展运营。

4）提供一站式、全链路的数字藏品解决方案

依托完善的生态伙伴资源体系，灵境藏品为数字藏品应用客户提供集方案策划、藏品设计与发行、SaaS 服务、应用定制、合规辅导、品牌营销等一站式的数字藏品解决方案。

5）应用成效

（1）弘扬艺术文化，发展数字艺术新业态。自上线以来，灵境藏品已携手中国信息通信研究院、中国长征火箭、中国广告协会数字元宇宙工作委员会、雅昌艺术网、西安博物院、爱奇艺、国文聚、银河长兴影视、桥和动漫、I Do 基金会等众多合作伙伴发行了百余款优质数字藏品，践行国家文化数字化战略，助力文化产业升级。每款

藏品上线都瞬间秒空，深受市场认可和用户喜爱。

（2）品牌营销，引领Z世代时尚潮流文化。灵境藏品以潮玩、国漫、二次元等元素为主题，推出一系列青春、卡通、艺术性的数字藏品，以数字藏品为载体，用全新的方式传递IP背后的潮流、精神与共鸣感，让它们成为独一无二的链上收藏品。发行的数字藏品有：爱奇艺顶级综艺《中国新说唱》、独一无二版权品头像《丸子龙》、国风3D数字潮玩《京剧萌萌兔》、国漫顶流《画江湖之不良人》等。

（3）品牌跨界联名，拓展线下权益，赋能实体经济。灵境藏品发行的独立版权IP丸子龙与英国潮流品牌“COTTON REPUBLIC”跨界联名，三款由AI随机生成的“丸子龙”独一无二数字形象，全面应用于COTTON REPUBLIC全新一季主流产品当中。同时，灵境藏品开辟专门的品牌专区，赋能实体经济和线下权益，拓展数字藏品的品牌营销和权益凭证等多应用场景，低门槛吸引和转化传统互联网的增量用户，已合作西影潮流艺术展、第14届中国西部动漫节等多个场景。

（4）元宇宙营销，探索数字新世界里的价值承载。灵境藏品与中国广告协会数字元宇宙工作委员会达成战略合作，共同探索基于元宇宙的多元创新应用场景，其中元圈宇宙–数字空间作为重要的内容生态载体，首次在灵境藏品独家发行，助力品牌方快速低成本构建自己的元宇宙空间，引领Web3.0时代品牌营销新浪潮。

3 应用前景分析

3.1 市场前景与概况

2021年，数字藏品在海外爆发。国际市场方面，2021年8月，OpenSea的数字藏品交易金额超过10亿美元，占全球数字藏品交易规模的98.3%。国内方面，继2021年6月支付宝推出了数字藏品付款码皮肤后，腾讯也在2021年8月1日上线了数字藏品交易平台并推出首款数字艺术收藏品。此外，京东、网易、视觉中国等头部企业在数字藏品领域均有所动作。但无论是支付宝的付款码皮肤数字藏品，还是腾讯的数字艺术收藏品数字藏品，一上线即售罄。

另外，数字藏品交易价格也在不断刷新纪录。2021年8月23日，一副虚拟的石头画像在以400枚以太坊（约合130万美元）的价格售出，创下了数字藏品艺术品系列EtherRock的最新价格纪录；一幅僵尸CryptoPunk作品在2021年8月24日以1 600枚以太坊（约合530万美元）的价格售出，创下了该组作品第四高的成交纪录。

从NFT市场而言，据市场调查机构Chainalysis的报告显示，目前海外NFT平台用户约700万人，2021年NFT市场规模至少达到269亿美元，折合人民币达千亿元。DappRadar数据显示，2021年NFT的销售额总额为249亿美元，相比2020年仅9 490万美元的交易额，增长超过261倍，涨势惊人。其火热程度从其交易平台也可窥见一斑。以最大NFT交易市场OpenSea为例，Token Terminal数据显示，OpenSea 2021年的交易量为140亿美元，2020年交易量为2 170万美元，同比增长644倍。市场从每个NFT买卖中抽取2.5%，即支付给OpenSea的总费用，截至2021年底累计为3.516亿美元，其估值也从2021年7月的15亿美元一跃升至133亿美元，深受资本热捧。

鉴于合规考虑，我国数字藏品市场现仍处于初期阶段，但前景十分广阔。陀螺研究院出品的《数字藏品应用发展报告》显示，在现有元宇宙与IP运营的热潮加持下，根据海外现有700万交易用户规模与我国潜在用户进行测算，预计我国数字藏品交易市场将在2～3年间达到500亿～800亿元。

3.2 产业规模

今年以来，被称为“NFT”的数字藏品在国内继续升温。随着越来越多的文博机构、企业平台进入数字藏品赛道，各种各样的数字藏品如雨后春笋般涌现。艺术、文博、文创、体育、传媒、出版、餐饮等领域都争相推出数字藏品，各大数字藏品平台通常是上线即秒空。2022年初，由国际奥委会官方授权发行的冰墩墩数字藏品仅上线半个月时间就连续上涨数十倍，这则消息再次提升了数字藏品的热度。

作为这两年的新兴概念，每一个数字藏品代表特定作品、艺术品和商品限量发行的单个数字复制品，记录着其不可篡改的链上权利，恰好击中Z世代对新鲜事物的好奇和追求，同时因为数字化赋予表现形式更多可能性，有助于增进互动性和趣味性，年轻群体成为数字藏品的主要消费对象。

据链上产业区块链研究院发布的《2022中国数藏产业发展报告》显示，2021年我国的数字藏品的规模约为1.5亿元；报告预测，至2026年，中国数藏产业规模将达到150亿元，实现爆发式增长。作为Web3.0和元宇宙的基石产业，灵境藏品有机会在未来几年获得良好的发展前景。

4 价值分析

作为面向数字经济、覆盖全国的数字藏品平台，灵境藏品具备以下应用价值：

（1）建设合规平台：在我国数字藏品市场发展初期，建设一个由国家基础设施支持、具有公信力的合规数字藏品平台，探索行业发展道路，规范行业发展方向。

（2）打造创新模式：数字藏品可以看作“流动的契约”，为IP资源配置带来了全新的机制。从版权保护切入，探索合规数字藏品发展模式，帮助数字藏品实现版权保护与价值流通。

（3）丰富应用场景：完善国家区块链新型基础设施“星火・链网”的业务应用场景以及关键技术能力，通过前沿的数字藏品应用，打造合规的Web3.0入口应用，提升新基建的技术支撑能力。

（4）行业生态聚集：全面整合各类资源，多元化探索数字艺术、工业设计/实物商品、元宇宙、公益等品类的数字化形式和应用，建立合作伙伴生态体系。

（5）助力品牌提升：打造“星火・链网”在消费者端的影响力，通过数字藏品的创新形式建立和提升大众对区块链/工业互联网的正确认知和参与热情。

（6）商业市场收益：通过区块链技术赋能，创造全新的确权、流通和定价模式，为数字IP或实物商品拓展新的用户群体和商业收益。

供稿企业：灵境数字（北京）科技有限公司

基于区块链的文化数字资产基础设施

1 概述

探索中国文化数字资产保护的发展路径，由国广东方网络（北京）有限公司与尚榕科技发起打造 DWC（Digital World Certificate）东方数字资产可信联盟链，用于解决数字作品、数字藏品、数字版权、知识产权衍生品等文化数据资产的合规出版、备案、评估、交易的区块链基础设施，让每个数字资产均具有 CADI（distributed identity of cultural assets）唯一可信编码，规范行业内作品滥发、无流转标的物、价值体系不清晰等行业乱象。形成国家级文化数字资产可信联盟链，为文化行业合规数字化发展提供战略性国有基础设施。其包含 PUDID、文化大数据编码 CADI、ISBN 区块链出版三大核心功能。落地应用以规范文化数字资产行业，提供数字作品、数字版权等文化资产相关出版发行及内容合规化解决方案。重点服务企业包含新华文轩、银联商务、青岛文交所等地方央、国企及行业先驱企业。

其建设单位北京尚榕网络科技有限公司（以下简称“尚榕科技”）于 2018 年在北京创立，是专注于区块链技术应用的科技公司，中国广告协会常务理事单位、中国互联网协会区块链工委会常务委员单位、中国信息通信研究院云计划项目组成员，拥有全类别国家互联网信息办公室区块链备案编号，其核心产品包括自有知识产权的 SRC 尚榕链区块链基础网络、区块链 PU BaaS 服务。目前尚榕科技拥有场景数字化、AI 算法、区块链专项技术等自研知识产权 50 余项。公司在 2018 年获道口投种子轮投资，2019 年获得清华系创投千万级天使投资。公司于 2019 年荣获“中国经济新模式创新领军企业”，2021 年被评为“中关村高新技术企业”。公司区块链服务对象包括多家国央企及数字化龙头企业。在学术研究方面，与德恒律师事务所发表元宇宙产业白皮书，与新加坡经济学会会长共探分布式技术全球发展路径，为区块链产业合规、有序发展提供科研基石。

2 项目方案介绍

2.1 需求分析

根据“十四五”规划纲要，区块链作为“十四五”规划七大数字经济重点产业之一，将推动 2025 年数字经济核心产业增加值占 GDP 比重达到 10%。近年来，区块链市场规模一直保持增长，从 2017 年的 0.85 亿元增长至 2020 年的 5.61 亿元，年均复合增长率达 87.58%，2022 年增长至 14.09 亿元。

2.2 目标设定

2023 年以基础建设及产业培育为主要目标，通过 1 年培育 2 年发展，积极促成行业头部生态平台，三年内计划培育全国网络建设不少于 2 家省级以上双创载体，预计孵化 30 余家高新技术企业，产生应税收入 3 亿元综合产值，推动行业稳固发展。

2.3 建设内容

1）东方数字资产联盟链，国家级文化数字资产可信联盟链

探索中国文化数字资产保护的发展路径，由国广东方网络（北京）有限公司与尚榕科技发起打造 DWC 东方数字资产可信联盟链，用于解决数字作品、数字藏品、数字版权、知识产权衍生品等文化数据资产的合规出版、备案、评估、交易的区块链基础设施，让每个数字资产均具有 CADI 唯一可信编码，规范行业内作品滥发、无流转标的物、价值体系不清晰等行业乱象。形成国家级文化数字资产可信联盟链，为文化行业合规数字化发展提供战略性国有基础设施。其包含 PUDID、文化大数据编码 CADI、ISBN 区块链出版三大核心功能。落地应用以规范文化数字资产行业，提供数字作品、数字版权、NFT 等文化资产相关出版发行及内容合规化解决方案。SRC-DWC 网络由区块链服务网络 SRC、DWC 基础网络、DWC 业务网关、业务平台等多层架构形成（图 1）。

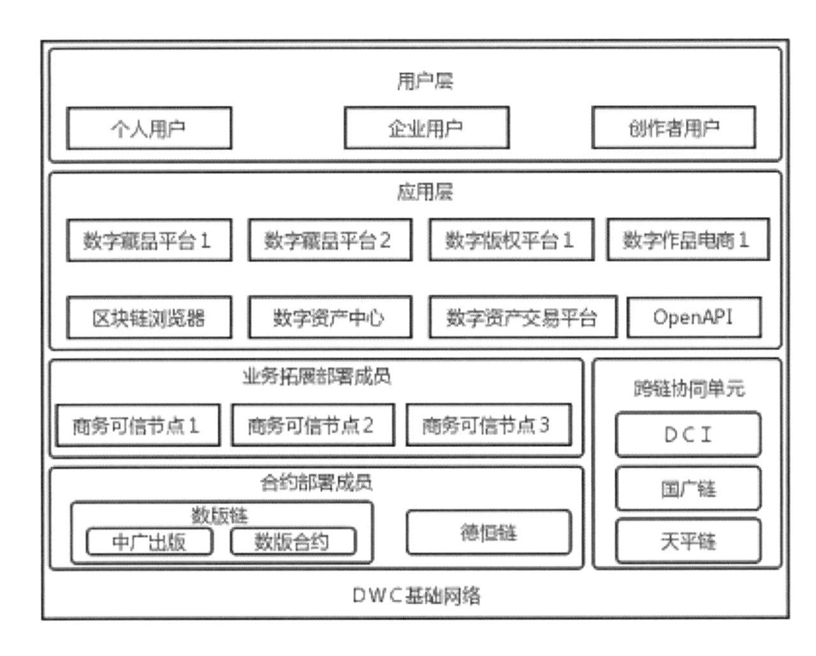

图 1 DWC 网络

2）CADI 编码

中广出版（数字作品、数字藏品出版）生成国家级文化数字资产注册标识 CADI，应用区块链技术形成可溯源、不可篡改等特性的 Web3.0 文化数据资产基础底座（图 2）。解决现有数字藏品、数字作品、文化大数据资产乱发、不可验证等行业问题。

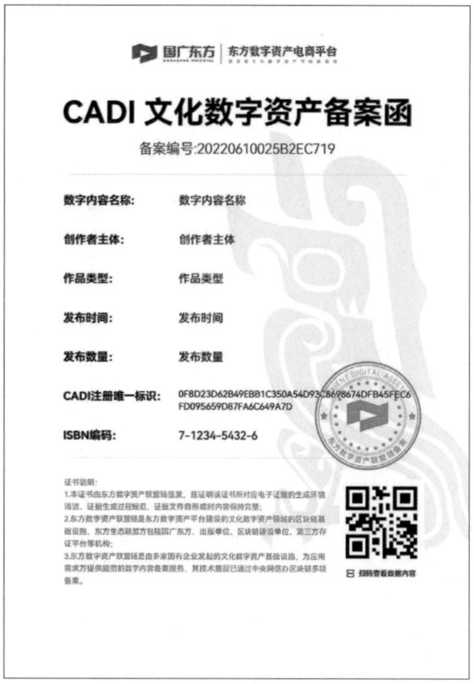
国广东方 | 东方数字资产电商平台

CADI 文化数字资产备案函

备案编号:20220610025B2EC719

数字内容名称:	数字内容名称
创作者主体:	创作者主体
作品类型:	作品类型
发布时间:	发布时间
发布数量:	发布数量
CADI注册唯一标识:	0F8D23D62B49EBB1C350A54D93C8698674DFB45FEC6FD095659D87FA6C649A7D
ISBN编码:	7-1234-5432-6

证书说明:
1.本证书由东方数字资产联盟链签发，兹证明该证书所对应电子证据的生成环境清洁、证据生成过程规范、证据文件自形成时内容保持完整;
2.东方数字资产联盟链是东方数字资产平台建设的文化数字资产领域的区块链基础设施，东方生态联盟方包括国广东方、出版单位、区块链建设单位、第三方存证平台等机构;
3.东方数字资产联盟链是由多家国有企业发起的文化数字资产基础设施，为应用需求方提供规范的数字内容备案服务，其技术底层已通过中央网信办区块链多项备案。

扫码查看数据内容

图 2 区块链备案证书

CADI 证书内含创作方信息、发行方信息、作品信息、ISBN 出版版号、发行数量、CADI 标识及时间戳。CADI 是网络出版行业 + 区块链的创新示范应用。

3）PUDID

分布式身份（parallel universe decentralized identity，PUDID）为跨系统、跨机构的可信数字身份和数据交换服务提供基础设施。PUDID 以区块链为基础，提供了一种分布式生成、持有和验证身份标识符 DIDs（decentralized identifiers）和承载身份数据的凭证 VCs（verifiable credentials）的机制，使用户能以加密安全、保护数据隐私并可由第三方进行机器验证的方式，在互联网上可信地表达现实世界各种类型的身份标识和凭证。在 PUDID 当中，可以快速查阅、管理链上拥有 DWC 数据情况，将做到多应用层数据分布式存储，实现应用与数据隔离。

4）OpenAPI

为开发者提供存证 / 确权实时校验、PUDID 接入、查询等相关数据接口。

5）区块链浏览器

SRC-DWC 数版链区块链浏览器是浏览区块链信息的主要窗口，每一个区块记录的信息都可以在区块链浏览器上查阅。因为链上的数据都是可追溯、不可篡改、不可伪造、公开、透明的，所以通过区块链浏览器，能够查询到一切想要查询的数据。同时将专为 DWC 打造适配浏览板块，快速查阅相关展示信息及该内容多链上链情况。

2.4 技术特点

DWC 联盟链以实际需求为出发点，兼顾性能、安全、可运维性、易用性、可扩展性，支持多种 SDK，并提供了可视化的中间件工具，大幅缩短建链、开发、部署应用的时间，单链 TPS 可达 2 万。

1）关键特性

支持灵活拆分组合微服务模块，可以构建不同形态的服务模式，目前包括：

（1）轻便 Air 版：采用 all-in-one 的封装模式，将所有模块编译成一个二进制（进程），一个进程即为一个区块链节点，包括网络、共识、接入等所有功能模块，采用本地 RocksDB 存储，适用于初学者入门、功能验证、POC 产品等。

（2）专业 Pro 版：包括 RPC、Gateway 服务和多个区块链节点 Node 服务，多个 Node 服务可构成一个群组，所有 Node 共用接入层服务，接入层的服务可平行扩展，适用于容量可控（T 级以内）的生产环境。

（3）大容量 Max 版：由各个层的所有服务构成，每个服务都可独立扩展，存储采用分布式存储 TiKV，管理采用 Tars-Framwork 服务。它适用于海量交易上链，需要支持大量数据落盘存储的场景。

2）系统设计

系统架构采用微服务模块化设计架构，总体上系统包含接入层、调度层、计算层、存储层和管理层。

（1）接入层：负责区块链连接的能力，包括提供 P2P 能力的“对外网关服务”和提供 SDK 访问的“对内网关服务”。

（2）调度层：区块链内核运转调度的“大脑中枢”系统，负责整个区块链系统的运行调度，包括网络分发调度、交易池管理、共识机制、计算调度等模块。

（3）计算层：负责交易验证，将交易解码放入合约虚拟机中执行，得到交易执行结果，是区块链的核心。

（4）存储层：负责落盘存储交易、区块、账本状态等数据。

（5）管理层：为整个区块链系统各模块实现可视化管理的平台，包括部署、配置、日志、网络路由等管理功能。系统架构基于开源微服务框架 Tars 构建。

2.5 应用亮点

目前该项目主要建设单位已通过国家互联网信息办公室区块链全身份备案，该链网累计产生知识产权 30 余项，已培育建设省级产业高地 1 座，孵化产业企业 30 余家，是数字经济 + 文化资产的新基建基础设施。

3 应用前景分析

3.1 战略愿景

《“十四五”数字经济发展规划》是数字经济领域的国家级全面发展规划，明确了中国数字经济发展的基本原则、发展目标，在优化数字基础设施、激活数据要素、推进产业数字化转型、推动数字产业化、提升数字化公共服务、完善数字经济治理体系、强化数字经济安全、加强数字经济国际合作等方面提出了具体的发展思路。规划提出了政府主导、多元参与、法治保障的数字经济治理格局建设目标，要求建立协调统一的数字经济治理框架和规则体系，包括跨部门、跨地区的协调监管机制，与数字经济相适应的法律法规制度体系，形成具有活力、权益得到保障的平台治理格局，这些要求对于保障数字经济法治目标任务实现具有十分重要的意义。

数字经济作为新兴经济形态，深刻地改变了社会组织形态、主体行为关系，传统的法律治理框架、政府管理体系和多方权责利关系在此背景下需要重新适应或者补充调整，构建数字经济治理框架和规则体系是构建时代新秩序的必然要求。为此，规划进一步提出：建立协调统一的数字经济治理框架和规则体系，与数字经济相适应的法律制度体系更加完善。

数字经济相关的立法工作已经初见成效。从 2000 年起全国人大常委会前后审议通过了《关于维护互联网安全的决定》《电子签名法》《网络安全法》。近年来，《电子商务法》《数据安全法》《个人信息保护法》等陆续出台，这些立法共同组成了数字经济发展的基础法律体系，对于网络系统、电子交易、数据要素、消费者权益等都有具体的要求和支撑。并在一些新兴领域做出积极的探索式立法，对于数字经济的可持续发展具有积极意义。

数字经济相关的立法工作已经连续多年列入全国人大常委会和国务院立法工作计划。结合我国数字经济发展的实际情况，未来将进一步统筹立法质量和效率、填补重点领域的立法空白、做好配套立法和授权立法工作。加强和改进立法调研工作，提高立法实效对于数字经济领域已有的相关法律要定期开展法律实施效果评估，适时启动相关法律实施总结和修订工作。在重点领域的立法空白方面，要兼顾修订旧法和制定新法的工作，结合中国本土需求和国际发展趋势做出立法判断，善于通过立法确保中国数字经济的健康可持续发展，形成在国际上具有良好声誉的法治环境。在政府信息公开规则之外完善公共数据开放利用制度，对于算法规则治理等新技术新业态提出治理方案。“十四五”期间的数字经济产业发展将继续驱动相关立法体系的完善。

3.2 用户规模

目前 DWC 链网覆盖 5 节点单位，累计注册用户 40 余万人，累计上链交易数据 200 余万条。

3.3 推广前景

1）政策利好行业发展

近年来，国家出台多项区块链产业相关政策推进行业发展。2021 年 12 月，发改委发布《“十四五”推进国家政务信息化规划》提出强化网络安全防护和网络信任服务体系，推进政务区块链共性基础设施试点应用，支持规范统一、集约共享、互联互通的数据交换和业务协同。2021 年 11 月，国务院发布的《提升中小企业竞争力若干措施》提出支持金融机构深化运用大数据、人工智能、区块链等技术手段，改进授信审批和风险管理模型，持续加大小微企业首贷、续贷、信用贷、中长期贷款投放规模和力度。多项政策都支持区块链产业的发展及应用。

2）全球数字化推动行业发展

2020 年以来，新冠肺炎疫情给全球经济发展模式、社会生存模式、国际政治关系以及数字化发展等方面都带来了巨大影响。后疫情时代，全球数字化进程加快，全球范围内移动通信、互联网及各类数字化应用的社会普及率快速提升。区块链作为数字经济中的重要组成部分，受到数字化发展的推进，前景广阔。

3.4 产能增长潜力

从我国区块链产业规模发展看，2021 年在政策与市场的双轮驱动以及元宇宙、数字藏品等热门领域的带动下，我国区块链产业加速发展，产业规模不断攀升。2021 年，我国区块链持续赋能智能制造、智慧乡村、金融、政务服务等多个行业领域，产业链上中下游持续拓展，技术研发能力的提升以及区块链与边缘计算、人工智能、物联网等其他新一代信息技术产业融合发展，催生了一批如软硬件一体机、数字藏品、元宇宙、数字人民币等产业链新赛道。2021 年，我国区块链产业规模不断扩大。据赛迪区块链研究院统计，我国区块链全年产业规模由 2016 年的 1 亿元增加至 2021 年的 65 亿元，增速明显。

从区块链应用市场看，近年来我国区块链垂直行业应用持续拓展，应用市场规模不断攀升。据 IDC 预测，2021—2026 年我国区块链市场规模年复合增长率达 73%，2026 年的市场规模将达 163.68 亿美元。据赛迪区块链研究院统计，2021 年我国区块链应用落地项目共计 336 项，其中政务服务领域区块链应用是 2021 年我国区块链技术落地项目最多的领域，共 87 项，占比 25.89%。金融仍然是应用场景最为丰富的行业领域，金融领域全年落地应用数量达 82 项。2021 年以来，银行与金融部门进一步主导数字人民币、数字藏品等新兴市场，市场潜力不断扩大。值得注意的是，2021 年工业、农业等传统产业应用市场规模增速明显。数据显示，2021 年工业区块链增加值规模为 3.41 万亿元，带动第二产业增加值规模达 1.78 万亿元。

4 价值分析

4.1 商业模式

通过构建“三平台、双业务驱动”模式进行着力，推动建设“文化数字资产区块链基础设施网络平台、文化数字资产产业投融资服务平台、文化数字资产生态服务平台”三大核心平台载体，打造产业投资 + 产业底座 + 产业孵化一体的文化数字资产领域的创新融合载体。通过市场化行业生态聚集 + 政府招、采服务落地进行 2B2G 的双业务驱动引擎加速项目头部效应发展。

1）区块链基础设施上链服务，文化数字资产备案

通过区块链网技术，让每个数字资产均具有 CADI 唯一可信编码，规范行业内作品滥发、无流转标的物、价值体系不清晰等行业乱象。形成国家级文化数字资产可信联盟链，为文化行业合规数字化发展提供战略性基础设施。

2）地方产业创新中心、双创载体建设

以区块链基础设施 + 产业资源平台为基础，孵化各地产业创新企业，培育优质地区企业，建设产业招商引进链路模式，形成可复制化产业高地集群建设。

3）产业投融资服务平台

建设文化数字资产产业投融资中心，为遴选优质企业提供融资撮合业务。

4）文化数字资产产业政企综合服务平台

建设集合产业生态全链路服务的综合服务平台，其中包含工商服务、财税服务、政策申报、产业资质申办、产业媒体投放、云计算资源供应、技术开发服务、数字藏品 SaaS/PaaS 等，吸纳优质供应链企业，服务全行业生态客户及政企招投标招采客户。

4.2 核心竞争力

拥有完善团队结构及产业高地模型，已累计产生数百万次交易规模，可通过该产

业快速增长规模形成快速头部效益集群。

4.3 项目性价比

通过区块链应用技术实现技术投入＋复合营收方式，打造基础设施底座产业孵化模型，通过建设特色产业集群高地的形式，实现一平台建设＋多下游企业生态模式。实现技术投入形成亿级应税产值模型，对比传统互联网企业，区块链企业在成规后链网信任成本较低，可快速实现地方节点架设布局等商务模式，环比提高 26.7% 的营业收入模型。

4.4 产业促进作用

（1）区块链将发挥“为实体经济降成本”的作用。目前实体经济成本高、利润薄，导致资本对实体经济支持不足。在经营成本中，管理成本和财务成本占比不低，区块链技术可以有效帮助企业降低这两部分的成本。

（2）区块链将发挥“提高产业链协同效率”的作用。增进产业协同是推动中国制造迈向中高端的重要途径，但是目前在很多产业，产业链协同效率仍然不高，在国际贸易领域这个问题尤为突出。

（3）区块链将发挥“构建诚信产业环境”的作用。目前我国社会信用体系建设工作正在加速推进，但是在一些情况下，合作伙伴建立信任的过程仍然较慢，各类信用信息获取难度较大，文化类中小微企业难以获得金融机构的信用贷款。通过“交易上链”，各方面可以更为便捷地查询到交易对手准确的历史信用情况，可以更快地建立合作机制；银行也可以更安全地基于交易记录对企业授信，推动解决诚信经营的文化中小微企业“融资难、融资贵、融资慢”等问题。

除此之外，区块链可以利用智能合约，很大程度上避免违约与欺诈，也能结合区块链资产钱包做高效便捷的支付场景应用。在区块链圈内，已有不少创新论坛以及行业峰会瞄准区块链赋能实体经济的方向，结合当地经济产业进行落地优化。

供稿企业：北京尚榕网络科技有限公司

可编程的数字人类生态系统

1 概述

“可编程的数字人类生态系统”项目基于真人特征的多模态虚拟智人以及区块链技术，深入B端领域，实现降本增效。AI数字人在金融、电商、医疗、旅游、娱乐、教育等方面有着十分广阔的应用前景。主要面向客户是有数字化转型需求的中小企业，项目核心建设单位是上海中沿科技发展有限公司，项目成员如下：郭闻一，担任公司CTO。北京邮电大学计算机硕士、全栈工程师。曾担任在北邮网研院交换中心sk组－深度合成技术小组负责人，担任过G-Lab人工智能视觉实验室负责人，专注于生成对抗网络研发。有丰富的项目参与经历；李季杰，担任公司技术总工。曾任北京智源人工智能研究院研究员，从事大模型的研究方向，其在对话大模型上有着独到的见解和深入的探索，代码能力出色，是开源贡献者，其开发的DSSDST代码库被多家公司转载引用；王哲，担任公司CMO，俄罗斯西南国立大学－博士，计算机科学硕士，专注于打造AI全场景营销自动化平台搭建和生态系统。围绕企业端SaaS业务，并带领市场团队保持年度250亿以上的业务规模。

2 项目方案介绍

2.1 需求分析

AI数字人是在智能领先的AI语音交互技术基础上，通过自主研发的完整3D建模、表情和动作驱动、语音克隆等先进技术，依托对商业化落地应用的深刻理解和创新能力，全新打造的生命体，提供新型可视化语音智能交互服务，助力企业实现数字化、智能化跨越转型。构建人机交互的生命操作系统，创造丰富生动的虚拟形象，在虚拟世界中衍生更多的职能和更强大的智能，提供新鲜有趣、强科技感、耳目一新的可视化智能交互体验。虚拟数字人帮助企业强化业务触达和渠道营销、加大流量破围和引爆、提高客户留存和转化、引发社交裂变和二次引流，达到“获客—揽客—留客—带客—再获客”的流量获取、转化和二次引流的完整运营循环。

AI数字人可以是企业的数字员工，也可以是人类的数字朋友，拥有无限想象空间的应用场景和商业价值。支持包含外形、服装、动作、表情在内的虚拟形象定制服务。支持2D、2.5D、3D多类型的人像驱动和渲染技术，通过人脸建模和骨骼绑定技术，可按照企业需求定制专属虚拟形象，涵盖动物、卡通、真人风格，满足各类场景需求。100多内置服装与场景随时切换。快速建模的3D虚拟形象，面部美学的人因工程研究，实现自助式快速3D人脸重建，逼真精致，利于品牌IP打造。

2.2 目标设定

1）直接目标

具体技术指标见表1。

表1 技术指标

指标名称	目标值
音唇一致性 mos	3.5
整体自然度 mos	4.5
拟人度 mos	4
首包响应时间 /ms	≤ 300
并发数 / 个	30 000
丢包率 /‰	0.05
音唇一致性 mos	3.5

2）研发路线（图1）

（1）建立产品库体系。通过市场监控、分析政策变化、拓展新区域及更新时效性产品，来关注产品市场竞争力、应对新规调整，建立产品库体系并完善产品库属地化。

（2）研发迭代更新需求。通过产品数据调研以及政策导向研究、客户画像描摹，并根据时下需求，对标优秀案例，明确项目优化方向。

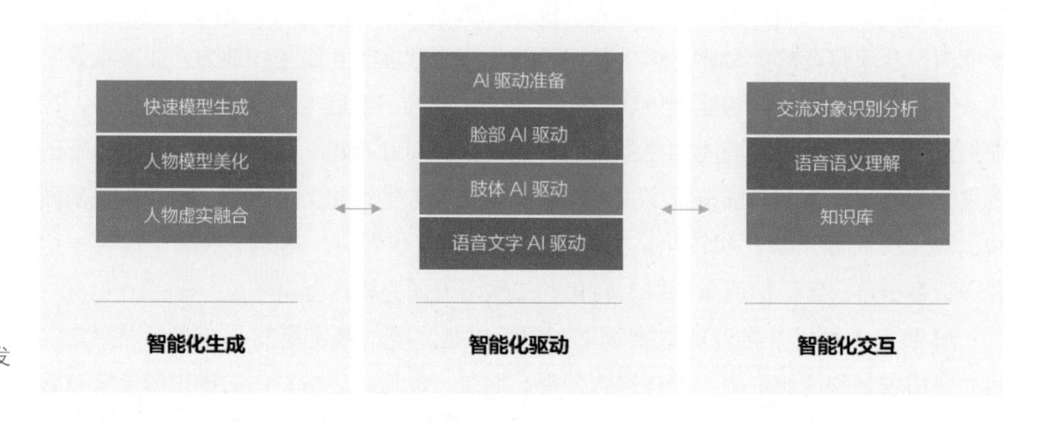

图1 AI数字人研发路线

2.3 建设内容

1）内容板块

（1）形象风格定制。依据需求定制专属虚数形象，通盖 2D、2.5D、30 多种风格，满足各类应用场景。

（2）口唇 / 情绪驱动。根据语音内容实时预测唇形变化，实现语音剧形同步，驱动虚拟形象多模态交覆应用场景。

（3）多系统终端支持。IOS/Android/Windows/Linux 终端系统支持，覆盖主流屏幕设备应用场景。

（4）主流语音助手兼容。完美适配已有语音问答系统，将文字语音对话转变为虚拟形象问答应用场景。

2）重点内容

（1）AI 语音互动真人真身形象技术。通过以语音识别（ASR）、自然语言处理（NLP）、语义识别处理（SLP）、语留合成（TTS）底据技术构建的语音部分，形象据动（ADR）技术构建的雷像部分，实现实时语兽交互生“动”。

（2）克隆人技术。完整建模克隆人形象，对照片人物进行声音克隆和 TTSA（文本转声音口型合成）调练，完美克隆其形象和语音，实现与照片人物动态对话。口唇情绪驱动，深度匹配，实现动作、表情、语音、内容感知的深度匹配，基于嘴型数据库的发音声学，支持口型、表情、动作同步的全维度编排能力。根据语音内容实时预测唇形变化，实现语音唇形同步，驱动虚拟形象自如动作，充分满足不同网络环境下的人机交互场景，轻松提升交互体验。

（3）融入脑机接口前沿技术。首先，让失语者头戴有线脑电采集系统采集脑电波，系统通过光学成像技术每秒扫描大脑 100 次，同时使用脑电放大器采集大脑皮层蕴含与意图相关的脑电波信号，然后用先进的 AI 解码算法框架，利用双进程和双线程提高在线系统的实时效率，能够实现对用户大脑意图的诱发、获取、分析和转换等全流程处理。从而对脑电波电信号进行识别和挖掘，自主转换成机器指令并输出。系统多达上百个高精度指令集覆盖计算机中的模拟键盘，从而可以实现快速与计算机建立通信，失语者只需要将注意力集中于屏幕中的模拟键盘，系统就可以将脑电波信号翻译成对应的文字，通过文字驱动 1∶1“数字克隆人”来表达自己的想法和意图，重新与世界对话。

2.4 技术特点

1）架构设计

虚拟数字人是在智能领先的 AI 语音交互技术基础上，通过自主研发的完整 3D 建模、表情和动作驱动、语音克隆、区块链等先进技术，依托对商业化落地应用的深刻理解和创新能力，全新打造的生命体，提供新型可视化语音智能交互服务，助力企业实现数字化、智能化跨越转型。构建人机交互的生命操作系统，创造丰富生动的虚拟形象，在虚拟世界中衍生更多的职能和更强大的智能，提供新鲜有趣、强科技感、耳目一新的可视化智能交互体验。虚拟数字人帮助企业强化业务触达和渠道营销、加大流量破围和引爆、提高客户留存和转化、引发社交裂变和二次引流，达到“获客—揽客—留客—带客—再获客”的流量获取、转化和二次引流的完整运营循环（图 2）。

图 2　数字人平台技术架构

2）技术原理

性格特征、态度观点、生物学特征、创造力、知识、技能为超级自然虚拟人构建的六大核心要义，随着 AI 技术迭代更新，虚拟人技术架构更为简易高效。

先把 text 经过 tts 生成音频，然后通过 alignment 获取时间戳，接下来获取音素 - 姿态序列，最后通过 vid2vid gan 生成视频（图 3、图 4）。

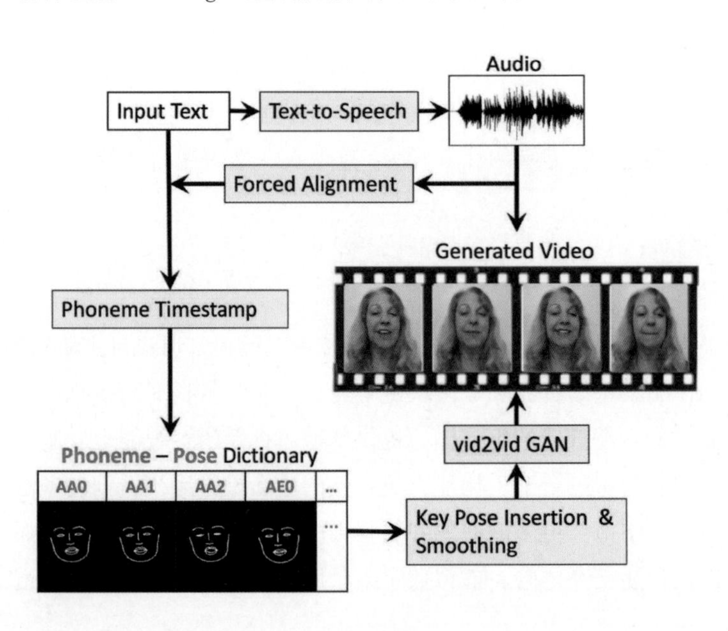

图 3　Text2Video 管道技术原理

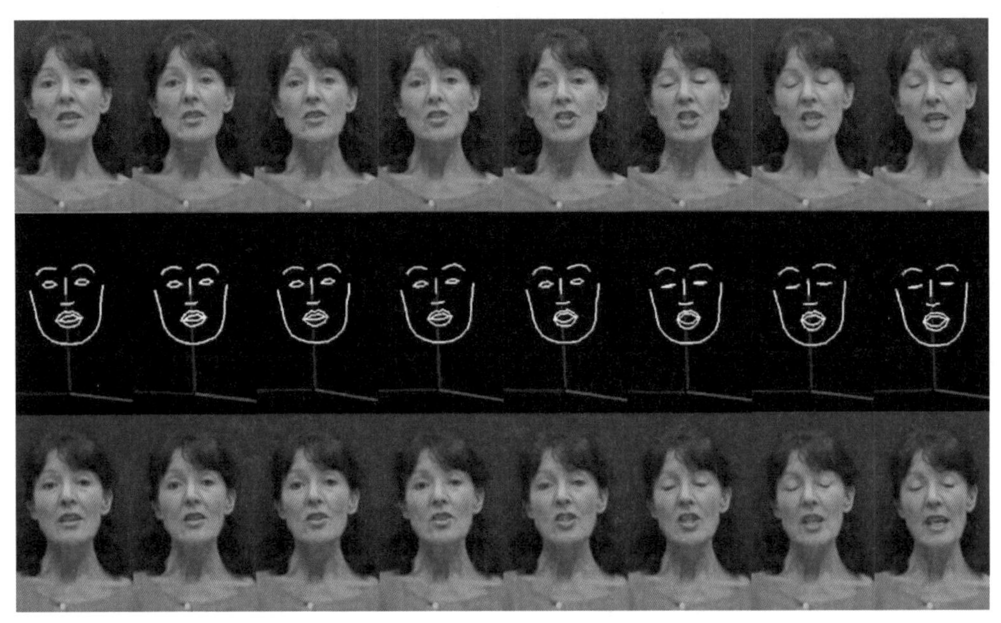

图 4 VidTIMIT 输出数据集

（1）NLP 能力。采用 NLP 预训练模型系列——GPT（OpenAI 的生成式预训练语言模型），优化方法是 SGD。架构是多层 Transformer Decoder（图 5）。训练过程分为两阶段：第一阶段学习一个大容量（high-capacity）的语言模型，第二阶段将模型适用到判别式下游任务上。满足问答系统、聊天机器人、情感分析等功能。

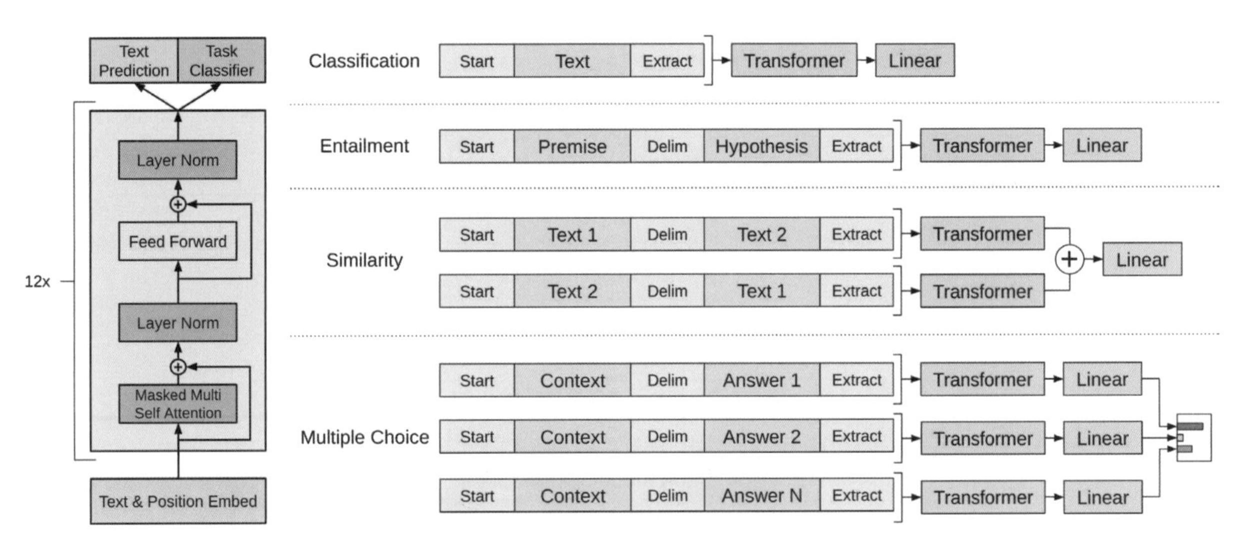

图 5 NLP 预训练模型

（2）表情驱动（图 6）。神经网络模型训练大致可以分为三个阶段：数据采集制作、数据预处理和数据模型训练。

第一阶段，数据采集制作。这里主要包含两种数据，分别是声音数据和声音对应的动画数据。声音数据主要是录制中文字母表的发音，以及一些特殊的爆破音，包含尽可能多种发音的文本。而动画数据就是在 maya 中导入录制的声音数据后，根据自己的绑定做出符合模型面部特征的对应发音的动画。

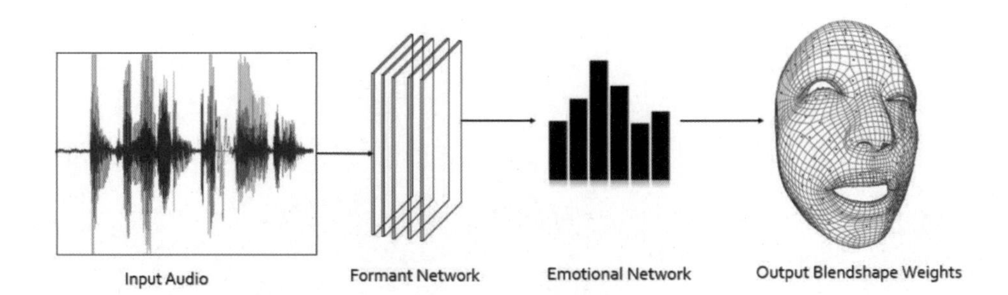

图 6 Audio2face 表情驱动模型

第二阶段，主要是通过 LPC 对声音数据做处理，将声音数据分割成与动画对应的帧数据，及 maya 动画帧数据的导出。

第三阶段就是将处理之后的数据作为神经网络的输入，然后进行训练直到 loss 函数收敛即可。

（3）使用流程。基于这些实际生产中的需求，对输入和输出数据做了相应的调整，声音数据对应的标签不再是模型动画的点云数据而是模型动画的 blendshape 权重。最终的使用流程如图 7 所示。

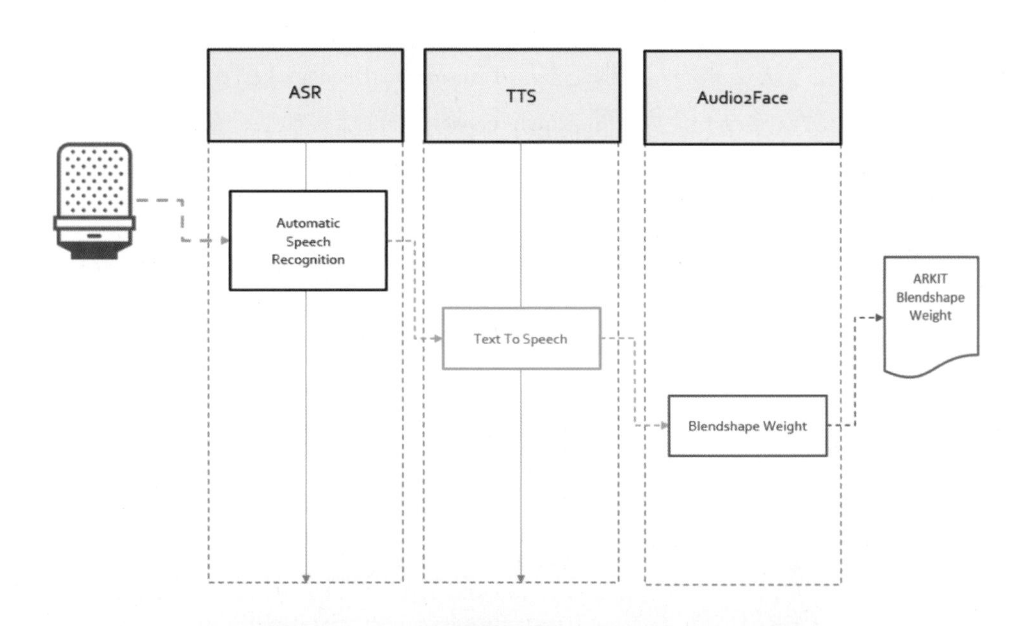

图 7 Audio2face 使用流程

图 8 模拟全球知名人物效果图

3）主要特点

实时全场景声音、视觉与触屏交互，特定语音动画合成技术，快速前端实时渲染，后端视频流实时展示，创造“耳目行”沉浸式体验。以文本和语音作为输入格式，输入内容会经过语音处理单元进行处理，处理完成后将信息返回给 STA 语音引擎，由语音引擎输出口唇动作的系数，再使用引擎将图像呈现出来，同时可添加情绪、动作动画设定。

2.5　应用亮点

1）创新优势

采用人工智能视频合成技术，集人工智能、深度学习、卷积神经网络学习技术于一体，将自然朗读的 7 000 个句子和形象表情进行影像采集和智能处理，经过情绪仿真（DeepEmotion）引擎，为其赋予了如同真人情感表情，让计算机制造出真假难辨的“数字人”，形象气质、语音语调、口唇表情、肢体动作跟真人的相似度达到 98%。

目前已覆盖智能播报、政务服务、智慧金融、会展服务、公益推广等应用场景。未来将在智慧城市、便民惠民服务的各个领域发挥更大优势。

2）突出成果

（1）照片级人像合成技术。基于生成对抗网络所开发的技术架构。由于生成对抗网络技术最大的难点在于它生成的结果的不可控性，考虑到数字人场景需要极其精准掌控人物的发音状态表现，开发团队创新性地构建了两个阶段的人像合成算法架构。算法首先通过三维的数据重建与数据理解将图像变形到开发团队预设的表情上，之后算法通过生成对抗网络技术对虚拟人物在细节上进行修补与还原。在这种方案下，生成对抗网络本身可以专注于人物细节的修补，免去了其处理图片形变与位移所需的精力，使算法可以良好地控制虚拟人物表情变化，真实地还原人物细节。

（2）基于深度神经网络的语音合成技术。利用深层神经网络强大的非线性建模能力，有效提升建模精度；深度双向长短时记忆网络（DBLSTM-RNN）：跳过了参数生成算法，直接预测每帧语音参数。语音合成需要对文本做很多处理，如分析短语边界、词性、拼音等，通常使用贝叶斯决策、条件随机场、最大熵等方法，这些都可以用深度神经网络代替。声学层再做一个深度神经网络，将两个网络联合建模，不需要 HMM，输入文本，经神经网络输出语音参数，再经声码器就可得到很好的声音。

（3）基于神经辐射场（NerF）的说话人合成。通过自研的 Sim-NerF 技术，实现语音到动态神经辐射场的跨模态映射，支持完整、稳定的头部与身体躯干合成，以及通过改变相机外参和背景图片来改变播报人的视角编辑与背景合成。仅需目标人物几分钟的说话视频或者一张照片，即可实现对该人物逼真的形象复刻和语音驱动能力。

（4）基于深度注意力一阶运动模型（DA-FOMM）实现人脸动画驱动。通过自研的 DA-FOMM 技术，实现更加真实和细腻的 2D 人脸驱动合成任务。通过引入 3D 结构表示（深度隐编码），结合自监督预测深度模块捕获更好的深度信息感知，传递给多头注意力模块后能在多角度多表情下合成自然的驱动人脸。该技术能在 2D 视图的条件下实现 3D 的合成范围和媲美动捕的合成精度，大大降低了数字人的制作成本。

针对以上核心技术，团队申请了数项计算机软件著作权，分别是：数字孪生引擎切换软件、3D 虚拟内容制作智能云平台、智能捕捉三维细节自动生成系统、虚拟数字人智能语音合成系统。

（5）基于深度学习的光线追踪与模型轻量化加速。实现数百万即时动态光源与阴影，结合英伟达 GeForce RTX 30，可在 50 ms 内处理高达 340 万个动态光与自发光多边形的光线，相较现行即时光线追踪技术提升 6 ~ 60 倍的效率，实现在人脸建模上精细到毛孔和发丝的渲染水平。同时采用自研的深度感知剪枝算法，获得轻量化的数字人 AI 模型，满足实时的数字人合成与交互服务能力。

（6）数据上链，安全共享。利用区块链可靠、准确、高效的特点，让数字人生成后台数据上链，为几个功能组之间大量共享的信息提供了安全性、稳定性和可靠性。并开发出多模态数字人版权管理系统，实现多模态数字人版权的公开透明、不可篡改、不会丢失、可溯源。

3 应用前景分析

3.1 战略愿景

虚实融合已成为互联网发展的大趋势。在元宇宙概念大热的背景下，各省市纷纷出台元宇宙相关政策，比如，武汉、海口、重庆、沈阳、河南等地主要提出了元宇宙产业园建设规划。2021 年 12 月 30 日，上海市经济和信息化委员会正式发布《上海市电子信息产业发展“十四五”规划》，全国首次将元宇宙写入地方产业十四五规划。在这一规划中，强调了元宇宙底层核心技术研发、感知交互的新型终端研制、系统化虚拟内容建设三大内容，再次提示了“虚实交互”的具体路径。2022 年 6 月 16 日，上海市政府组织的 2022 年上海全球投资促进大会在上海举行。会上发布了上海市的元宇宙投资促进方案，计划到 2025 年，全市元宇宙产业规模力争突破 3 500 亿元。

自 2021 年年底上海市开始在元宇宙赛道蓄力，到发布上海市培育“元宇宙”新赛道行动方案（2022—2025 年）。一系列动作，透露着上海市元宇宙布局的思路、格局和走向。作为企业，也应顺应政府的号召，顺应国家大致方针。积极紧密联系数字人业务相关头部的企业，准备参与下一代数字人行业标准的制定。

3.2 用户规模（平台用户数、节点覆盖面等）

目前公司和多家公司洽谈合作，与江苏链纪元区块链公司签订了合作协议，运用 AI 数字人实现定制服务；北京聚音传媒试用 AI 数字人定制服务，运用 AI 数字人唱作歌曲，同时为用户提供全程 AI 陪聊功能，升级搜索体验。目前还在与北京头科技、中科相生等公司洽谈试用合作，试用体验的反映良好。平台用户达到 10 万人规模，覆盖教育、金融、汽车、传媒、地产等多个领域。

3.3 推广前景（同类技术比较、业务成熟度等）

依托中科院杭州先进技术研究院的强大研发团队背景，加上自研跨模态技术、生成模型、NLP 能力、情感分析、表情驱动等诸多技术，融合脑机接口技术的 SamSara

可编程数字人生态系统于2022年10月完成开发，平台经过第三方各项严苛的测试，已具备商业化应用条件，性能指标达到国内领先水平。目前核心技术已申请并授权多项软件著作权，产品于2022年12月开始正式在市场试用推广。凭借优秀的产品解决方案和出色的市场表现，中沿科技已全面覆盖人工智能技术栈，包括自然语言处理、计算机视觉、计算机语音、人工智能创造力等，且在开放域对话、多模态交互、超级自然语音、神经网络渲染及内容生成领域，均居全球领先，具备广阔的市场前景。

3.4　产能增长潜力（降本增效能力、外部资源赋能等）

（1）作为元宇宙交互载体潜力大：数字虚拟人作为Metaverse主要的交互载体，具有明确的巨大增长潜力，并基于NFT、VR等有理想的延展空间。行业天花板高，能够维持长期和衍生发展。

（2）应用场景较多且商业价值得到验证：作为多模态升级的代表技术，数字虚拟人应用场景众多，可广泛与各行业领域相结合，变现路径和市场潜力明确。其中虚拟人技术在虚拟偶像、影视特效等领域已得到明确的商业价值验证。而虚拟分身生成等场景也已得到资本和相关产业方的认可。

（3）从产业链来看，数字虚拟人主要包含基础层（建模/渲染引擎等基础软硬件）、平台层（动作捕捉等软硬件系统、垂直平台、AI厂商）以及应用层。随着底层技术硬件等突破，将赋能更多应用场景。

4　价值分析

4.1　商业模式

1）市场规模

数字人市场增长迅速，根据市场分析机构预测，AI数字人市场规模在2026年将达到102.4亿元。目前，我国数字人商业化场景应用落地提速，在游戏、文娱、传媒、金融、文旅、教育等行业开始纷纷探索，市场潜力巨大，有望成为我国数字经济发展的新增长点。目前AI数字人市场差异化竞争趋势明显，入局企业大多基于自身技术优势以及客户群体覆盖的领域进行研发创新，相应地，包括企业当前的产品基本功能、AI能力、市场及生态能力、商业化能力、用户体验以及未来发展愿景，都会影响其AI数字人产品及应用的发展走向。在这种背景下，抢占AI数字人的先发优势尤其重要。

首先，数字化趋势明确，市场潜力巨大。虚拟数字人虽处于相对早期阶段，但全球数字化和虚拟化的发展趋势已经相对明确，这一赛道长期向好，市场潜力巨大；其次，虚拟数字人部分场景已得到检验，足够的科技含量符合AI多模态融合升级的大趋势，虚拟偶像、虚拟主播等场景在技术可行性和商业变现路径等方面都助力应用市场更加丰富；此外，发展环境优化，确定性增强。目前国内多地鼓励和支持虚拟现实等数字科技发展，市场正涌现出一批技术实力过硬的相关科技企业，加上虚拟数字人相关技术门槛降低、AR/VR设备市场回暖等因素，预计虚拟数字人将进入快速发展期。

2）创收能力

目前公司和多家公司洽谈合作，先后和保利地产、猎居科技、聚音传媒、江苏链纪元、石头科技等公司签订合作协议。与江苏链纪元区块链公司签订了合作协议，运用 AI 数字人实现定制服务；北京聚音传媒试用 AI 数字人定制服务，运用 AI 数字人唱作歌曲，同时为用户提供全程 AI 陪聊功能，升级搜索体验。平台用户达到 10 万人规模，覆盖教育、金融、汽车、传媒、地产等多个领域。2022 年营收突破 1 000 万元，预计 2023 年收入突破 3 000 万元，拥有广阔的市场前景。

4.2 核心竞争力

1）产品优势

（1）低成本：断崖式简化制作流程。在平台制作数字人，无须专业拍摄设备，无须专业场地，也无须专业团队，仅靠一张 2D 照片，就可以全自动建模生成高真实数字孪生体。通过先进的人工智能算法，用户只需要 1 部手机就能满足制作条件，数字人的制作成本显著性缩减，人人都可做，人人都可用，具有极大的普适性。

（2）超写实：1∶1 真人复刻，打破虚实边界。可以做到 1∶1 真人复刻，创造真正意义上的数字分身，它拥有照片级真实感，具有高清图像质量和自然面部神态，嘴型与表情都高度契合人物本身。超高的自然度和流畅度可以让信息传递更真实，像真人一样满足各种场景，代替用户来演讲、录制课程、直播，为用户分担工作，成为用户 7×24 h 不停歇的数字分身，实现丰富的内容创作。

（3）高效率：多种驱动方式，一键私人定制。支持文字、音频、表情等多种驱动方式，用户可以插入一段文字让数字人播报新闻，也可以插入一段音频让数字人唱歌，其视频创作过程不受时空限制，而且 1 人就可以对多个数字人进行管理，可批量化且高质量地实现内容创作，极大便利创作条件、提高创作效率。

2）团队优势

公司核心技术团队来自中科院、浙江大学深圳研究院、南京大学等国内知名高校。依托中科院杭州先进技术研究院的强大研发团队背景，全面覆盖人工智能技术栈，包括自然语言处理、计算机视觉、计算机语音、人工智能创造力等，且在开放域对话、多模态交互、超级自然语音、神经网络渲染及内容生成领域，均居于全球领先。

3）专利品牌优势

中沿科技针对公司数字人业务专有核心技术，申请并授权了 5 项计算机软件著作权，分别是：①中沿 ZUIX 数字孪生交付平台 V1.0；②中沿超轻量级全栈式动作捕捉系统 V1.0；③中沿面向 Web3.0 的分类知识搜索引擎系统 V1.0；④中沿 DNN 虚拟数字人生成引擎系统 V1.0；⑤中沿基于区块链技术的用户可信数据交换系统 V1.0。

此外，为了保护公司核心专有技术，中沿科技又分批次申请了 5 项发明专利和 12 项计算机软件著作权，目前分别处于形式审查和登记审查处理中。

公司凭借自身的项目优势，荣获 2022 年中国元宇宙创新应用大赛优胜奖，入选 2022 版《中国数字营销生态图》，并入围进入 2022 年首届“文创上海”创新创业大赛－复赛。

4.3 项目性价比

针对 AI 数字人定制及内容生成领域的业务，公司具有成熟的产品解决方案，投入产出比仅为 0.2，公司 2021 年相关业务 To C 客户销量有 1 500 家，有近 100 家 To B 的客户，主要客户群体有科大讯飞、抖音、商汤科技、江苏民建、石头科技、招商银行、苏宁易购、南京银行等 B 端客户。预计 2023 年营收增长率超过 300%，未来在升级、融合脑机接口模块后将会机加强进一步合作。

4.4 产业促进作用

运用数据技术发挥出较大发展潜力的时期即将到来，区块链、物联网、元宇宙、超写实数字人及其机器学习算法将令之得以实现。新兴概念与新兴数字技术发展趋势日益凸显，元宇宙与区块链的发展价值也逐步得到认可，进程虽有坎坷，相信越来越多的应用落地，必然会创造出一个运转良好的“虚拟世界”。AI 时代，数字人正在从有颜无智的“CG 数字模特”，进化为可提高生产力、驱动创新服务的“拟人服务式 AI”，融入数字中国的千行百业，成为“十四五”数字经济的新交互媒介、新商业智能服务、新政务便民窗口。通过数字技术实现对现实世界的改造，AI 数字人将促进数字经济与实体经济的融合和发展，成为实体产业生产力的代表。

供稿企业：上海中沿科技发展有限公司

后　记

本专辑由国内区块链领域龙头企业、行业翘楚参加评选并供稿，感谢参与供稿编写、评审复核和编辑工作的编委会成员、专家组成员、企业代表与编辑部人员的大力支持和辛勤付出，感谢上海科学技术出版社的大力支持，确保了本书能按时出版。《全国区块链技术应用精选案例专辑（第一辑）》集结了全国范围内各领域的优秀区块链技术应用案例。我们希望通过这些案例，读者能够更深入地了解区块链技术的实际应用和发展趋势，从而为未来的区块链创新提供启示和借鉴。

然而，这部专辑并不是一个终结，而是一个起点。在后续的专辑中，我们将继续关注全国范围内的区块链技术应用案例，力求吸纳更多优秀的实践经验。我们诚挚地邀请全国各地优秀区块链企业参与，共同推动区块链技术的应用和发展。

由于时间有限，本书难免有疏忽之处，恳请读者批评指正。为了使专辑内容更加丰富、具有实践价值，欢迎读者们提出宝贵的反馈和建议。您的意见将帮助编者不断迭代专辑内容，以满足更多读者的需求。欢迎发送您的宝贵意见至 xiehui@shbta.cn，我们将持续改进和完善，谢谢！

希望这部专辑能为您带来启发和收获，也期待您的宝贵反馈。敬请期待我们的下一部作品！